JSME やさしいテキストシ

基礎か　　　学

Basics for Mechanics of Materials

荒井 政大・後藤 圭太 共著

Masahiro Arai and Keita Goto

日本機械学会

本書「JSME やさしいテキストシリーズ "基礎からの材料力学"」は，日本語 LaTeX [e-pTeX, Version 3.14159265-p3.8.3-191112-2.6 (utf8.sjis) (TeX Live 2020/W32TeX)] を用いて組版を行った．本文，数式ならびに図中の欧文フォントには Donald Ervin Knuth 氏の手による Computer Modern を使用した．日本語フォントには株式会社モリサワ製のヒラギノ明朝 W3，ヒラギノ角ゴシック W3・W4・W5，ヒラギノ UD 丸ゴシック W3・W5 を用い，表紙の一部にはオープンライセンスの源柔ゴシック XP を使用した．また，本文内の図および表紙は Adobe Illustrator CS4 (64bit 版) を用いて作成した．TeX, LaTeX をはじめとするオープンソースライセンス (パーミッシブライセンス) ソフトウェアの開発に関わられた方々に深く感謝する．

表紙デザイン@荒井南美

まえがき

日本機械学会が総力を尽くして世に送り出した**JSME テキストシリーズ**は，多くの大学や高等専門学校にて教科書として採用され，日本における機械系の教育を担う教科書のスタンダードとして高い評価を得てきた．

一方で，学会の支部・部門での技術者講習会を行う中で，製造業に携わる機械系技術者，さらには電気工学や化学工学など機械工学以外の分野を主専門とする研究者から，できればJSME テキストシリーズよりもやさしく手に取りやすい教科書が欲しいという意見が寄せられていた．また大学や高等専門学校の教員からも，教育の多様化に伴う講義時間数の減少に鑑み，より敷居が低く，学生にとって予習・復習がしやすい教科書への要望が聞かれた．

こうした貴重な意見を踏まえながら，日本機械学会では国際標準の技術者教育認定制度〔日本技術者教育認定機構 (JABEE)〕への対応を考慮したうえで，初学者でも基礎からやさしく学べる教科書を目指して**JSME やさしいテキストシリーズ**の編集を開始した．第一弾として，材料力学，熱力学，機械力学，流体力学，制御工学の5 分野に関する教科書の発行を目指している．

各章の例題と演習問題は，JSME テキストシリーズをはじめとするさまざまな教科書を参考にし，必須の良問を厳選した．図をふんだんに用いて例題の解き方を丁寧に解説するとともに，演習問題についても詳細な解答を巻末に添付し，対面講義を受けることが難しい方々にも自学・自習可能となるよう配慮した．

機械工学への新たな一歩を踏み出す学生の方々，“学びなおし” の一冊として教科書をお探しの社会人の方々にも，日本機械学会の威信をかけて，**JSME やさしいテキストシリーズ**をお届けする次第である．

2021 年 7 月
JSME やさしいテキストシリーズ出版分科会
主査　荒井 政大

JSME やさしいテキストシリーズ出版分科会

主査	荒井 政大	名古屋大学
副査	熊野 寛之	青山学院大学
委員	菊植　亮	広島大学
委員	中　吉嗣	明治大学
委員	守　裕也	電気通信大学
委員	山本　浩	埼玉大学

「基礎からの材料力学」の出版に際して

「材料力学」は，主に棒や軸，はりなどの一次元構造が外力を受ける際の変形や，構造内部に生じる応力を求める学問である．二次元や三次元の固体構造物の変形を扱う「固体力学」や，材料の破損・破壊を扱う「材料強度学」，さらにはき裂の進展挙動から材料・構造物の信頼性を評価する「破壊力学」の基礎を担う学問であり，機械工学において材料力学は欠くことのできない重要な専門分野の一つである．

令和元年，日本機械学会誌に掲載された「やさしい材料力学」は，本書の著者が材料力学の必須項目と基礎的例題を 12 か月にわたるシリーズとしてまとめたものである．本書「基礎からの材料力学」は「やさしい材料力学」の連載をベースに解説を加え，さらに例題や演習を充実させたうえで編集されている．多くの大学や高等専門学校のシラバスを参照し，材料力学の最重要項目に内容を絞り，初学者にも理解しやすく適度な分量の入門的教科書を目指した．

本書の主な内容は，応力とひずみ，棒の引張と圧縮，熱応力，軸のねじり，はりの曲げ，柱の座屈，組合せ応力，ひずみエネルギーなどからなる．変数や定数等の記号は可能な限り重複使用を避けるとともに，専門用語や公式，問題の解き方などについて，出版分科会にて慎重な議論と検討を幾度も重ねたうえで編集を行った．本書をすみずみまで熟読し，厳選された例題と演習問題を解き進めることによって，材料力学の基礎力をじゅうぶんに養って頂けるものと確信している．

材料力学を，さらにはその先の弾性力学，固体力学，材料強度学，破壊力学を学び，この日本の機械工学を支える技術者・研究者を目指す皆さんにとって，まさに本書がその出発点となれば幸いである．

2021 年 7 月
JSME やさしいテキストシリーズ
基礎からの材料力学出版分科会
主査・著者　荒井 政大

JSME やさしいテキストシリーズ 基礎からの材料力学出版分科会

主査・著者	荒井 政大	名古屋大学	第 1〜10, 13, 14 章
委員・著者	後藤 圭太	名古屋大学	第 11, 12, 15 章, 演習問題
委員	足立 忠晴	豊橋技術科学大学	
委員	井上 裕嗣	東京工業大学	
委員	坂井 建宣	埼玉大学	

目 次

第1章　応力とひずみ

本章では，材料力学を学ぶにあたって，もっとも大切な応力とひずみの概念について学ぶ．応力とひずみの定義，応力とひずみの関係を表すフックの法則，垂直ひずみとせん断ひずみの違いについても説明する．

1.1　荷重の伝達

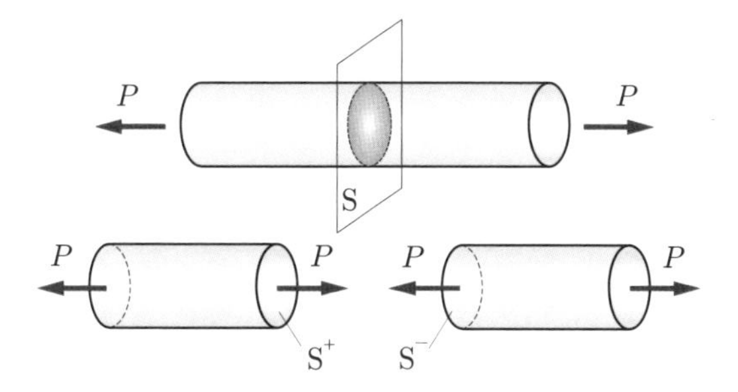

図 1.1　棒に作用する引張荷重と内力 (自由物体図)

図 1.1 に示されるように，棒の両端に大きさが P の**荷重** (load) が作用している場合について考える．この図のように，ある面に対して外側に，その面を引張る方向に作用する荷重のことを**引張荷重** (tensile load), 面を押し付ける方向に作用する荷重を**圧縮荷重** (compressive load) と呼ぶ．また，棒に作用する引張荷重や圧縮荷重は**軸力** (axial load) と呼ばれることもある．

さて，棒の両端には大きさの等しい荷重 P が逆向きに作用しており，この棒に対する**外力** (external load) の和は 0 であるから，棒における力のつり合いは保たれている．この棒の内部において棒の長手方向 (棒の長さ方向) に垂直な断面 (以降，この断面のことを**横断面**と呼ぶ) S を考える．この横断面 S にて棒を仮想的に切断すれば，2 つの切断面 S^+ および S^- には同様に大きさ P の荷重が作用し，切断された左右二つの棒それぞれにおいても力のつり合いは保たれる．

このように，両端に逆向きの荷重を受ける棒の内部には，外力を伝達するように棒をどこで切断しても同様の大きさの荷重 P が物体の内部に作用する力＝**内力** (internal load) として作用することがわかる．荷重は棒を引張る方向に作用するもの (引張荷重) を正と定義し，その逆向きに棒を圧縮する向きの荷重 (圧縮荷重) を負と定義する．

物体に対する力のつり合いは，**自由物体図** (free body diagram) を用いて考える．自由物体図とは，物体 (ないしはその一部分) に対して作用する外力とモーメントを図示して，その物体に対する力とモーメントのつり合い (もしくは運動方程式) を考えるための図のことである．図 1.1 についていえば，棒全体について左右から逆向きに荷重 P が作用する図が自由物体図であり，棒を切断して得られた左右二つの棒についても，切断部の内力 P の作用を考えることにより，左右に逆向きの荷重 P が作用する自由物体図が得られる．自由物体図は材料力学において力および力のモーメントのつり合いを考える際の基本となる．

1.2 応力 (垂直応力)

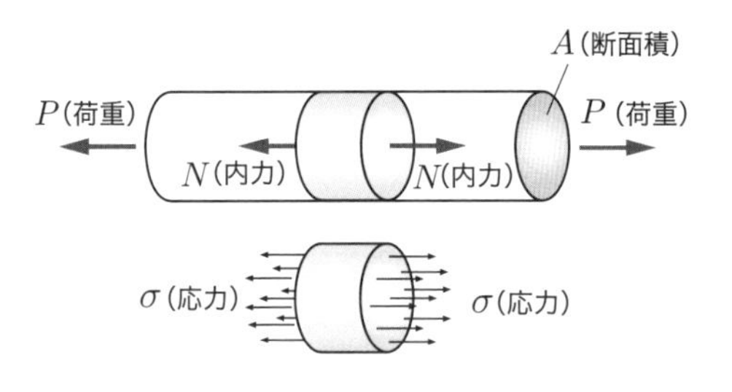

図 1.2 棒に作用する引張荷重と垂直応力

先ほどと同様に，棒の両端に引張荷重が作用している場合について考える (図 1.2)．棒の両端に作用する荷重 P を棒の断面積 A で除して，単位面積あたりに作用する力＝**応力** (stress) σ を考えれば，

$$\textbf{応力}: \sigma = \frac{P}{A} \tag{1.1}$$

となる．ここで，荷重の単位は N(ニュートン)，断面積の単位は m^2 であるから応力の単位は，$\mathrm{Pa} = \mathrm{N/m^2}$ であり，物体の表面や物体の内部における仮想的な断面に対して，単位面積あたりに作用する力として定義される．応力が作用する面に対してその法線方向に作用する応力のことを**垂直応力** (normal stress) と

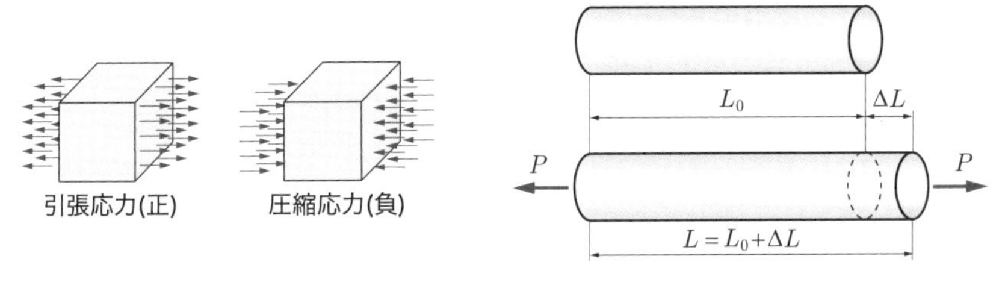

図 1.3　垂直応力の正負の定義

図 1.4　棒の伸びとひずみ

呼び，本書では記号 σ を用いて表記する．図 1.3 に示されるように，応力の作用面を垂直に引張る方向に働く応力を**引張応力** (tensile stress)，面に対して垂直に押し付ける方向に働く応力を**圧縮応力** (compressive stress) と呼ぶ．

垂直応力の符号は，図 1.3 に示されるように応力の作用する面に対してその外向き法線と同じ向きに作用する応力を正と定義する．すなわち面を引張る方向に作用する応力が正となる．一方，着目面を押し付ける向きに作用する圧縮応力は負の応力と定義する．

1.3　ひずみ (垂直ひずみ)

ばねに荷重が作用する場合の変形を扱う際には，荷重に対して得られる変形量＝変位を考えて議論が行われる．それに対して材料力学では，棒や帯板などの物体の大きさに依存する絶対的な変形量よりも，変形の割合＝**ひずみ** (strain) がむしろ重要となる．

図 1.4 に示されるように，長さが L_0 の棒の両端に荷重 P が加えられ，その長さが L になった状態を考える．棒の伸びは，

$$\text{伸び：}\Delta L = L - L_0 \tag{1.2}$$

となるが，上式の伸び ΔL を棒のもとの長さ L_0 で除して，以下のように割合として表す．

$$\text{ひずみ：}\varepsilon = \frac{\Delta L}{L_0} = \frac{L - L_0}{L_0} \tag{1.3}$$

これが**ひずみ** (strain) ＝**垂直ひずみ** (normal strain) であり，物体の伸びや縮みの割合を表す．垂直ひずみは，物体が伸びた場合に正の値をとり，縮んだ場合には負の値をとる．

さて，物体に作用する応力と，その結果として生じるひずみの関係について考える．一般に，ひずみが十分に小さい範囲においては応力とひずみは比例し，次式で表される**フックの法則** (Hooke's low) により関係づけられる．

$$\textbf{フックの法則：} \sigma = E\varepsilon \tag{1.4}$$

ここで，E は**ヤング率** (Young's modulus) または**縦弾性係数** (modulus of longitudinal elasticity) と呼ばれる材料定数である．ひずみは "変形率" を表し，単位を持たないので，ヤング率の単位は応力と同じ Pa = N/m^2 である．なお，応力とひずみが比例する範囲は材料によって異なるが，多くの材料でひずみが非常に小さい範囲 (1%以下程度) となることに注意したい．

例題 1.1 丸棒の引張

直径が 10 mm, 長さが 200 mm の丸棒があり，両端に 1 kN の引張荷重が作用している場合について考える．この棒のヤング率を 210 GPa として，棒に生じる垂直応力, 棒に生じる垂直ひずみ，棒全体の伸びを求めよ．棒内部の応力とひずみは一様であるものとする．

解答例

棒の直径を D, 断面積を A とすれば，棒の横断面に作用する垂直応力 σ は，

$$\sigma = \frac{P}{A} = \frac{4P}{\pi D^2} = \frac{4 \times (10 \times 10^3)}{\pi \times (10 \times 10^{-3})^2} = 1.2732 \times 10^7 \fallingdotseq 12.7\,\mathrm{MPa} \quad \cdots (答)$$

フックの法則：$\sigma = E\varepsilon$ よりひずみ ε を求めると，

$$\varepsilon = \frac{\sigma}{E} = \frac{4P}{E\pi D^2} = \frac{4 \times (10 \times 10^3)}{(210 \times 10^9) \times \pi \times (10 \times 10^{-3})^2} \fallingdotseq 60.6 \times 10^{-6} \quad \cdots (答)$$

棒のもとの長さ L_0 と伸び ΔL の関係は，$\varepsilon = \Delta L / L_0$ であるから，

$$\Delta L = \varepsilon L_0 = \frac{4 \times (10 \times 10^3) \times (200 \times 10^{-3})}{(210 \times 10^9) \times \pi \times (10 \times 10^{-3})^2} \fallingdotseq 12.1\,\mu\mathrm{m} \quad \cdots (答)$$

1.4 ポアソン比

丸棒の長手方向に引張荷重が作用すると，丸棒の直径は荷重の作用によって細くなる．すなわち，棒や板が引張応力を受ける場合には，その直交する方向に対して応力が作用していなくてもひずみが生じる．これを**ポアソン効果** (Poisson's effect) と呼ぶ．

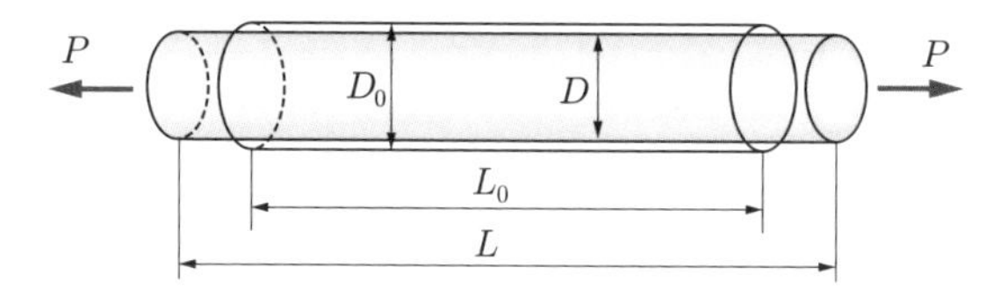

図 1.5 ポアソン比の考え方

図 1.5 に示される長さ L_0, 直径 D_0 の丸棒に引張荷重を作用させた結果，棒の長さが L, 直径が D になったとすれば，荷重の作用方向におけるひずみ ε_x は,

$$\varepsilon_x = \frac{L - L_0}{L_0} \tag{1.5}$$

となり，直径方向のひずみ ε_y は,

$$\varepsilon_y = \frac{D - D_0}{D_0} \tag{1.6}$$

となる．ここで，ε_x に対する ε_y の比 ν を**ポアソン比** (Poisson's ratio) と呼ぶ.

$$\textbf{ポアソン比}：\nu = -\frac{\varepsilon_y}{\varepsilon_x} \tag{1.7}$$

引張方向のひずみが正ならば，それと直交する方向のひずみは一般的に負になるので，ポアソン比の定義式にはマイナスが付くことに注意したい．ポアソン比は材料定数であり，ヤング率と同様に弾性係数の一つである.

主な工業材料のヤング率とポアソン比を表 1.1 に示しておく．鉄鋼材料 (炭素鋼) の場合，ヤング率は 200〜210 GPa，エポキシやポリカーボネートなど樹脂材料におけるヤング率は 2〜5 GPa 程度の値となる．金属や樹脂などの均質等方性材料において，ポアソン比は一般に 0.2 から 0.45 程度の値をとる.

例題 1.2 棒の引張と体積変化

断面が一辺の長さ a の正方形で， 長さが L の棒に荷重 P が作用している．棒のヤング率は E, ポアソン比は ν である．荷重が作用する前後における棒の体積変化について考察せよ．ただし，変形過程におけるひずみは微小量であるとみなしてよい.

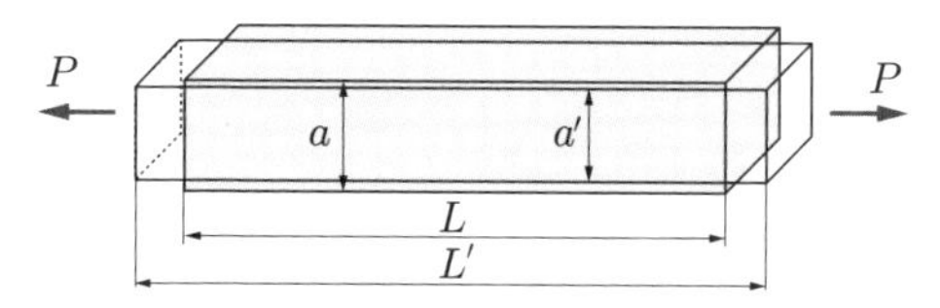

表1.1 主な工業材料のヤング率とポアソン比

	ヤング率 [GPa]	ポアソン比
低炭素鋼	205〜210	0.28〜0.30
中・高炭素鋼	200〜205	0.24〜0.29
鋳鉄	160〜170	0.27〜0.29
アルミニウム合金	70〜75	0.30〜0.33
チタン合金	110〜120	0.30〜0.33
金	78	0.44
銀	83	0.37
銅	130	0.34
黄銅 (真鍮)	100	0.35
ガラス	70〜80	0.22〜0.27
エポキシ (熱硬化性樹脂)	2〜5	0.32〜0.36
ポリアミド (熱可塑性樹脂)	2.4〜2.6	0.33〜0.36
ポリカーボネート (熱可塑性樹脂)	2.2	0.34

解答例

変形後の棒の長さ L' および断面の一辺の長さ a' を棒のひずみを用いて表すと，

$$L' = L + \Delta L = (1 + \varepsilon_x)L \tag{a}$$

$$a' = a + \Delta a = (1 + \varepsilon_y)a = (1 - \nu\varepsilon_x)a \tag{b}$$

ここで，ΔL，Δa は棒の長さと幅の変化量である．式 (a)，(b) で示される L'，a' を用いて変形後の棒の体積 V' を求めると，

$$\begin{aligned} V' &= a'^2 L' = (1 - \nu\varepsilon_x)^2(1 + \varepsilon_x)a^2 L \\ &= a^2 L(1 + \varepsilon_x - 2\nu\varepsilon_x - 2\nu\varepsilon_x^2 + \nu^2\varepsilon_x^2 + \nu^2\varepsilon_x^3) \end{aligned} \tag{c}$$

ひずみ ε_x が微小量であることを考慮して，高次の微小量 ε_x^2，ε_x^3 に関する項を無視すれば，変形後の棒の体積 V' は以下のようになる．

$$V' \fallingdotseq a^2 L(1 + \varepsilon_x - 2\nu\varepsilon_x) \tag{d}$$

荷重が作用していない状態での体積 $V = a^2 L$ との差をとれば，

$$\Delta V = V' - V = a^2 L(1 - 2\nu)\varepsilon_x \tag{e}$$

ここで，棒の長手方向のひずみ ε_x は，

$$\varepsilon_x = \frac{\sigma}{E} = \frac{P}{a^2 E} \tag{f}$$

となるので，最終的に棒の体積変化は以下のようになる[1].

$$\Delta V = \frac{PL}{E}(1 - 2\nu) \ \cdots \ (答)$$

1.5　せん断応力とせん断ひずみ

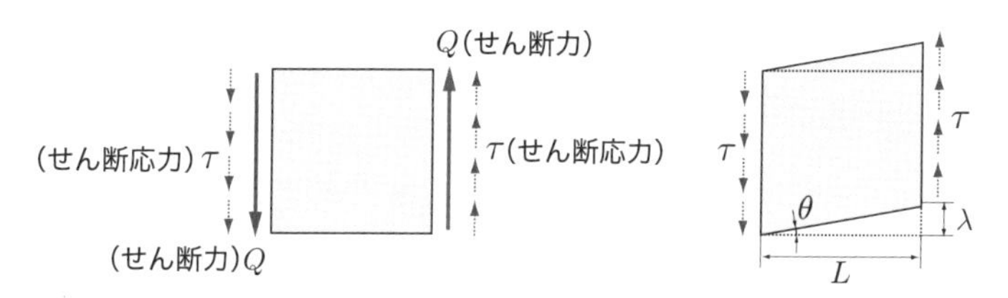

図 1.6　せん断力，せん断応力，せん断ひずみの定義

図 1.6 に示されるように，着目する面に平行な方向に作用する力である**せん断力** (shear force) について考える．せん断力 Q を単位面積あたりの力として表したものが**せん断応力** (shear stress) となる．着目面の面積を A とすれば，せん断応力 τ は以下のように定義される．

$$\text{せん断応力：} \tau = \frac{Q}{A} \tag{1.8}$$

ここで，基準長さに対するせん断変形量の比を考える．着目している正方形領域の一辺の長さを L として，図 1.6(右) に示されるように着目面と平行な方向への変形量を λ とすると，L と λ の比が**せん断ひずみ** (shear strain) となる．

$$\text{せん断ひずみ：} \gamma = \frac{\lambda}{L} \tag{1.9}$$

もし，せん断変形量 λ が L に比べて微小であれば，これらの長さと角度 θ のあいだに，$\tan\theta \fallingdotseq \theta = \lambda/L$ の関係が成立するから，せん断ひずみは着目領域のせん断変形量を角度 (rad = ラジアン) で表したものと考えることができる．垂直応力と垂直ひずみの関係と同様に，せん断応力 τ とせん断ひずみ γ の間にも，以下のフックの法則が成立する．

$$\text{せん断変形に関するフックの法則：} \tau = G\gamma \tag{1.10}$$

ここで，比例定数 G のことを**せん断弾性係数** (shear modulus) [2]と呼ぶ．

---

[1]この結果に示されているように，ポアソン比が 0.5 であれば体積は不変となる．

[2]その他にも，せん断弾性率，横弾性係数，剛性率など様々な呼称があるが，本書ではすべて**せん断弾性係数**に統一する．

材料の弾性的性質に方向性や不均質性がない場合，すなわち材料が均質等方性材料であれば，ヤング率 E とせん断弾性係数 G，ポアソン比 ν の間に以下の関係式が成り立つ.

$$E,\ G,\ \nu \text{ の関係式}：G = \frac{E}{2(1+\nu)} \tag{1.11}$$

演習問題 1.1：円筒の引張

外径 30 mm，内径 26 mm，長さ 150 mm，ヤング率 70 GPa の円筒がある．この円筒の両端に 1 kN の引張荷重を作用させた場合，円筒の長手方向に生じる応力と円筒の伸びを求めよ.

演習問題 1.2：炭素繊維の引張

直径 7 μm，ヤング率 350 GPa の炭素繊維がある．この炭素繊維に引張荷重を作用させたところ，ひずみが 1.2%に達したところで切れた．応力とひずみはフックの法則を満たすものとして，炭素繊維が切れた際の引張荷重を求めよ.

演習問題 1.3：ポアソン比による棒の直径変化

直径 5 mm，長さ 100 mm の丸棒があり，両端に大きさ 600 N の引張荷重が作用している．棒のヤング率を 190 GPa，ポアソン比を 0.32 として，棒の荷重方向に生じる引張応力，棒の伸び，径方向 (荷重と直交する方向) の棒のひずみを求めよ.

演習問題 1.4：リベットに作用するせん断応力

直径 4 mm のリベットにより 2 枚の帯板を結合し，左右に引張荷重 500 N を加える．リベットの横断面に作用するせん断応力とせん断ひずみを求めよ．リベットのせん断弾性係数は 78 GPa とし，横断面におけるせん断応力は一様であるとみなしてよい.

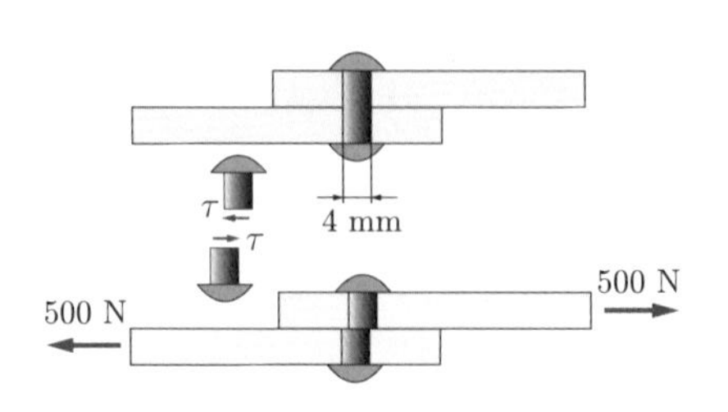

～物理量の単位，計算における有効数字の取り扱い～

付表 1.1 材料力学における主な物理量の単位

質量	kg (キログラム)
時間	s (秒)
長さ	m (メートル)
速度	m/s
加速度	$\mathrm{m/s^2}$
力 (荷重)	N (ニュートン) = $\mathrm{kg{\cdot}m/s^2}$
力のモーメント	$\mathrm{N{\cdot}m = kg{\cdot}m^2/s^2}$
応力・ヤング率	Pa (パスカル) = $\mathrm{N/m^2}$
エネルギー (仕事)	J (ジュール) = N·m
仕事率	W (ワット) = J/s
密度	$\mathrm{kg/m^3}$
温度	K (ケルビン)
線膨張係数	1/K

付表 1.2 主な接頭辞

p (ピコ)	10^{-12}
n (ナノ)	10^{-9}
μ (マイクロ)	10^{-6}
m (ミリ)	10^{-3}
k (キロ)	10^{3}
M (メガ)	10^{6}
G (ギガ)	10^{9}
T (テラ)	10^{12}

(1) 物理量の単位

材料力学において取り扱われる実次元の物理量，長さや力 (荷重)，応力 (圧力)，密度，エネルギーなどの単位は，原則として国際単位系 (International System of Units : SI) に従う．主な物理量の単位は付表 1.1 に示すとおりである．一部の書籍においてはいまだに kgf や $\mathrm{kgf/mm^2}$ などの工学単位系表記がみられるが，本書では原則として用いない．また，体積の単位として用いられることの多い L(リットル) や長さの単位であるÅ (オングストローム) などの単位も本書では使用しない．なお，機械工学の製図通則では長さの単位を mm(ミリメートル) と規定しており，機械図面では一般的に長さの単位を省略するが，本書では図中の長さはすべて単位を省略せずに表記した．

(2) SI 接頭辞

単一記号で表記する SI 単位には，10 の累乗倍の数を示す接頭辞 (付表 1.2) を付けることで大きな量や小さな量を表す．なお，本書では 10^3 毎の接頭辞のみを用い，cm の c(センチメートルのセンチ)，hPa の h(ヘクトパスカルのヘクト)，dL の d(デシリットルのデシ) などの接頭辞は使用しない．

(3) 有効数字 (有効桁) の表記法

物理学等では，有効数字の表記法として仮数部を a，指数部を λ として，

$$a \times 10^{\lambda}$$

のように表記し，ここで仮数部 a は $[1 \leq a < 10]$ となるように指数部 λ を適宜調整する．例えば，0.000124 m の場合は，1.24×10^{-4} m といった形で表記するのが本来のルールである．しかしながら，機械工学を含む一般の工学では接頭辞を用いた単位表記を積極的に使い，指数部を用いずに，$1.24 \times 10^{-4}\,\mathrm{m} \to 124\,\mu\mathrm{m}$ といった形で表記することが一般的である．例えば応力に対しては，

$$1.9201 \times 10^{8}\,\mathrm{Pa} \fallingdotseq 192\,\mathrm{MPa}, \quad 3.4121 \times 10^{10}\,\mathrm{Pa} \fallingdotseq 34.1\,\mathrm{GPa}$$

といった表記を積極的に用いる．本書でも一貫して，このような接頭辞を用いた単位表記を採用している．なお，有効数字の桁数については，ヤング率やひずみの測定精度を考慮すると，材料力学では3桁程度を確保していれば十分であり，本書でも基本的に有効数字は3桁として計算を行っている．

ただし，一般の工学計算と同様に，途中計算では計算誤差を避けるために4桁ないしは5桁の値を確保して計算を進め，最終的な答を求める段階で4桁目を四捨五入するなどの方法によって必要な桁数にまるめるのがよい．なお，許容応力の計算など，応力の限界基準を示す場合にはあえて安全側で値を示すという理由で，最終桁を切り捨てる場合もある．なお，円周率 $(3.141592\cdots)$ や無理数 $(\sqrt{2} = 1.41421356\cdots)$ などは，途中計算でも省略せずに可能な限り桁数を確保して演算を行うべきである．

(4) 文字式における無単位表記について

材料力学では実際の数値の代入を伴わない変数，定数の記号演算のみの計算については，「荷重を P，長さを L，ヤング率を E とする」といったように，一般に単位を付けずに問題が取り扱われる．単位系に依存しない計算であることを意味しているが，基本的には国際単位系 (SI) に準拠した物理量の単位を省略しているものと考えて差し支えない．

(5) ひずみの単位について

最後に，ひずみの単位について述べておく，ひずみは無次元量であり，$106 \times 10^{-6} = 106\,\mu$ のように書き表すこともあるが，接頭辞 μ だけで単位を表すことは避けたほうが良いという判断から，書籍等によっては $\mu\varepsilon$ や μST(ST は strain の意味) のように書かれることもある．またあえて長さの次元を書き加えて，μm/m のように表記する場合もある．0.01%のように%$(\times 10^{-2})$ が使われることも多いが，ppm を使えばこれは $\times 10^{-6}$ なので，μ と同じ意味になる．以上のように，ひずみの単位表記は必ずしも統一されていないが，本書では%もしくは $\times 10^{-6}$ を付して表記することとした．

第2章　材料の応力–ひずみ線図

前章の議論では，応力とひずみの間にはフックの法則が成立し，両者は比例するものとした．しかしながら一般には，応力やひずみがフックの法則を満たす範囲はひずみが微小な領域に限られており，その範囲を超えると応力とひずみは線形的な関係を示さなくなる．本章では，材料の応力とひずみの関係について実験的な考察も交えて詳しく議論する．

2.1　材料の引張試験

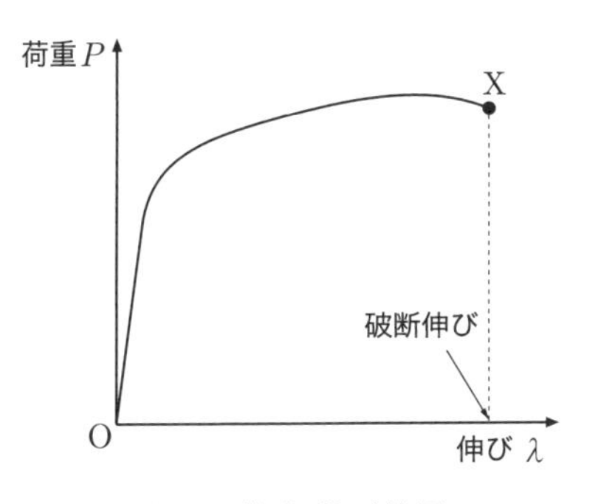

図 2.1　荷重–伸び線図

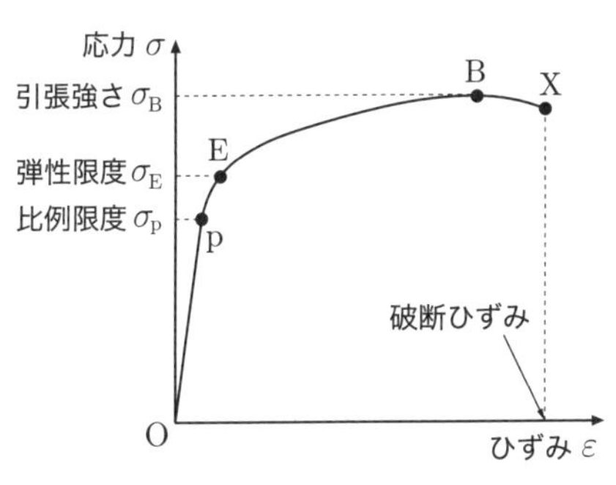

図 2.2　応力–ひずみ線図

断面の形状が一様な棒の両端に引張荷重を加える場合について考える．棒の両端に作用する荷重 P と棒の伸び λ の関係を図示すると図 2.1 のようになる．荷重が小さい領域は，荷重 P と伸び λ が比例する．また，荷重を断面積で除すことにより求められる応力と伸びを基準長さで除すことにより求められるひずみは，ひずみの小さな領域において比例し，フックの法則を満足する．図 2.1 のように，断面が一様な棒に関して，荷重と伸びの関係を表したものを**荷重–伸び線図** (load-extension diagram)，図 2.2 のように，応力とひずみの関係として表したものを，**応力–ひずみ線図** (stress-strain diagram) と呼ぶ．

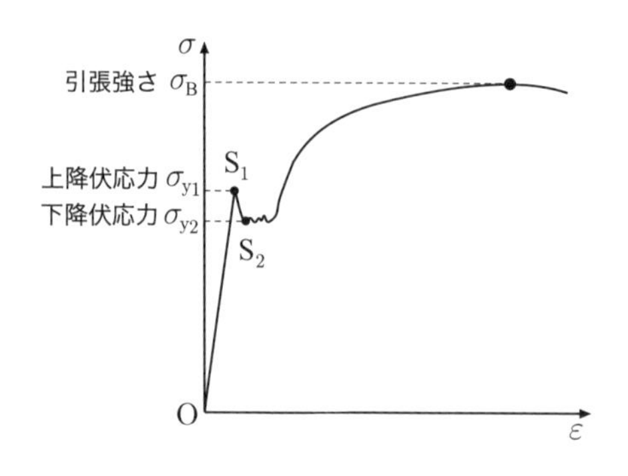

図 2.3　降伏点が現れる場合の応力–ひずみ線図 (軟鋼)

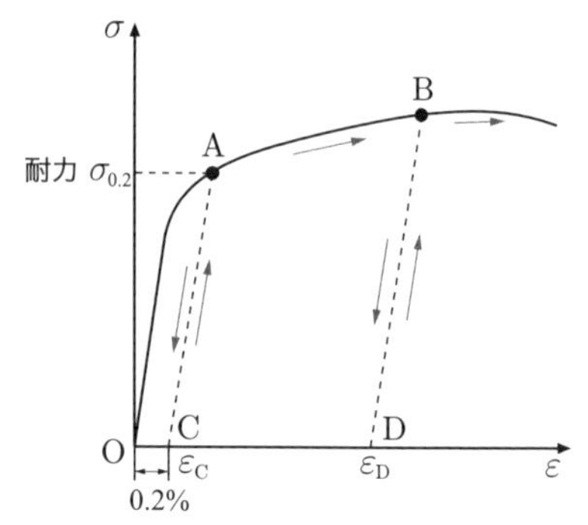

図 2.4　負荷-除荷-再負荷過程と耐力の定義

材料の変形は外力の大きさに比例し，ひずみが微小な範囲では外力を取り去ると，その変形は外力 0 の状態に戻る．このような性質を**弾性** (elasticity) と呼ぶ．一方，変形が大きくなると外力を取り去っても材料がもとの状態に戻らなくなる．この性質を**塑性** (plasticity) と呼ぶ．

先に述べたように，材料には応力とひずみが比例する範囲，すなわちフックの法則が成立する範囲が存在する．図 2.2 の点 p は応力とひずみがフックの法則を満足する上限を表しており，その点における応力 σ_p を**比例限度** (proportional limit) と呼ぶ．比例限度を超えたあとも，応力とひずみは非線形的な関係を示しながら増加する．ただし，ある点 (図 2.2 の点 E) までは，荷重を加えたあとに荷重を取り除くと，棒はもとの長さに戻るが，点 E を超えて棒を伸ばすと，棒はもとの長さに戻らずに永久的な変形，すなわち塑性ひずみ (永久ひずみとも言う) が生じることになる．ここで，塑性ひずみが生じない限界の応力を**弾性限度** (elastic limit) と呼ぶ[1]．

さて，弾性限度を超えたあとも棒を引張り続けると，棒の**塑性変形** (plastic deformation) はさらに進行する．塑性変形とは，例えば真っ直ぐな針金をある限界点以上に曲げた際，再びもとの状態には戻らなくなることに相当する．一般の金属材料の応力–ひずみ線図は，図 2.2 のように，応力とひずみが比例する関係を経たのちに非線形的な関係を示し，塑性ひずみが増大した後，最大応力を経て最終的な**破断** (breaking) に至る．その際の伸びを**破断伸び** (breaking elongation)，ひずみを**破断ひずみ** (breaking strain) と呼ぶ．

[1]弾性限度は比例限度に比べて僅かに高い値を示すことが多い．

なお，**焼なまし**(焼鈍，アニール: annealing) された低炭素鋼 (軟鋼) では，図 2.3 に示されるように，弾性限度を超えたあと，荷重が急落し，その後，ひずみが不安定に増加する特徴的な応力–ひずみ線図を示す．このような現象を**降伏** (yield) といい，図 2.3 の不安定変形の開始点 S_1 における応力を**上降伏応力** (upper yield stress)，そこから応力がいったん低下して不安定な塑性変形が生じる際 (S_2) の応力を**下降伏応力** (lower yield stress) と呼ぶ[2]．

一般的な工業材料の降伏応力，引張強さ，密度の値を表 2.1 に示しておく．多くの機械構造物は破壊しなくとも，材料に塑性変形が生じた時点で使用できなくなる場合が多いため，先に述べた弾性限度を機械設計における限界応力として考える場合もあるが，一般には引張試験による測定が容易な**降伏応力** (yield stress) ないしは後述の**耐力** (proof stress) の値を強度設計における基準応力として用いることが多い．

図 2.4 に示されるように，材料に塑性変形が生じた後に除荷することを考える．例えば図 2.4 の点 B までこの材料を伸ばした後に荷重を減少させてゆくと，応力–ひずみ線図は概して弾性変形と同じ傾きをたどって応力が 0 の点 D に戻る．このときの残留ひずみ ε_D が塑性ひずみである．この点 D からふたたび荷重を増加させてゆくと，点 B まで同じ傾きで応力とひずみが増加し，点 B より再びもとの曲線をたどる形で塑性ひずみが増加する．

図 2.4 の点 A まで材料を伸ばした後，除荷することにより点 C に戻ったとする．このときの塑性ひずみが $0.002 = 0.2\%$ であった場合，点 A における応力を**耐力** (proof stress) と定義する．すなわち，耐力は 0.2%の塑性ひずみを生じさせるための応力という意味である．明確な降伏点を示さない一般的な金属材料においては，この耐力をもって降伏応力の代わりとし，強度設計における基準応力として用いられる．

なお，実際に応力–ひずみ線図より耐力を求める場合には，引張試験において除荷を行う必要はなく，グラフの横軸における 0.2%ひずみの点 (図 2.4 の点 C) から傾きがヤング率に等しい直線を引き，その直線と応力–ひずみ線図の交点 (点 A) における応力を求めれば，それが耐力となる．

その他にも，その材料が耐えうる最大の応力もまた，材料・構造の設計の基準として用いられる．図 2.2，図 2.3 における応力の最大値 σ_B は**引張強さ** (tensile strength) と呼ばれ，しばしば設計基準応力として用いられる．

---

[2] これらの応力は**上降伏点**，**下降伏点**とも呼ばれる．

表 2.1　主な工業材料の降伏応力，引張強さ，密度

	降伏応力 (耐力) [MPa]	引張強さ [MPa]	密度 [kg/m^3]
低炭素鋼 (〜0.25C)	≧ 190	330〜430	7.86×10^3
中炭素鋼 (0.25〜0.60C)	≧ 270	430〜830	7.84×10^3
高炭素鋼 (0.60C〜)	≧ 600	≧ 830	7.82×10^3
ステンレス鋼 (SUS304)	270	640	8.03×10^3
球状黒鉛鋳鉄	380〜550	400〜1100	7.10×10^3
アルミニウム合金 (2024)	320	430	2.16×10^3
マグネシウム合金 (AZ31)	220	290	1.78×10^3
無酸素銅	230	270	8.92×10^3
チタン合金 (Ti-6Al-4V)	900	960	4.43×10^3
ポリプロピレン (PP)	25〜35	30〜40	0.93×10^3
ポリカーボネート (PC)	50〜60	60〜70	1.20×10^3

2.2　許容応力と安全率

機械や構造物の設計においては，使用期間においてそれらが壊れたり，変形が生じて機能的不具合が生じないようにしなければならない．構造物が破損・破壊するかどうかを判定するためには，内部にどの程度の応力が生じるか，そしてその応力が材料の限界応力を超えるか否かを見極めればよい．どういった応力を限界応力として考えるかは，材料の塑性変形 (降伏応力，耐力) を基準とするか，材料の破断 (引張強さ) を基準とするかによって異なる．また，実際の機械構造物を使用する環境下においては，外力の大きさが正確に把握できない場合や，応力を正確に求めることが困難な場合を考える必要がある．さらには，材料の強度にはかなりのバラツキがある他，材料内部の欠陥や腐食，使用条件などによっても，材料の強度は変化する．

つまり，材料の強度限界 (限界応力) はある範囲をもって評価すべきものであって，必ずしも，この応力で壊れるなどといったように，厳密に推し量れるものではない．とくに自動車や航空機などのように，繰り返しの振動負荷が与えられるような環境においては，降伏応力以下の，非常に低い応力でも材料が破壊することがある．そのため，動的な荷重が作用する場合には，静的な荷重が与えられる場合よりも厳しい設計基準を適用しなければならない．

以上のような種々の条件を考慮して，機械や構造物が破壊しないために材料

に生じても差し支えない最大の応力を仮定し，これを**許容応力** (allowable stress) と定義する．許容応力は，先に述べたように使用材料の性質，評価された応力の正確さ，応力分布，荷重状態などに影響される．許容応力を決定するための最も基本的な因子は，材料の強度パラメータ (引張強さ，降伏応力など) である．そこでこれらを基準強さと名付け，基準強さと許容応力との比を**安全率** (safety factor) と定義する．

$$\text{安全率}：S = \frac{\text{基準強さ}}{\text{許容応力}} > 1 \tag{2.1}$$

安全率については，種々の機械設計においてさまざまな値が選ばれている．一般的な設計基準では，基準強さに降伏応力 (耐力) を用いる場合で，静荷重に対する安全率には 3〜6 の値を用いることが多く，繰り返し負荷や衝撃荷重が作用する場合には，さらに 2〜4 倍の安全率が用いられる．一方，航空機などでは燃費性能を極めて重視するために，使用条件を厳しく評価し，精密な数値解析を適用したうえで 1.5 前後の安全率が用いられることが多い．

ここまで述べた安全率は，さまざまな条件下における材料の使用状況から経験的に決められることが多く，信頼性に乏しいなど多くの課題がある．そこで，材料強度と使用応力について確率分布関数を導入し，統計的な信頼性設計に基づいて安全率を決定する方法が提案されている．使用環境に応じた破壊確率を与え，材料強度と使用応力の確率分布関数における中央値の比として安全率が決定される．確率分布関数がワイブル分布など典型的な関数で表し得る場合には信頼性の高い安全率の見積りが可能となる．

2.3　真応力

断面積 A_0 の棒に荷重 P が作用する場合の応力は，式 (1.1) で定義されたように荷重を断面積で除すことにより求められる．

$$\text{公称応力}：\sigma = \frac{P}{A_0} \tag{2.2}$$

なお，上記の応力を本章では後述の真応力と区別するために**公称応力** (nominal stress) と呼ぶ．

ところで，式 (2.2) における断面積 A_0 は応力が作用していない状態における断面積である．しかしながら，本来の単位面積当たりに作用する力として定義される応力を求めるには，応力が作用する状態における断面積の変化を考慮する必要がある．そこで，次式のように応力が作用する状態での断面積を用いて表した応力，すなわち**真応力** (true stress) $\hat{\sigma}$ を新たに定義する．

$$\textbf{真応力}：\hat{\sigma} = \frac{P}{A} \tag{2.3}$$

ここで，A は応力を受けて変形した状態における棒の真の断面積である．なお，真応力は断面積 A の変化が大きくなるときに用いるべきものであるが，そのような場合には微小変形の範囲を超えるため，前述のポアソン比を用いた断面積変化の議論が成立しない．そのため，ひずみの大きな領域に関しては変形によって体積が変化しないものとして断面積の換算を行う．初期断面積 A_0，長さ L_0 の棒を延ばして断面積 A，長さ L になった場合，変形過程において体積が変化しないものとすれば次式が成り立つ．

$$A_0 L_0 = AL \tag{2.4}$$

上式を用いて式 (2.3) を書き直せば，次式のように公称応力を真応力に換算する式が得られる．

$$\hat{\sigma} = \frac{P}{A} = \frac{PL}{A_0 L_0} = \sigma \frac{L}{L_0} \tag{2.5}$$

2.4　真ひずみ (対数ひずみ)

長さ l の棒の変形について考える．この棒が微小な長さ dl だけ伸びたとして，この状態における微小ひずみを考えると，

$$d\varepsilon = \frac{dl}{l} \tag{2.6}$$

となる．上式では長さ l の棒が微小量 dl だけ伸びた場合のみを考えているが，実際には，ひずみが 0 の初期状態においてこの棒の長さは L_0 で，最終的に棒の長さは L になるものとする．つまり，この棒が長さ L_0 から L まで伸びた際のひずみを考えるには，図 2.5 のように，積分計算によって式 (2.6) で表される微小ひずみ $d\varepsilon$ の総和を求めればよい．

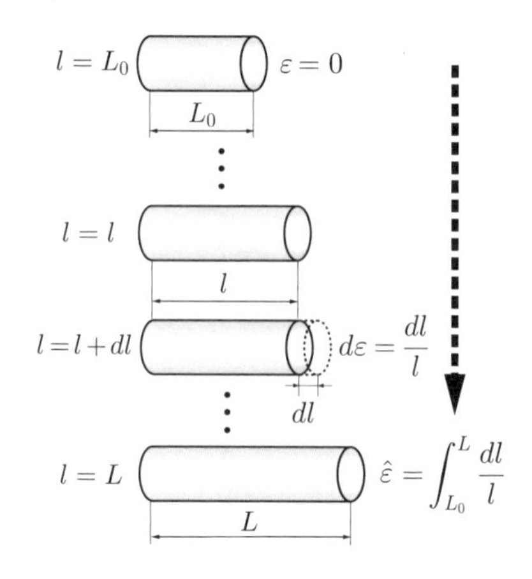

図 2.5　真ひずみの計算

$$\hat{\varepsilon} = \int d\varepsilon = \int_{L_0}^{L} \frac{dl}{l} = \Big[\ln l\Big]_{L_0}^{L} = \ln \frac{L}{L_0} \tag{2.7}$$

ここで，式 (2.7) によって定義される新たなひずみを**真ひずみ** (true strain)，ないしは**対数ひずみ** (logarithmic strain) と呼ぶ．

前章の式 (1.3) で定義されたひずみ $\varepsilon = (L - L_0)/L_0$ のことを，材料力学では単に "ひずみ" と呼ぶことが多いが，式 (2.7) で定義される真ひずみを用いて材料の変形を議論する場合には，式 (1.3) で与えられるひずみを**公称ひずみ** (nominal strain) と呼んで区別する．

なお，式 (2.7) を変形すれば，真ひずみを公称ひずみで表す式が得られる．

$$\hat{\varepsilon} = \ln \frac{L}{L_0} = \ln(1 + \varepsilon) \tag{2.8}$$

また，式 (2.5) の右辺を公称ひずみを用いて書き換えると，真応力を公称応力と公称ひずみで表す式を得る．

$$\hat{\sigma} = \sigma(1 + \varepsilon) \tag{2.9}$$

以上のように，公称ひずみ，公称応力，真ひずみ，真応力は式 (2.5)，(2.8)，(2.9) を用いて相互に変換が可能である．

ひずみが極めて小さければ真応力の代わりに公称応力を，真ひずみの代わりに公称ひずみを用いても大きな問題は生じない．ひずみが大きく材料に塑性変形が生じる場合には，前述の体積一定則を用いて真応力や真ひずみによって非線形の応力–ひずみ関係を表現する場合が多い．

応力–ひずみ関係式は一般に**構成式** (constitutive equation) と呼ばれる．ちなみに，弾性体に対するフックの法則も構成式の一種である．塑性変形の解析は本書の取り扱い範囲を超えるが，弾性変形とともに塑性変形が生じる材料の変形挙動を力学的に評価するためには，非線形の材料構成式をどのように近似 (モデル化) するかが極めて重要となる．

演習問題 2.1：許容応力と安全率

80 kN の引張荷重に耐えられるよう，丸棒の直径を決定したい．いま，この材料の基準強さを 350 MPa とし，安全率を 4 として棒を設計するものとする．棒の直径をいくらにすればよいか．

演習問題 2.2：鉄鋼材料の応力–ひずみ線図

以下の文章の空欄 (1)〜(12) に適する数字または語句を答えよ．

一般に炭素含有量が [(1)] % 以下の炭素鋼は低炭素鋼と呼ばれる．機械構造用炭素鋼 S20C は低炭素鋼の一種であり，記号 “S20C” は，[(2)] であることを意味している．ひずみの非常に小さな領域では，応力とひずみは比例する．これは一般に [(3)] の法則と呼ばれ，その比例定数が [(4)] である．[(3)] の法則を満足する上限の応力を一般に [(5)] と呼ぶ．また，塑性ひずみを生じない限界の応力値を [(6)] と呼ぶ．熱処理として [(7)] が施された S20C 材は，塑性変形開始後に応力－ひずみ関係が不安定となり，[(8)] が観察される．なお，より炭素含有率の高い機械構造用炭素鋼，例えば S45C では，[(8)] は明確に現れない．そのような材料では，0.2%の永久ひずみ (塑性ひずみ) を生じる際の応力をもってその代わりとみなし，これを一般に [(9)] と呼ぶ．また，公称応力–公称ひずみ線図における最大応力のことを一般に [(10)] と呼ぶ．

演習問題 2.3：真ひずみの加算性

以下の文章の中の空欄を問題文にて与えられた記号を用いてうめよ．

長さ L_0 の棒を長さ L_1 に伸ばした際の真ひずみは [(a)] である．また，長さ L_1 の棒を長さ L_2 に伸ばした際の真ひずみは [(b)] である．ちなみに，長さ L_0 の棒を長さ L_2 に伸ばした際の真ひずみは [(c)] となる．次に，長さ l_i の棒が，長さ l_{i+1} になった状態を考える．この過程におけるひずみ増分 $\Delta\varepsilon_i$ を真ひずみを用いて表すと，[(d)] と表される．$i = 0$ から $i = N - 1$ における真ひずみの和を求めると，[(e)] となる．この結果は，棒を [(f)] から [(g)] まで伸ばした際の真ひずみに等しいから，真ひずみは区分的なひずみ増分の和として計算できることが確かめられる．

演習問題 2.4：丸棒の引張試験

直径 10 mm，基準長さ 50 mm の丸棒の引張試験を実施した．下記の表は，基準長さ部分の伸びと引張荷重の計測結果である．この計測結果から，公称応力，真応力，公称ひずみ，真ひずみをそれぞれ求め，公称応力–公称ひずみ線図，真応力–真ひずみ線図を作成しなさい．

伸び [mm]	0.02	0.04	0.06	0.08	0.1	0.2	0.4	0.6	1.0	2.0
荷重 [kN]	5.94	11.9	18.0	23.9	29.3	29.8	30.0	30.1	30.2	30.2

第3章　引張と圧縮

本章では，材料力学にて取り扱われる最も基本的な一次元の構造物である棒や帯板の伸び (圧縮) 変形と，それに伴い生じる応力の計算法について学ぶ．荷重から応力を求めた後，フックの法則を用いて応力からひずみを求めて伸び (変位) を計算する静定問題の解き方について，典型的な例題を解き進めながら詳しく説明する．その後，変形に関する条件式を適用して応力や荷重を決定する不静定問題について，その解き方を解説する．

3.1　引張と圧縮に関する基礎的な問題

まずは与えられた外力条件のみから構造に生じる荷重や応力が求まる問題について解いてゆくことにする．材料力学ではこのような問題を**静定問題** (statically determinate problem) と呼び，後述の**不静定問題** (statically indeterminate problem) と区別して考える．荷重から応力を，さらにフックの法則を用いて応力からひずみを求め，最終的に棒や板の伸びを求めていくのが静定問題における一連の解析手順となる．棒や帯板の横断面では一様な応力が作用するものと考えることに注意して欲しい．

例題 3.1　段付き棒の引張

直径 D_1，長さ l_1 の区間と直径 D_2，長さ l_2 の区間を有する段付き丸棒がある．両端に引張荷重 P が作用するとき，段付き棒全体の伸びを求めよ．棒のヤング率は一様に E である．

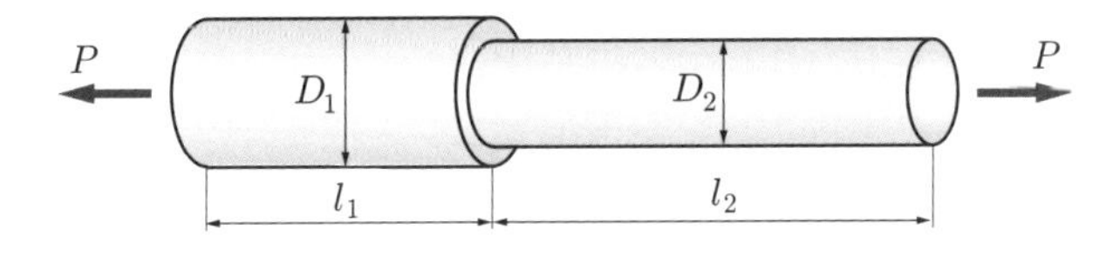

(解答例)

棒を直列に接続した問題では，何れの区間においても同じ軸力 P が作用する．直径 D_1 の区間の断面積は $A_1 = \pi D_1^2/4$ であるから，この区間に生じる応力 σ_1，ひずみ ε_1，伸び λ_1 は，

$$\sigma_1 = \frac{P}{A_1} = \frac{4P}{\pi D_1^2},\quad \varepsilon_1 = \frac{\sigma_1}{E} = \frac{4P}{E\pi D_1^2},\quad \lambda_1 = \varepsilon_1 l_1 = \frac{4Pl_1}{E\pi D_1^2} \tag{a}$$

同様に，直径 D_2 の部分において，

$$\sigma_2 = \frac{P}{A_2} = \frac{4P}{\pi D_2^2},\quad \varepsilon_2 = \frac{\sigma_2}{E} = \frac{4P}{E\pi D_2^2},\quad \lambda_2 = \varepsilon_2 l_2 = \frac{4Pl_2}{E\pi D_2^2} \tag{b}$$

棒全体の伸びは，2 つの区間の伸びの和であるから，最終的に棒全体の伸び λ が以下のように求められる．

$$\lambda = \lambda_1 + \lambda_2 = \frac{4P}{E\pi}\left(\frac{l_1}{D_1^2} + \frac{l_2}{D_2^2}\right) \cdots (答)$$

例題 3.2　断面積が変化する帯板の引張

図に示されるように，帯板の幅が長手方向に一次関数的に変化する場合について考える．両端に引張荷重 P が作用しており，左端の幅は b_1，右端の幅は b_2，板の長さ，厚さ，ヤング率はそれぞれ l，h，E である．この帯板の荷重方向の伸びを求めよ．

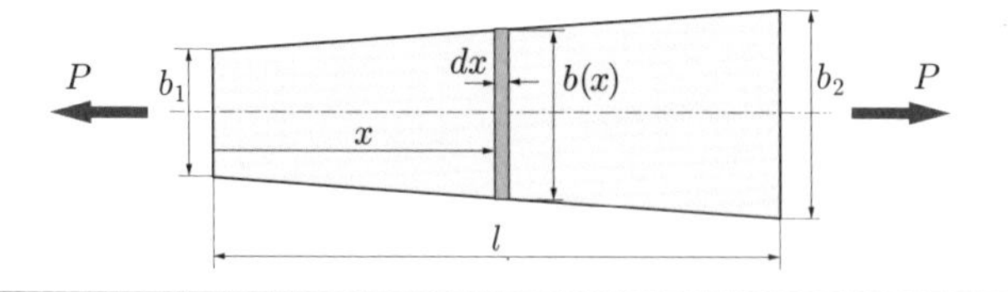

(解答例)

帯板の長手方向に座標 x をとり，帯板左端の座標を $x = 0$，右端の座標を $x = l$ とする．区間 $(0 \leq x \leq l)$ における帯板の幅を座標 x の関数として表すと，

$$b(x) = \frac{b_2 - b_1}{l}x + b_1 \tag{a}$$

帯板の断面に作用する荷重は座標によらず P であるから，座標 x の位置における応力 $\sigma(x)$ は，

$$\sigma(x) = \frac{P}{b(x) \cdot h} = \frac{P}{h}\left(\frac{b_2 - b_1}{l}x + b_1\right)^{-1} \tag{b}$$

ひずみ $\varepsilon(x)$ は，フックの法則 $\sigma = E\varepsilon$ と式 (b) より次式のようになる．

$$\varepsilon(x) = \frac{\sigma(x)}{E} = \frac{P}{Eh}\left(\frac{b_2 - b_1}{l}x + b_1\right)^{-1} \tag{c}$$

幅 dx の微小要素を考えると，微小要素の伸び，すなわち微小伸び $d\lambda$ は幅 dx とひずみ $\varepsilon(x)$ の積となるので，

$$d\lambda = \varepsilon(x)dx = \frac{\sigma(x)}{E}dx = \frac{P}{Eh}\left(\frac{b_2 - b_1}{l}x + b_1\right)^{-1} dx \tag{d}$$

帯板の伸びは，上記微小伸びの和であるから，結果的に以下の積分により計算できることがわかる[1]．

$$\lambda = \int d\lambda = \int_0^l \varepsilon(x)dx$$
$$= \frac{P}{Eh}\int_0^l \left(\frac{b_2 - b_1}{l}x + b_1\right)^{-1} dx = \frac{Pl}{Eh(b_2 - b_1)} \ln \frac{b_2}{b_1} \quad \cdots \text{(答)}$$

例題 3.3　一様な応力が作用する丸棒

長さ l，密度 ρ，ヤング率 E の丸棒を鉛直方向につるし，その下端に質量 M の重錘を取り付ける．棒にはこの重錘に作用する重力 Mg(g：重力加速度) と，棒の自重が作用する．この棒において，横断面に働く応力が一定値 σ となるように棒の断面積 A を座標 x の関数として求めよ (棒の下端を原点として座標 x を鉛直上向きにとること)．

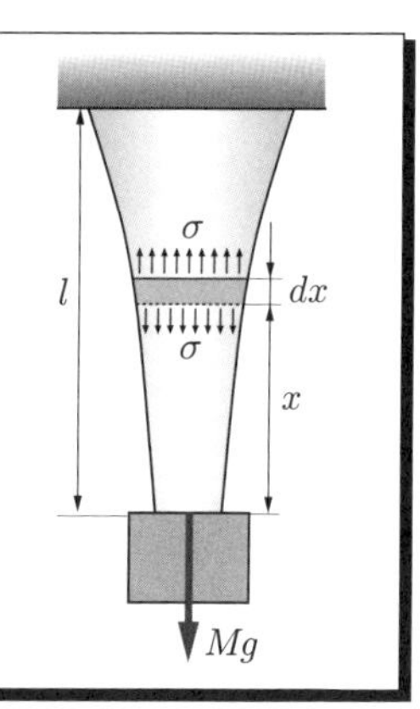

解答例

棒下端からの距離が x および $x+dx$ の位置における棒の断面積を A および $A+dA$ とおく．長さ dx の微小要素に作用している力を考えると，下面に作用する荷重 $A\sigma$，上面に作用する荷重 $-(A+dA)\sigma$，微小長さの部分の棒に働く重力 $\rho gAdx$ がつり合うはずであるから，

[1] ここでは微小伸びをまず求めてその和を求める流れで説明したが，結果的にはひずみ $\varepsilon(x)$ を座標 x で積分すれば全体の伸びとなる．

$$A\sigma + \rho g A dx - (A + dA)\sigma = 0$$

$$\therefore \ \frac{dA}{A} = \frac{\rho g}{\sigma} dx \tag{a}$$

上式を積分すれば，

$$\ln A = \frac{\rho g}{\sigma} x + c' \quad (c' \text{は積分定数}) \tag{b}$$

さらに変形すれば，断面積 A は次式で与えられる．

$$A = e^{(\rho g x/\sigma + c')} = c e^{\rho g x/\sigma} \quad (c = e^{c'}) \tag{c}$$

棒の下端 $(x = 0)$ において，重錘の作用による応力を考えると，

$$\sigma(x = 0) = \frac{Mg}{A_0} \tag{d}$$

が成り立つ．ただし，棒下端における断面積を A_0 とおいた．これが棒に作用する一様な応力 σ と等しくなければならないので，

$$\frac{Mg}{A_0} = \sigma, \quad \therefore \ A_0 = \frac{Mg}{\sigma} \tag{e}$$

式 (c) に $x = 0$ を代入すれば，

$$A_0 = c, \quad \therefore \ c = \frac{Mg}{\sigma} \tag{f}$$

最終的に，この棒の断面積 A は次式で表される．

$$A = \frac{Mg}{\sigma} e^{\rho g x/\sigma} \quad \cdots \text{(答)}$$

3.2　不静定問題の考え方

3.1 節で取り扱った例題のように，物体に作用する力のつり合いのみを考えることによって物体の内部に作用する荷重や応力が決定できる問題を**静定問題**と呼ぶ．それに対して，力のつり合い式の数よりも未知となる荷重が多い場合は，力のつり合いとともに，物体の変形に関する条件を考えなければ荷重や応力が決めることができない．このような問題を**不静定問題**と呼ぶ．

不静定問題では荷重 (もしくは応力) を仮定し，部材のひずみや伸び (変位) を求めたうえで，変形量に関する条件式を与えることによって仮定された不静定量を求め，最終的に各部に生じる応力や変形を求めるのが一般的な解き方の流れとなる．以下，棒の引張・圧縮に関する典型的な不静定問題について基本的な例題を解きながら解説する．

例題 3.4　並列接続された丸棒の引張

直径 D，長さ l の 3 本の丸棒があり，左端が固定され，右端が剛体の板で結合されている問題について考える．上下の棒のヤング率は E_1，中央の棒のヤング率は E_2 であり，右端の結合部に対して右向きの荷重 P を作用させるとき，それぞれの棒に生じる応力，荷重点の変位を求めよ．

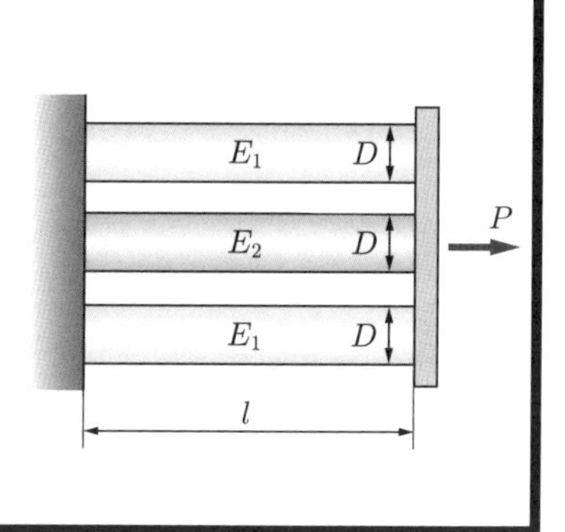

解答例

図の上から順に棒 1，棒 2，棒 3 と呼ぶことにする．それぞれの棒に作用する軸力を P_1，P_2，P_3 とおけば，力のつり合い式は，

$$P = P_1 + P_2 + P_3 \tag{a}$$

となり，上式だけでは P_1，P_2，P_3 は求まらないので，この問題は不静定問題である．3 本の棒に生じる応力を P_1，P_2，P_3 で表すと，

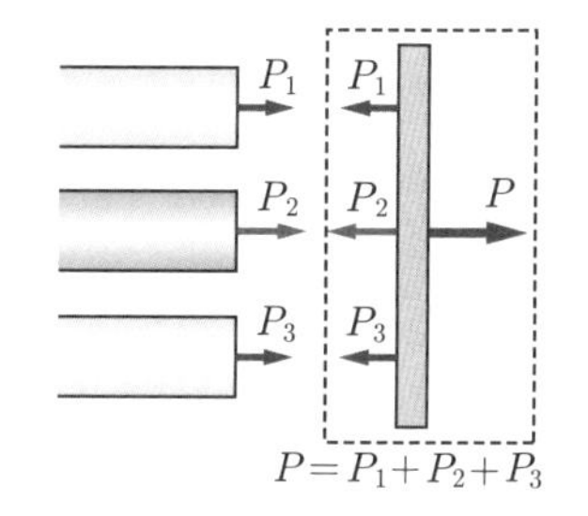

$$\sigma_1 = \frac{4P_1}{\pi D^2} \tag{b}$$

$$\sigma_2 = \frac{4P_2}{\pi D^2} \tag{c}$$

$$\sigma_3 = \frac{4P_3}{\pi D^2} \tag{d}$$

式 (b)，(c)，(d) より 3 本の棒に生じるひずみを求めれば，

$$\varepsilon = \frac{4P_1}{E_1 \pi D^2}, \quad \varepsilon = \frac{4P_2}{E_2 \pi D^2}, \quad \varepsilon = \frac{4P_3}{E_1 \pi D^2} \tag{e}$$

すなわち，これらの棒に生じるひずみは等しい．上式を変形すると，

$$P_1 = \frac{\pi D^2}{4} E_1 \varepsilon, \quad P_2 = \frac{\pi D^2}{4} E_2 \varepsilon, \quad P_3 = \frac{\pi D^2}{4} E_1 \varepsilon \tag{f}$$

式 (a)，(f) より，P_1，P_2，P_3 を消去して整理すれば，

$$P = \frac{\pi D^2}{4} (2E_1 + E_2) \varepsilon \tag{g}$$

よって，3 本の棒に生じるひずみ ε が以下のように求められる．

$$\varepsilon = \frac{4P}{\pi D^2 (2E_1 + E_2)} \tag{h}$$

式 (f), (h) より，棒に作用する軸力 P_1，P_2，P_3 はそれぞれ以下のようになる．

$$P_1 = P_3 = \frac{E_1}{2E_1 + E_2}P, \quad P_2 = \frac{E_2}{2E_1 + E_2}P \qquad \cdots (答)$$

棒に生じる応力 σ_1，σ_2，σ_3 は，

$$\sigma_1 = \sigma_3 = \frac{4E_1 P}{\pi D^2(2E_1 + E_2)}, \quad \sigma_2 = \frac{4E_2 P}{\pi D^2(2E_1 + E_2)} \qquad \cdots (答)$$

3 本の棒に生じる伸びは等しく λ であり，それは荷重点の変位であるから，結果的に荷重点の変位は以下のようになる．

$$\lambda = \varepsilon l = \frac{4Pl}{\pi D^2(2E_1 + E_2)} \qquad \cdots (答)$$

例題 3.5　中間部に軸荷重が作用する丸棒

ヤング率 E_1，長さ l_1 の丸棒 1 と，ヤング率 E_2，長さ l_2 の丸棒 2 が直列に結合されており，両端が剛体壁に固定されている．棒の直径はともに D である．棒の結合部に荷重 P が右向きに作用するとき，丸棒 1 と丸棒 2 に作用する応力と荷重 P の作用点における変位を求めよ．

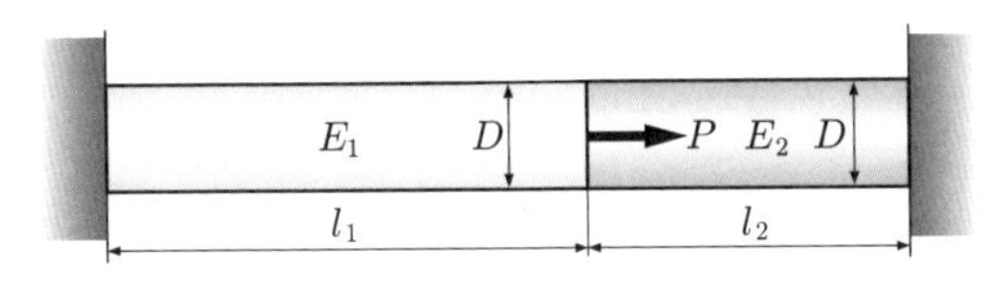

解答例

$$P_1 = P + P_2$$

丸棒 1，丸棒 2 における軸力をそれぞれ P_1，P_2 とおく．結合された棒全体に対して外力のつり合いを考えると，左端において左向きに P_1，右端において右向きに P_2，結合部には右向きに P が作用しているから，力のつり合い式は[2]，

$$P_1 = P + P_2 \tag{a}$$

[2] $P = P_1 - P_2$ となるので，丸棒 1，丸棒 2 に作用する軸力の差が P であることがわかる．なお，左右の壁からの反力を未知量として問題を解いてもよい．

となるが，上式だけでは P_1 と P_2 は決まらないので，この問題は不静定問題である．それぞれの区間における応力 σ_1，σ_2，ひずみ ε_1，ε_2，伸び λ_1，λ_2 を P_1，P_2 を用いて表すと，

$$\sigma_1 = \frac{4P_1}{\pi D^2},\quad \varepsilon_1 = \frac{4P_1}{E_1 \pi D^2},\quad \lambda_1 = \frac{4P_1 l_1}{E_1 \pi D^2} \tag{b}$$

$$\sigma_2 = \frac{4P_2}{\pi D^2},\quad \varepsilon_2 = \frac{4P_2}{E_2 \pi D^2},\quad \lambda_2 = \frac{4P_2 l_2}{E_2 \pi D^2} \tag{c}$$

棒の両端は固定されているから，2 つの棒に生じる伸びの和は 0 となる．

$$\lambda_1 + \lambda_2 = 0 \tag{d}$$

式 (d) に式 (b)，(c) の λ_1 と λ_2 を代入すれば，

$$\frac{4P_1 l_1}{E_1 \pi D^2} + \frac{4P_2 l_2}{E_2 \pi D^2} = 0 \tag{e}$$

式 (a)，(e) を連立させて解くことにより，軸力 P_1，P_2 を求めると，

$$P_1 = \frac{E_1 l_2}{E_1 l_2 + E_2 l_1} P,\quad P_2 = -\frac{E_2 l_l}{E_1 l_2 + E_2 l_1} P \tag{f}$$

よって，丸棒 1，丸棒 2 に作用する応力は，

$$\sigma_1 = \frac{4E_1 l_2}{\pi D^2 (E_1 l_2 + E_2 l_1)} P,\quad \sigma_2 = -\frac{4E_2 l_l}{\pi D^2 (E_1 l_2 + E_2 l_1)} P \quad \cdots (答)$$

さらに，荷重 P の作用点における変位 λ は以下のように求まる．

$$\lambda = \lambda_1 = \frac{4P_1 l_1}{E_1 \pi D^2} = \frac{4 l_1 l_2 P}{\pi D^2 (E_1 l_2 + E_2 l_1)} \quad \cdots (答)$$

演習問題 3.1：段付き棒の変形

図のように 2 つの段部をもつ丸棒があり，両端が壁に固定されている．各部の長さと直径は図に示すとおりであり，ヤング率は一様に E である．左方および右方の段部にそれぞれ P_{A}，P_{B} の大きさの右向きの荷重が作用している．各部に生じる応力と荷重点における変位をそれぞれ求めよ．

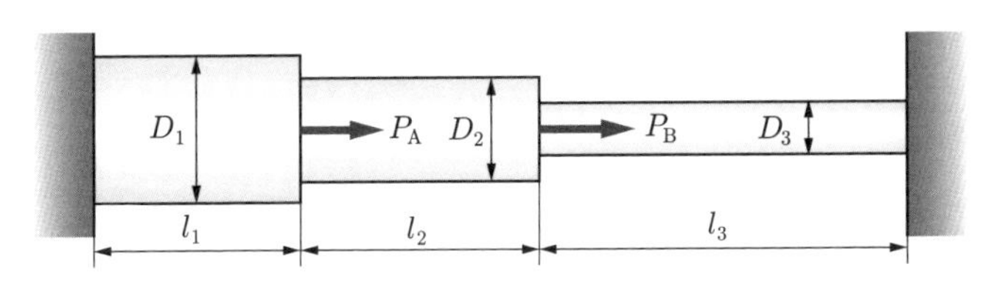

演習問題 3.2：円筒と円柱の圧縮

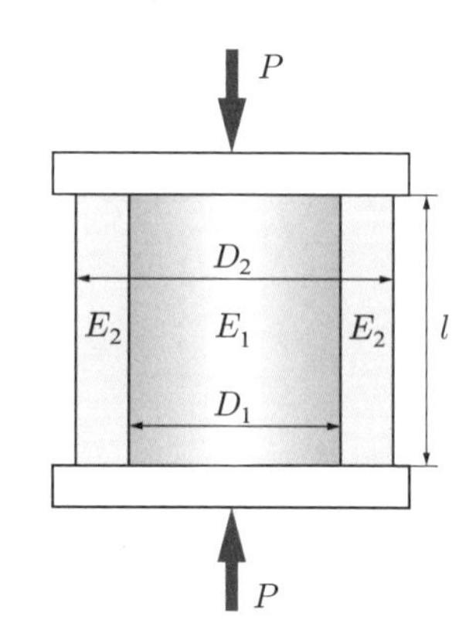

外径 D_2，内径 D_1，長さ l，ヤング率 E_2 の中空円筒の中に，直径 D_1，長さ l，ヤング率 E_1 の円柱を収め，上下を剛体の板ではさむ．いま，この構造に対して上下から圧縮荷重 P を作用させるとき，中空円筒と円柱に生じる応力と，この構造物の変形量を求めよ．なお，円柱と円筒の間には応力 (圧力) は作用しないものと考えてよい．

演習問題 3.3：遠心力が作用する棒の伸び

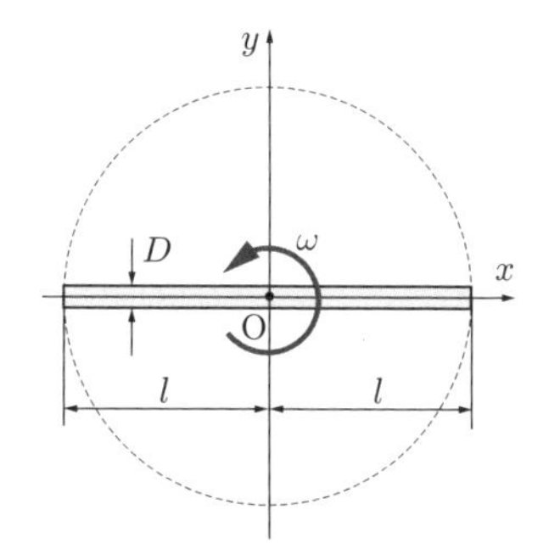

直径 D，長さ $2l$，密度 ρ，ヤング率 E の丸棒が x-y 平面内に置かれており，この面内において丸棒の中点 (点 O) を中心とし，棒が回転運動を行う場合について考える．なお，点 O は棒の重心と一致する．この棒を角速度 ω で回転させるとき，棒に生じる応力と伸びを求めよ．

演習問題 3.4：円筒とボルトからなる構造

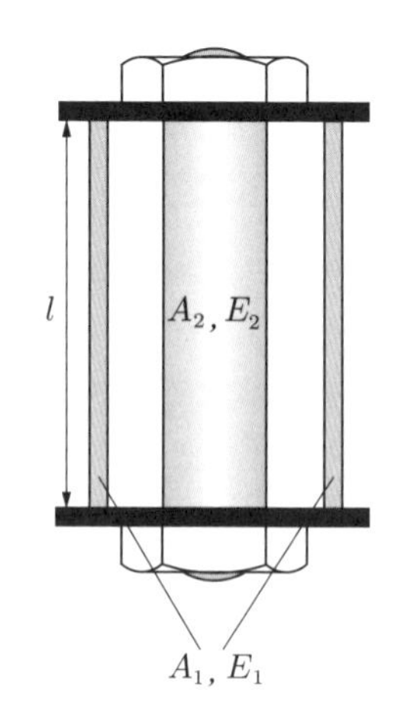

長さ l，ヤング率 E_1，横断面の面積が A_1 の円筒があり，その中にヤング率 E_2，断面積 A_2 のボルトを通し，上下からナットと座金によって円筒とボルトを固定する．ともに応力が 0，長さが l の状態から上部のナットを一回転させて締め上げた．この際，ボルトはピッチ p の分だけ短くなることによって上下に引き伸ばされる．他方，円筒には圧縮応力が作用する．最終的に円筒に生じた圧縮応力とボルトに生じた引張応力を求めよ．なお，座金は非常に薄く，その変形は無視でき，ボルトは一様な断面積の棒であるものと近似してよい．

～サンブナンの原理と応力集中について～

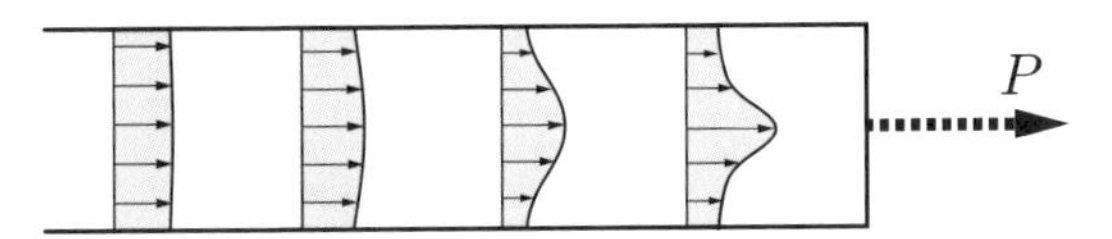

付図 3.1　サンブナンの原理

ここまでの問題において，棒や帯板の長さ方向に対する直交断面 (横断面) における応力分布はすべて一様であるものと考えてきた．しかしながら，棒や板の接合部分や円孔の周辺，棒や板の両端において荷重が作用する部位などでは応力の分布が一様でなくなる．例えば，付図 3.1 のように，帯板の端部に集中荷重が作用する場合には，帯板端部付近の応力は一様にならないが，荷重の作用点や断部から十分に離れた部位では横断面における応力はほぼ一様となるため，帯板や棒全体の変形を求める場合においては，これらの局部的な応力分布の乱れの影響は小さいものとみなして差し支えない．このように応力の作用点から離れると，応力の乱れは平均化され，一様な応力分布となることを，**サンブナンの原理** (Saint-Venant's principle) と呼ぶ．棒や帯板全体の変形をとらえる場合にはサンブナンの原理に従って近似的な応力場・ひずみ場を取り扱うが，切欠きや円孔などを有する場合においては，これらの部位で発生する**応力集中** (stress concentration) を考慮する必要がある．

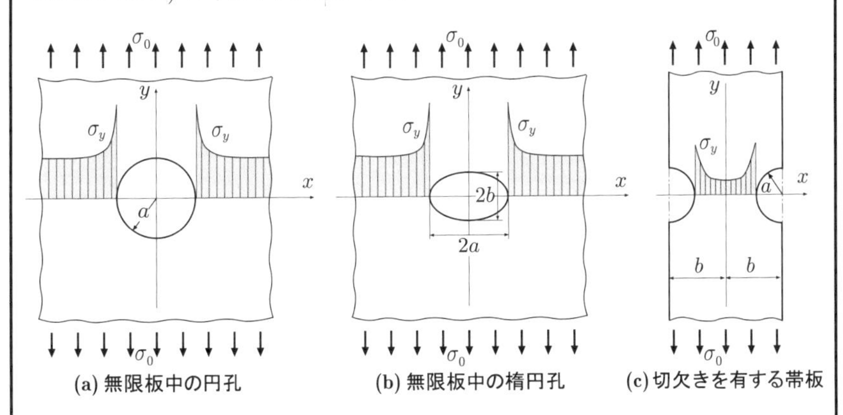

付図 3.2　円孔，楕円孔，帯板の切欠きにおける応力集中

無限に広がる板＝無限板について考えると，欠陥や孔などのない無限板を y 軸方向に一様な応力 $\sigma_y = \sigma_0$ で引張れば，y 軸方向の応力は当然ながら一様 (σ_0) になるが，付図 3.2(a) のように板に円孔が存在すると，そのまわりで応力の分

布は乱れ，孔縁における応力は σ_0 よりも高くなる．

孔縁における垂直応力 σ_y は，$x = a$，$x = -a$ の位置で最大となり，

$$\sigma_{\max} = 3\sigma_0 \tag{3.1}$$

の値をとる．すなわち，円孔の縁においては，円孔が無い場合の 3 倍の応力が生じる．ここで，円孔が無い場合の基準応力と円孔縁での応力の比を**応力集中係数** (stress concentration factor) と呼ぶ．

$$\text{円孔の応力集中係数:}\quad \alpha = \frac{\sigma_{\max}}{\sigma_0} = 3 \tag{3.2}$$

また，付図 3.2(b) のように楕円孔を有する無限板を短軸方向に引張れば，x 軸上の孔縁部における最大応力と応力集中係数は以下のようになる．

$$\sigma_{\max} = \left(1 + \frac{2a}{b}\right)\sigma_0, \quad \therefore\ \alpha = 1 + \frac{2a}{b} \tag{3.3}$$

なお，円孔および楕円孔が存在する場合と同様に，付図 3.2(c) のような帯板の両端における切欠き底においても応力集中は生じる．このように，円孔や切欠きにおいて生じる応力集中，すなわち応力集中係数の値を把握することは，種々の機械構造物を設計する場合に重要となる．

多くの機械構造物においては，ボルト穴やリベット穴，板幅が変化するフィレットなどが存在するため，設計において応力集中を考慮することは不可欠である．先ほど，無限板中の円孔における応力集中係数は 3 であること示したが，多くの構造物において応力集中係数は 3 以上となる場合が多いので，応力集中を考慮すれば，構造物の設計における安全率は，最低でも 3 を考慮すべきであるということが理解できる．

もちろん，応力集中のみでなく，衝撃力の付与による応力の増大や，疲労強度などを考慮して，安全率を適切に設定すべきなのは言うまでもない．種々の構造における円孔や楕円孔，切欠き底，フィレット部，キー溝などにおける応力集中係数は，さまざまな機械設計に関する書籍や応力集中に関する専門書にまとめられている．

なお，楕円孔の高さ b が無限小となって面積をもたないき裂となれば，応力集中係数は無限大となる．したがって，構造物にき裂が発生した場合は，もはや応力集中係数では材料・構造物の破損や破壊を評価することができず，き裂の力学的評価が必要となる．き裂の評価は構造物の健全性や疲労特性を議論するうえで非常に重要であるので，材料力学に引き続いて，**材料強度学** (strength of materials) や**破壊力学** (fracture mechanics) といった学問分野 (講義科目) にてき裂の評価法をぜひとも学んで頂きたい．

第4章　熱応力

物体の温度が変化すると物体の体積は変化し，熱ひずみが生じる．熱ひずみに伴う物体の変形を何らかの形で拘束した際に発生する応力が熱応力である．本章では一次元の棒の引張・圧縮問題を中心に，典型的な熱応力の問題について考える．応力によって発生する弾性ひずみと温度変化によって生じる熱ひずみを区別して問題を解くことが重要である．また，一般に熱応力の問題は不静定問題となることにも注意してほしい．

4.1　線膨張係数と熱ひずみ

固体材料は一般に温度の変化に伴ってその寸法 (体積) が変化する．ΔT の温度変化によって棒の長さが l_0 から l に熱膨張した場合を考える．この温度変化によって生じるひずみ，すなわち**熱ひずみ** (thermal strain) は次式で与えられる．

$$\bar{\varepsilon} = \frac{\Delta l}{l_0} = \frac{l - l_0}{l_0} \tag{4.1}$$

温度変化が比較的小さな場合には，熱ひずみ $\bar{\varepsilon}$ と温度変化 ΔT は比例するとみなすことができる．比例定数を α とすれば，$\bar{\varepsilon}$ と ΔT との間に次の関係式が成立する．

$$\bar{\varepsilon} = \alpha \Delta T \tag{4.2}$$

ここで，式 (4.2) における α を**線膨張係数** (coefficient of thermal expansion)[1] と呼ぶ．線膨張係数は材料固有の値であり，その単位は K^{-1} となる．表 4.1 に代表的な工業材料の線膨張係数を示しておく．

---

[1] 線膨張係数は，線膨張率，熱膨張係数とも呼ばれる．

表 4.1 さまざまな材料の線膨張係数

材料	線膨張係数 [$\times 10^{-6}\,\mathrm{K}^{-1}$]
炭素鋼 (S45C)	11.7
アルミニウム合金 (A7075)	23.6
ステンレス鋼 (SUS304)	17.3
銅	17
黄銅	19
ポリカーボネート	70
エポキシ樹脂	40〜80
ナイロン 6(PA6)	80
ホウ硅酸塩ガラス	6〜8
シリコンゴム	250〜400

4.2 熱ひずみを考慮したフックの法則

物体が単一の材料からなり，何も拘束されていないとすれば，温度が変化しても熱ひずみが一様に生じるだけで応力は発生しない．つまり，熱ひずみにより応力が発生するのではなく，熱ひずみに伴って**弾性ひずみ** (elastic strain) が生じることにより発生する応力が**熱応力** (thermal stress) である．

重ね合わせの原理 (superposition principle) を考えると，温度変化を伴う場合のひずみ ε は，熱ひずみ $\bar{\varepsilon}$ と弾性ひずみ $\tilde{\varepsilon}$ の和として，

$$\varepsilon = \bar{\varepsilon} + \tilde{\varepsilon} \tag{4.3}$$

のように定義される．弾性ひずみ $\tilde{\varepsilon}$ と応力 σ の間にはヤング率を E としてフックの法則 $\sigma = E\tilde{\varepsilon}$ が成り立つので，式 (4.3) より次式を得る．

$$\sigma = E\tilde{\varepsilon} = E(\varepsilon - \bar{\varepsilon}) \tag{4.4}$$

上式が温度変化を伴う物体におけるフックの法則 (熱応力問題におけるフックの法則) となる．

熱応力は変形を拘束することによって発生する応力であるため，変形に関する条件式を用いなければ各部に生じる熱応力は求まらない．すなわち，一般に熱応力の問題は不静定問題となるので，棒に生じる荷重や応力，反力などを不静定量として問題を解く．物体に生じる弾性ひずみと熱ひずみをそれぞれ求め，その和によってひずみと伸びを求めることが熱応力問題の一般的な解き方の流れとなる．

例題 4.1 両端を固定された棒に生じる熱応力

直径 40 mm，長さ 500 mm の丸棒の両端が剛体壁に固定されている．この棒の温度を 20°C から 150°C に上げたときに棒に生じる熱応力を求めよ．棒のヤング率は $E=210\,\mathrm{GPa}$，線膨張係数は $\alpha = 11 \times 10^{-6}\,\mathrm{K}^{-1}$ であり，温度 20°C の状態では応力は生じていないものとする．

20℃ → 150℃

$E = 210\,\mathrm{GPa}$ $\alpha = 11\times10^{-6}\,\mathrm{K}^{-1}$

$l = 500\,\mathrm{mm}$

解答例

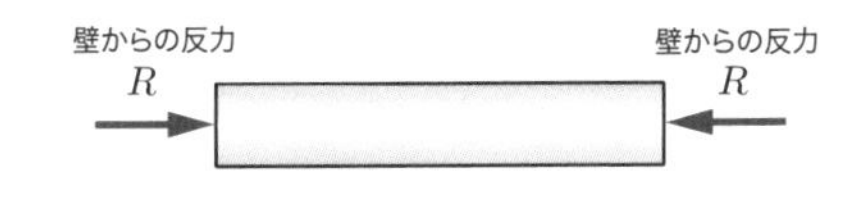

温度上昇に伴う棒の熱ひずみは，

$$\bar{\varepsilon} = \alpha\Delta T \tag{a}$$

棒に作用する壁からの反力を R とおき[2]，棒に生じる弾性ひずみを求めれば，

$$\tilde{\varepsilon} = \frac{\sigma}{E} = -\frac{R}{AE} \tag{b}$$

棒の両端は固定されているので，重ね合わせの原理によって，これら 2 つのひずみの和は 0 となる．

$$\bar{\varepsilon} + \tilde{\varepsilon} = \alpha\Delta T - \frac{R}{AE} = 0, \quad \therefore\ R = AE\alpha\Delta T \tag{c}$$

よって，棒に生じる熱応力は以下のようになる．

$$\sigma = -\frac{R}{A} = -E\alpha\Delta T = -(210\times10^{9})\times(11\times10^{-6})\times(150-20)$$
$$\fallingdotseq -300\times10^{6} = -300\,\mathrm{MPa}\ \cdots\ (答)$$

別 解

温度上昇に伴う棒の熱ひずみは $\bar{\varepsilon} = \alpha\Delta T$ であるから，これを熱応力問題のフックの法則の式 (4.4) に代入すると，

$$\sigma = E(\varepsilon - \bar{\varepsilon}) = E(\varepsilon - \alpha\Delta T)$$

棒の両端は固定されているので，ε は 0 である．結果的に棒に生じる熱応力は以下のようになる．

$$\sigma = -E\alpha\Delta T \fallingdotseq -300\,\mathrm{MPa}\ \cdots\ (答)$$

---

[2] 棒に作用する軸力 $P(=-R)$ を未知量として問題を解いてもよい．

例題 4.2　直列に接続された棒に生じる熱応力

ヤング率 E_1，長さ l_1，直径 D_1，線膨張係数 α_1 の丸棒 1 と，ヤング率 E_2，長さ l_2，直径 D_2，線膨張係数 α_2 の丸棒 2 が直列に結合されており，その両端が剛体壁に固定されている．棒全体の温度を T_0 から T_1 に上昇させた場合について，丸棒 1 および丸棒 2 に生じる熱応力を求めよ．なお，温度 T_0 の状態において，棒に応力は生じていないものとする．

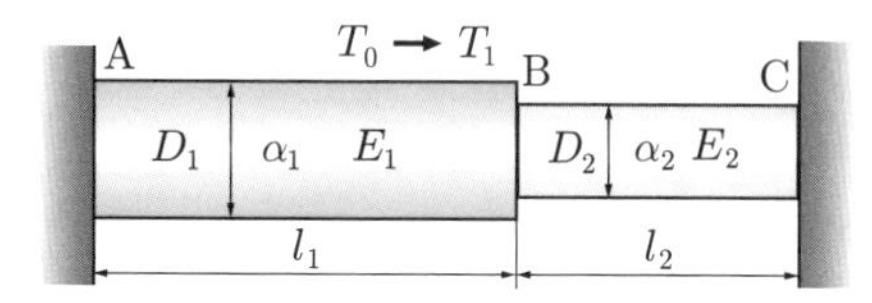

（解答例）

温度を T_0 から T_1 に上昇させたとき，丸棒 1，丸棒 2 のそれぞれにおいて生じる熱ひずみ $\bar{\varepsilon}_1$，$\bar{\varepsilon}_2$ は以下のように表される．

$$\bar{\varepsilon}_1 = \alpha_1(T_1 - T_0), \quad \bar{\varepsilon}_2 = \alpha_2(T_1 - T_0) \tag{a}$$

段付き棒に作用する軸力を P とおくと AB 間，BC 間における断面積は $A_1 = \pi D_1^2/4$，$A_2 = \pi D_2^2/4$ であるから，それぞれの区間における弾性ひずみ $\tilde{\varepsilon}_1$，$\tilde{\varepsilon}_2$ は，

$$\tilde{\varepsilon}_1 = \frac{4P}{\pi D_1^2 E_1}, \quad \tilde{\varepsilon}_2 = \frac{4P}{\pi D_2^2 E_2} \tag{b}$$

丸棒 1，丸棒 2 におけるひずみ ε_1，ε_2 は熱ひずみと弾性ひずみの和になるので，

$$\varepsilon_1 = \bar{\varepsilon}_1 + \tilde{\varepsilon}_1 = \alpha_1(T_1 - T_0) + \frac{4P}{\pi D_1^2 E_1} \tag{c}$$

$$\varepsilon_2 = \bar{\varepsilon}_2 + \tilde{\varepsilon}_2 = \alpha_2(T_1 - T_0) + \frac{4P}{\pi D_2^2 E_2} \tag{d}$$

よって，それぞれの区間の伸び λ_1，λ_2 は，

$$\lambda_1 = \varepsilon_1 l_1 = \left\{\alpha_1(T_1 - T_0) + \frac{4P}{\pi D_1^2 E_1}\right\} l_1 \tag{e}$$

$$\lambda_2 = \varepsilon_2 l_2 = \left\{\alpha_2(T_1 - T_0) + \frac{4P}{\pi D_2^2 E_2}\right\} l_2 \tag{f}$$

段付き棒の両端は剛体壁に固定されているから，丸棒 1，丸棒 2 の伸びの和は 0 であるので，

$$\left\{\alpha_1(T_1 - T_0) + \frac{4P}{\pi D_1^2 E_1}\right\} l_1 + \left\{\alpha_2(T_1 - T_0) + \frac{4P}{\pi D_2^2 E_2}\right\} l_2 = 0 \quad \text{(g)}$$

上式より，段付き棒に作用する軸力 P が以下のように求められる．

$$P = -\frac{\pi D_1^2 D_2^2 E_1 E_2 (T_1 - T_0)(\alpha_1 l_1 + \alpha_2 l_2)}{4(l_1 D_2^2 E_2 + l_2 D_1^2 E_1)} \quad \text{(h)}$$

すなわち，軸力は負であるから，段付き棒には圧縮の熱応力が作用することがわかる．最終的に，軸力 P を各々の区間の断面積で除すことにより，丸棒 1，丸棒 2 に作用する熱応力 σ_{AB}，σ_{BC} が求められる．

$$\sigma_{AB} = \frac{P}{A_1} = -\frac{D_2^2 E_1 E_2 (T_1 - T_0)(\alpha_1 l_1 + \alpha_2 l_2)}{l_1 D_2^2 E_2 + l_2 D_1^2 E_1} \quad \cdots \text{(答)}$$

$$\sigma_{BC} = \frac{P}{A_2} = -\frac{D_1^2 E_1 E_2 (T_1 - T_0)(\alpha_1 l_1 + \alpha_2 l_2)}{l_1 D_2^2 E_2 + l_2 D_1^2 E_1} \quad \cdots \text{(答)}$$

例題 4.3 並列に接続された棒に生じる熱応力

長さ l, 断面積 A の 3 本の棒 (I, II, III) の左端が剛体壁に固定され，右端は剛体の板で連結されている．棒 I, III のヤング率は E_1，棒 II のヤング率は E_2 である．また，棒 I, III の線膨張係数は α_1，棒 II の線膨張係数は α_2(ただし，$\alpha_2 > \alpha_1$) である．棒の温度を，応力が発生していない T_0 の状態から T_1 に上昇させた．各々の棒に発生した熱応力を求めよ．

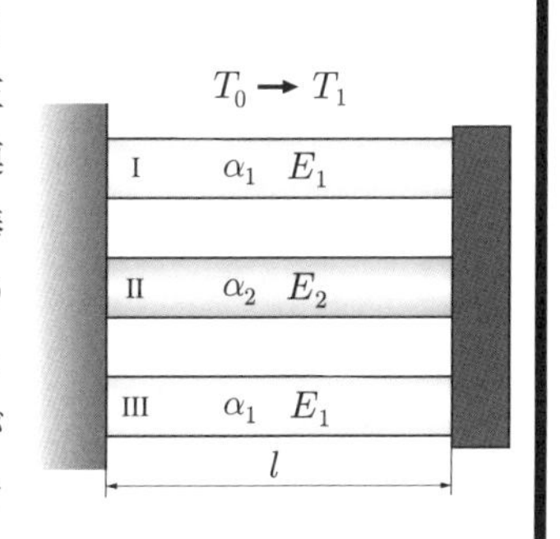

解答例

温度が T_1 の状態において，ヤング率と線膨張係数が等しい棒 I と棒 III に作用する軸力を P_1，棒 II に作用する軸力を P_2 とおく．右端の剛体板に関する力のつり合いを考えれば，

$$2P_1 + P_2 = 0 \quad \text{(a)}$$

棒 I，棒 III におけるひずみは，弾性ひずみと熱ひずみの和であるから，

$$\varepsilon_1 = \bar{\varepsilon}_1 + \tilde{\varepsilon}_1 = \alpha_1(T_1 - T_0) + \frac{P_1}{AE_1} \quad \text{(b)}$$

同様に棒 II において，

$$\varepsilon_2 = \bar{\varepsilon}_2 + \tilde{\varepsilon}_2 = \alpha_2(T_1 - T_0) + \frac{P_2}{AE_2} \quad \text{(c)}$$

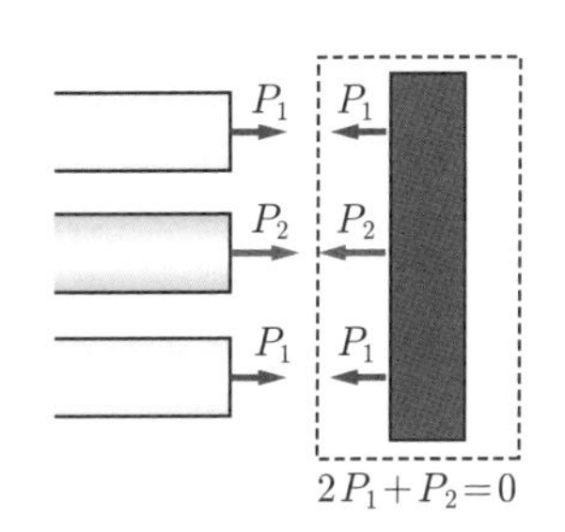

となるので，それぞれの棒の伸び λ_1，λ_2 は，

$$\lambda_1 = \varepsilon_1 l = \alpha_1 l(T_1 - T_0) + \frac{P_1 l}{AE_1} \tag{d}$$

$$\lambda_2 = \varepsilon_2 l = \alpha_2 l(T_1 - T_0) + \frac{P_2 l}{AE_2} \tag{e}$$

ここで，棒の伸びはすべて等しいので，$\lambda_1 = \lambda_2$ となるから，

$$\alpha_1 l(T_1 - T_0) + \frac{P_1 l}{AE_1} = \alpha_2 l(T_1 - T_0) + \frac{P_2 l}{AE_2} \tag{f}$$

式 (a)，(f) を連立して P_1，P_2 を求めると，

$$P_1 = \frac{AE_1E_2(T_1 - T_0)(\alpha_2 - \alpha_1)}{2E_1 + E_2}, \quad P_2 = -\frac{2AE_1E_2(T_1 - T_0)(\alpha_2 - \alpha_1)}{2E_1 + E_2} \tag{g}$$

最終的に棒 I，棒 III に生じた熱応力 σ_1 と，棒 II に生じた熱応力 σ_2 が以下のように求められる．なお，$\alpha_2 > \alpha_1$ であるから，σ_1 は引張応力，σ_2 は圧縮応力となる．

$$\sigma_1 = \frac{P_1}{A} = \frac{E_1E_2(T_1 - T_0)(\alpha_2 - \alpha_1)}{2E_1 + E_2} \qquad \cdots \text{(答)}$$

$$\sigma_2 = \frac{P_2}{A} = -\frac{2E_1E_2(T_1 - T_0)(\alpha_2 - \alpha_1)}{2E_1 + E_2} \quad \cdots \text{(答)}$$

例題 4.4　両端が固定された円錐棒に生じる熱応力

左端の直径が D_1，右端の直径が D_2，長さが l の円錐棒があり，両端を剛体壁に固定されている．温度 T_0 の状態では棒には熱応力は生じていない．この棒全体の温度を T_1 まで上昇させたとき，この円錐棒に生じる熱応力を求めよ．なお，棒のヤング率は E，線膨張係数は α である．

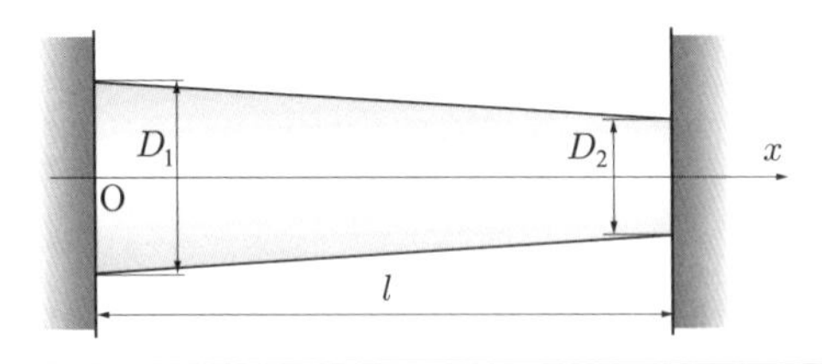

解答例

棒の長手方向に左端を $x = 0$ とする座標 x をとる．座標 x の位置における棒の直径 $D(x)$，断面積 $A(x)$ は以下のように表される．

$$D(x) = \frac{D_2 - D_1}{l}x + D_1 \tag{a}$$

$$A(x) = \frac{1}{4}\pi D^2(x) \tag{b}$$

棒に作用する軸力を P とおくと，応力 $\sigma(x)$ は，

$$\sigma(x) = \frac{P}{A(x)} = \frac{4P}{\pi D^2(x)} \tag{c}$$

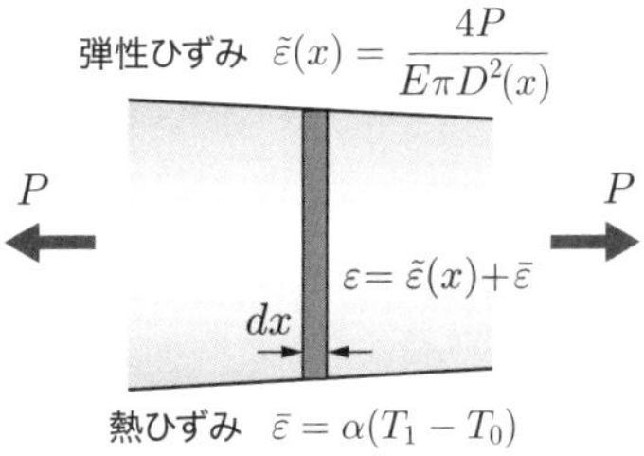

弾性ひずみ $\tilde{\varepsilon}(x) = \dfrac{4P}{E\pi D^2(x)}$

P　P

$\varepsilon = \tilde{\varepsilon}(x) + \bar{\varepsilon}$

dx

熱ひずみ $\bar{\varepsilon} = \alpha(T_1 - T_0)$

弾性ひずみ $\tilde{\varepsilon}(x)$ はフックの法則を用いて，

$$\tilde{\varepsilon}(x) = \frac{\sigma(x)}{E} = \frac{4P}{E\pi D^2(x)}$$

$$= \frac{4P}{E\pi}\left(\frac{D_2 - D_1}{l}x + D_1\right)^{-2} \tag{d}$$

一方，棒に生じる熱ひずみは棒内で一定となり，$\bar{\varepsilon} = \alpha(T_1 - T_0)$ であるから，座標 x の位置における弾性ひずみと熱ひずみの総和を求めると，

$$\varepsilon(x) = \alpha(T_1 - T_0) + \frac{4P}{E\pi}\left(\frac{D_2 - D_1}{l}x + D_1\right)^{-2} \tag{e}$$

上記のひずみを $(0 \leq x \leq l)$ の範囲で積分することにより棒全体の伸びを得る．

$$\lambda = \int_0^l \varepsilon(x)dx = \int_0^l \left\{\alpha(T_1 - T_0) + \frac{4P}{E\pi}\left(\frac{D_2 - D_1}{l}x + D_1\right)^{-2}\right\}dx$$

$$= \alpha l(T_1 - T_0) + \frac{4Pl}{E\pi D_1 D_2} \tag{f}$$

ここで，棒の両端は固定されており，棒全体の伸びは生じないので，

$$\alpha l(T_1 - T_0) + \frac{4Pl}{E\pi D_1 D_2} = 0 \tag{g}$$

上式より，棒に作用する軸力 P が以下のように求められる．

$$P = -\frac{1}{4}\alpha E\pi D_1 D_2(T_1 - T_0) \tag{h}$$

最終的に，棒に生じる熱応力は以下のようになる．

$$\sigma(x) = \frac{P}{A(x)} = -\alpha E D_1 D_2(T_1 - T_0)\left(\frac{D_2 - D_1}{l}x + D_1\right)^{-2} \quad \cdots \text{(答)}$$

演習問題 4.1：温度変化を伴う棒の伸び

直径 5 mm，ヤング率 210 GPa の丸棒がある．この丸棒の室温 20 °C における長さは 400 mm である．この丸棒の温度を 160 °C まで上昇させ，さらに両端に 2 kN の引張荷重を作用させた．この状態での棒の長さを求めよ．なお，丸棒の線膨張係数は $11 \times 10^{-6}\,\mathrm{K}^{-1}$ である．

演習問題 4.2：線膨張係数が温度依存性を有する場合

均質な材料からなる物体の線膨張係数が温度 T [K] の関数として，

$$\alpha(T) = 6.0 \times 10^{-9}T + 8.0 \times 10^{-6} \ [\mathrm{K}^{-1}]$$

と与えられている場合，この物体の温度を 293 K から 353 K まで上昇させたときに生じる熱ひずみを求めよ．

演習問題 4.3：温度分布を有する棒の伸び

両端を固定された長さ 1000 mm，ヤング率 206 GPa の丸棒があり，20 °C の室温において応力は 0 である．左側の壁の温度を室温のままで，右側の壁の温度を 200 °C に保ったところ，丸棒の温度はグラフに示されるように，棒の長手方向に対して一次関数的な分布となった．この丸棒の線膨張係数を $11 \times 10^{-6}\ \mathrm{K}^{-1}$ として，この温度分布を与えた場合に丸棒に発生する熱応力を求めよ．

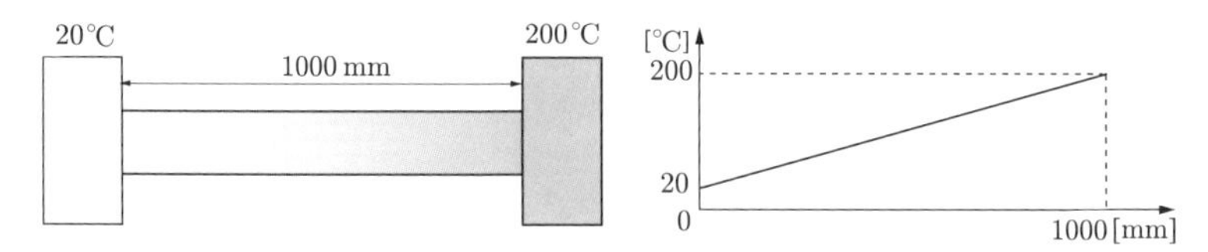

演習問題 4.4：複合材料に生じる熱応力

一方向に炭素繊維を揃えて強化された繊維強化エポキシ樹脂 (carbon fiber reinforced plastic: CFRP) 製の板がある．炭素繊維はヤング率 130 GPa，繊維方向の線膨張係数 $1.8 \times 10^{-6}\ \mathrm{K}^{-1}$，エポキシ樹脂はヤング率 6 GPa，線膨張係数は $40 \times 10^{-6}\ \mathrm{K}^{-1}$ である．この CFRP 板の温度を 20 °C の室温から 90 °C に上げた．このとき，この CFRP 板のエポキシ樹脂および炭素繊維において，繊維方向 (x 軸方向) に生じる熱応力を求めよ．ただし，20 °C の状態において熱応力は生じていないものとする．また，CFRP 板全体に対する炭素繊維の割合は 60 %，エポキシ樹脂の割合は 40 % である．

第5章　トラス

> 機械構造物や建築構造物は，いくつかの構造要素 (部材) から構成されている．本章では，複数の部材からなる骨組構造のなかで最も基本的なトラスについて考える．典型的なトラス構造について，静定問題および不静定問題の解き方を解説する．

5.1　静定トラス

本章では，真直な要素が組み合わされた**骨組構造** (framed structure) の一種である**トラス** (truss) について考える．それぞれの部材は回転自由となるようにボルトやピンなどによって結合されており，要素間では軸力 (荷重) のみが伝達される点に特徴がある．

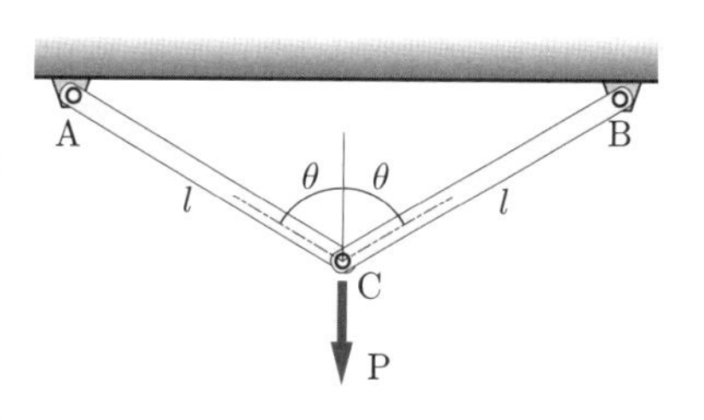

図 5.1　静定トラスの変形

はじめに，図 5.1 に示されるような 2 本の部材からなるトラスについて考える．各部材は点 A，B にて回転自由となるよう剛体壁と結合されており，さらに点 C にて回転自由となるよう結合されている．部材は直径 $D = 5\,\mathrm{mm}$ の丸棒であり，長さは $l = 500\,\mathrm{mm}$，ヤング率は $E = 206\,\mathrm{GPa}$ である．また，部材 AC，BC と鉛直軸のなす角は $\theta = 60^\circ$ である．

結合点 C において，図の下向きに荷重 $P = 2\,\mathrm{kN}$ が作用している場合について，点 C における変位を求めることを考える．部材 AC，BC に作用する軸力 (引張を正とする) を Q とおくと，図 5.2 に示すように，結合点において，2 つの部材からの反力 Q の垂直方向の成分と外力 P がつり合うことより[1]，

$$P = 2Q\cos\theta, \quad \therefore\ Q = \frac{P}{2\cos\theta} \tag{5.1}$$

[1]結合点には，棒に作用する軸力と反対向きに棒からの反力が作用するものと考えて力のつり合いを考えるとよい．

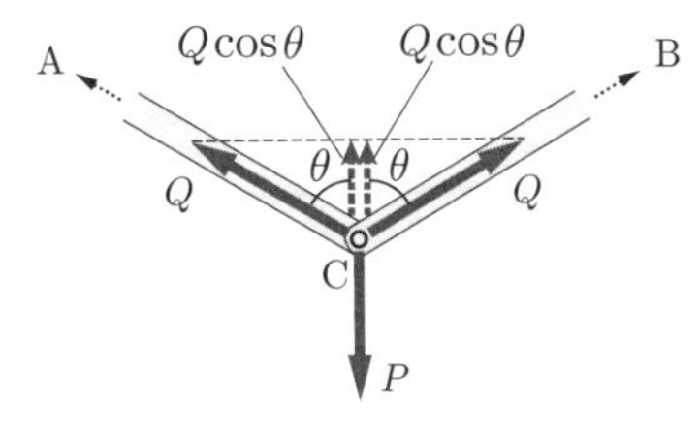

図 5.2 荷重のつり合い

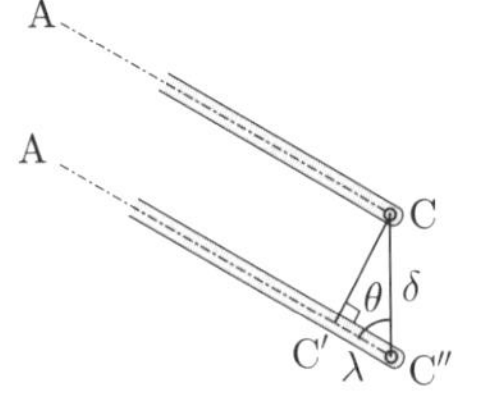

図 5.3 変位間の関係

部材の断面積を S とすると，部材に生じる応力 σ と伸び λ はそれぞれ，

$$\sigma = \frac{Q}{S} = \frac{P}{2S\cos\theta}, \quad \lambda = \frac{\sigma}{E}l = \frac{Pl}{2SE\cos\theta} \tag{5.2}$$

部材の変形が微小であるので，トラスの角度 θ の変化も微小であるとみなせば，部材 AC は伸び変形が生じながら平行に移動するものと近似的にみなすことができる[2]．よって，変位 δ (図 5.3 の CC″) と棒の伸び λ のあいだには，

$$\lambda = \delta\cos\theta \tag{5.3}$$

の関係が成立する．よって荷重点の変位 δ が以下のように求められる．

$$\delta = \frac{\lambda}{\cos\theta} = \frac{Pl}{2SE\cos^2\theta} = \frac{2Pl}{\pi D^2 E\cos^2\theta}$$
$$= \frac{2 \times 2000 \times 500 \times 10^{-3}}{\pi \times (5.0 \times 10^{-3})^2 \times (206 \times 10^9) \times 0.5^2} = 4.944 \times 10^{-4} \fallingdotseq 494\,\mu\mathrm{m}$$

例題 5.1 2 方向の荷重を受ける静定トラス

長さ l_1，l_2 の 2 本の部材からなる直角三角形状のトラスについて考える．2 本の部材のなす角は θ，断面積は S，ヤング率は E である．点 C において水平方向右向きに荷重 P_H を，鉛直下向きに荷重 P_V を作用させるとき，結合点 C の水平方向変位 δ_H，鉛直方向変位 δ_V を求めよ．

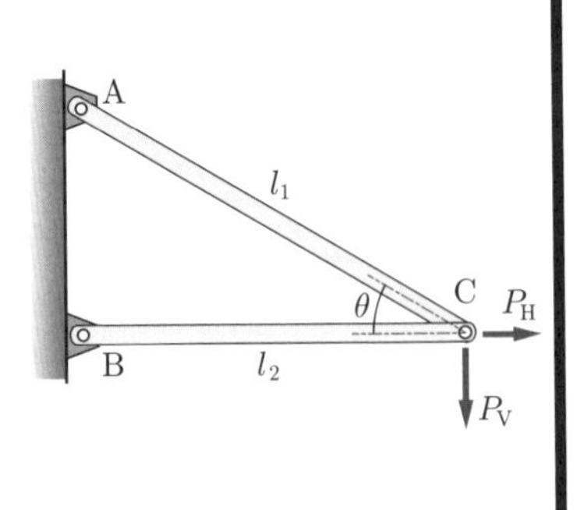

【解き方のヒント】部材の伸びと荷重点変位の関係を求める際，部材は「伸びる」ものと考えて作図を行うこと．2 つの部材が伸びた位置から垂線を引いてその交点を求めれば，荷重点はその交点に移動する．

[2]部材 AC が荷重を受けて λ だけ伸びた後に点 A を中心に回転することによって (その円弧の接線上に点 C″ を考えて) 変位間の関係式を導いてもよい．

解答例

部材 AC に作用する引張荷重を Q_1，部材 BC に作用する引張荷重を Q_2 とおく．点 C における水平方向と鉛直方向の力のつりあい式は，

水平方向 :$Q_1 \cos\theta + Q_2 = P_{\mathrm{H}}$ (a)

鉛直方向 :$Q_1 \sin\theta = P_{\mathrm{V}}$ (b)

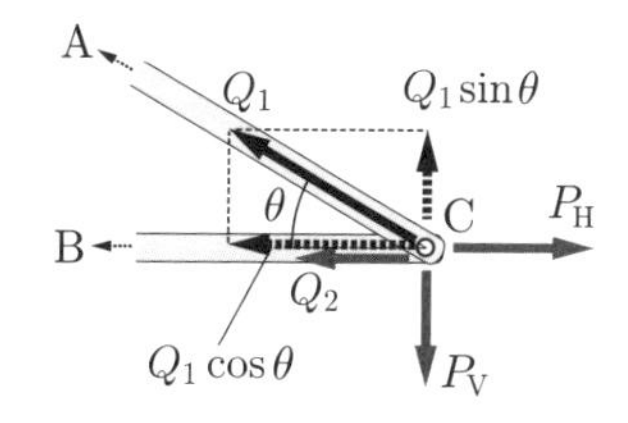

式 (a)，(b) より荷重 Q_1, Q_2 を求めると，

$$Q_1 = \frac{P_{\mathrm{V}}}{\sin\theta}, \quad Q_2 = P_{\mathrm{H}} - \frac{P_{\mathrm{V}}}{\tan\theta} \qquad \text{(c)}$$

よって，部材 AC，BC の伸び λ_1，λ_2 はそれぞれ以下のように表される．

$$\lambda_1 = \frac{Q_1 l_1}{SE} = \frac{P_{\mathrm{V}} l_1}{SE \sin\theta}, \quad \lambda_2 = \frac{Q_2 l_2}{SE} = \frac{P_{\mathrm{H}} l_2}{SE} - \frac{P_{\mathrm{V}} l_2}{SE \tan\theta} \qquad \text{(d)}$$

点 C の水平方向変位 δ_{H}，鉛直方向変位 δ_{V} と λ_1，λ_2 の関係について考える．下図のように，それぞれの部材が λ_1, λ_2 だけ伸びた状態から垂線を考え，2 つの垂線の交点を求めれば，結合点 C は交点 E に移動する．図の $\overline{\mathrm{CD}}$，$\overline{\mathrm{C'D}}$，$\overline{\mathrm{C''D}}$，$\overline{\mathrm{DE}}$ は，

$$\overline{\mathrm{CD}} = \frac{\lambda_2}{\cos\theta}, \quad \overline{\mathrm{C'D}} = \lambda_1 - \frac{\lambda_2}{\cos\theta}, \quad \overline{\mathrm{C''D}} = \lambda_2 \tan\theta \qquad \text{(e)}$$

$$\overline{\mathrm{DE}} = \frac{1}{\sin\theta}\overline{\mathrm{C'D}} = \frac{1}{\sin\theta}\left(\lambda_1 - \frac{\lambda_2}{\cos\theta}\right) \qquad \text{(f)}$$

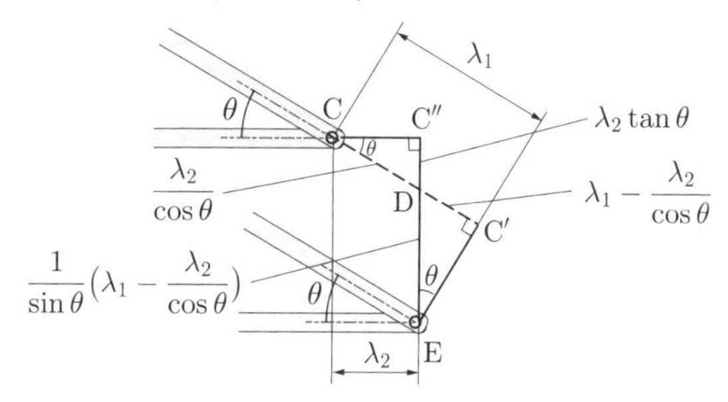

よって，鉛直方向変位 δ_{V} と水平方向変位 δ_{H} は，

$$\delta_{\mathrm{V}} = \overline{\mathrm{C''D}} + \overline{\mathrm{DE}} = \lambda_2 \tan\theta + \frac{1}{\sin\theta}\left(\lambda_1 - \frac{\lambda_2}{\cos\theta}\right) = \frac{\lambda_1}{\sin\theta} - \frac{\lambda_2}{\tan\theta} \qquad \text{(g)}$$

$$\delta_{\mathrm{H}} = \lambda_2 \qquad \text{(h)}$$

式 (g)，(h) に式 (d) を代入すれば，荷重点の変位 δ_{V}，δ_{H} は以下のようになる．

$$\delta_{\mathrm{V}} = \frac{\lambda_1}{\sin\theta} - \frac{\lambda_2}{\tan\theta} = \frac{(l_1 + l_2 \cos^2\theta)P_{\mathrm{V}}}{SE \sin^2\theta} - \frac{P_{\mathrm{H}} l_2}{SE \tan\theta} \quad \cdots \text{(答)}$$

$$\delta_{\mathrm{H}} = \lambda_2 = \frac{P_{\mathrm{H}} l_2}{SE} - \frac{P_{\mathrm{V}} l_2}{SE \tan\theta} \quad \cdots \text{(答)}$$

5.2 不静定トラス

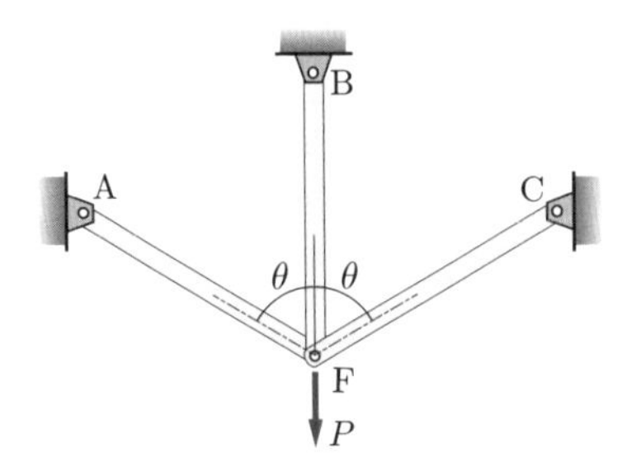

図 5.4 不静定トラス

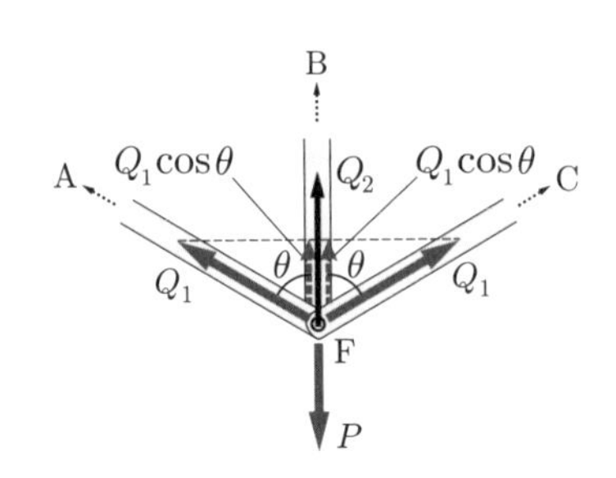

図 5.5 外力 P と軸力 Q_1, Q_2 のつり合い

ここまで述べた解析は，水平方向と鉛直方向に関する力のつり合いを考えることによって部材に働く荷重 (軸力) がすべて求められる静定問題であった．ここでは，荷重のつり合いだけではトラスに作用する荷重が決定できない不静定問題を取り扱う．棒の引張・圧縮の問題や熱応力の問題などと同様に，トラスの不静定問題では未知の荷重 (不静定量) を含む形で問題を解いてゆき，最終的に変位に関する条件式を適用することによって未知の荷重を決定する．

ここではまず，図 5.4 に示されるような，3 本の部材からなるトラスについて考える．部材 AF, BF, CF はそれぞれ点 A, B, C で回転自由となるよう剛体壁と結合されている．さらに 3 本の部材が点 F において回転自由に結合されており，点 F に下向きの荷重 P が作用している．3 本の部材の断面積は S，長さは l，ヤング率は E である．部材 AF，CF に作用する軸力を Q_1，部材 BF に作用する軸力を Q_2 とおくと，図 5.5 に示されるように Q_1, Q_2 と外力 P との間には以下の力のつり合いが成立する．

$$P = 2Q_1 \cos\theta + Q_2 \tag{5.4}$$

部材 AF，CF の伸び λ_1，部材 BF の伸び λ_2 は，軸力 Q_1, Q_2 を用いて，

$$\lambda_1 = \varepsilon_1 l = \frac{\sigma_1 l}{E} = \frac{Q_1 l}{ES} \tag{5.5}$$

$$\lambda_2 = \varepsilon_2 l = \frac{\sigma_2 l}{E} = \frac{Q_2 l}{ES} \tag{5.6}$$

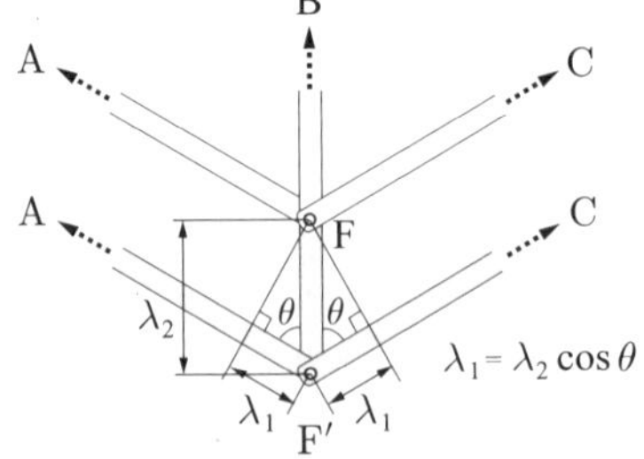

図 5.6 部材の変位 λ_1, λ_2 の関係

と表せる．ここで，σ_1, ε_1 は部材 AF，CF に生じる応力とひずみ，σ_2, ε_2 は部材 BF に生じる応力とひずみである．図 5.6 より，伸び λ_1 と λ_2 の間には，

$$\lambda_1 = \lambda_2 \cos\theta \tag{5.7}$$

の関係が成立するから，式 (5.5)，(5.6) を式 (5.7) に代入して，

$$Q_1 = Q_2 \cos\theta \tag{5.8}$$

となる．式 (5.4) と式 (5.8) を連立させて解けば，軸力 Q_1，Q_2 は，

$$Q_1 = \frac{P\cos\theta}{1+2\cos^2\theta}, \quad Q_2 = \frac{P}{1+2\cos^2\theta} \tag{5.9}$$

最終的に荷重方向の変位 δ は以下のようになる．

$$\delta = \lambda_2 = \frac{Q_2 l}{ES} = \frac{Pl}{ES(1+2\cos^2\theta)} \tag{5.10}$$

例題 5.2　4 本の部材からなる不静定トラス

4 本の部材が左右対称に組み合わされた不静定トラスがある．4 本のトラスの結合点 F において図の下向きに荷重 P を作用させた．点 F の荷重方向の変位を求めよ．4 本の部材の断面積は S，ヤング率は E である．部材 AF, CF の長さは $l/\sin\alpha$，部材 BF, DF の長さは $l/\sin\beta$ である．

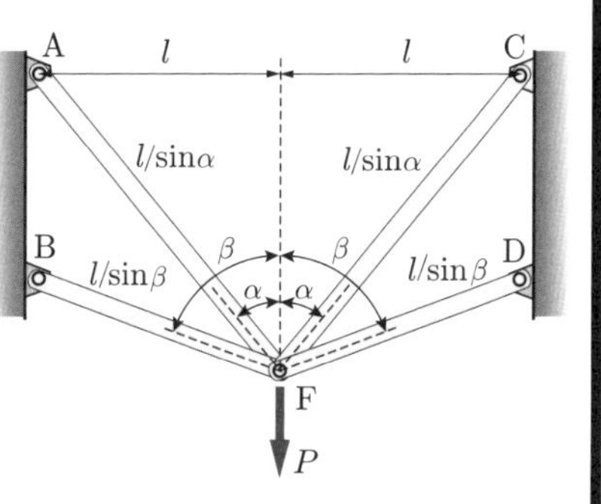

解答例

まず，部材 AF, CF に作用する軸力を Q_1，部材 BF, DF に作用する軸力を Q_2 とおく (ともに引張が正)．Q_1, Q_2 と外力 P との間には以下の関係式が成立する．

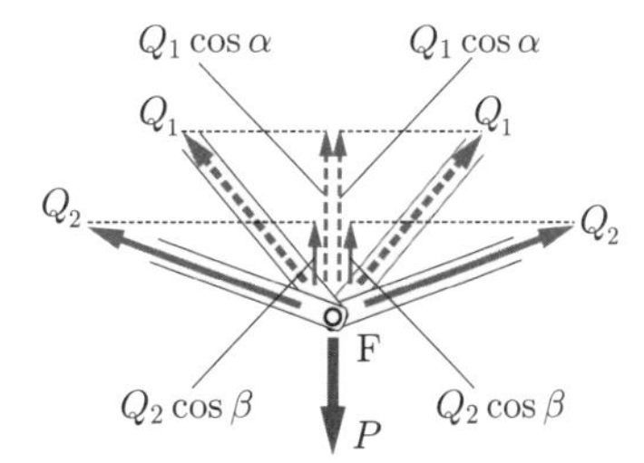

$$P = 2Q_1\cos\alpha + 2Q_2\cos\beta \tag{a}$$

部材 AF と部材 CF のひずみと伸びを ε_1，λ_1，部材 BF と部材 DF のひずみと伸びを ε_2，λ_2 とし，λ_1，λ_2 を軸力 Q_1，Q_2 で表すと，

$$\lambda_1 = \frac{\varepsilon_1 l}{\sin\alpha} = \frac{Q_1 l}{ES\sin\alpha} \tag{b}$$

$$\lambda_2 = \frac{\varepsilon_2 l}{\sin\beta} = \frac{Q_2 l}{ES\sin\beta} \tag{c}$$

荷重点の鉛直下向きの変位を δ とすると，$\lambda_1 = \delta\cos\alpha$，$\lambda_2 = \delta\cos\beta$ であるから，

$$\delta = \frac{\lambda_1}{\cos\alpha} = \frac{\lambda_2}{\cos\beta} \tag{d}$$

の関係が成立する．式 (b)，(c) の λ_1，λ_2 を式 (d) に代入して，

$$\frac{Q_1}{\sin\alpha\cos\alpha} = \frac{Q_2}{\sin\beta\cos\beta} \tag{e}$$

式 (a)，(e) を連立させて Q_1，Q_2 を求めると，

$$Q_1 = \frac{P\cos\alpha\sin\alpha}{2(\cos^2\alpha\sin\alpha + \cos^2\beta\sin\beta)} \tag{f}$$

$$Q_2 = \frac{P\cos\beta\sin\beta}{2(\cos^2\alpha\sin\alpha + \cos^2\beta\sin\beta)} \tag{g}$$

最終的に荷重方向の変位 δ は以下のようになる．

$$\delta = \frac{\lambda_1}{\cos\alpha} = \frac{Q_1 l}{ES\sin\alpha\cos\alpha} = \frac{Pl}{2ES(\cos^2\alpha\sin\alpha + \cos^2\beta\sin\beta)} \cdots (\text{答})$$

演習問題 5.1：正方形状の静定トラス

右図のような正方形状トラスにおいて，左右の点 A, C に水平方向の引張荷重 P を作用させた．部材 BD に生じる伸びと応力を求めよ．なお，5 本の部材のヤング率は E，断面は直径 D の円形である．

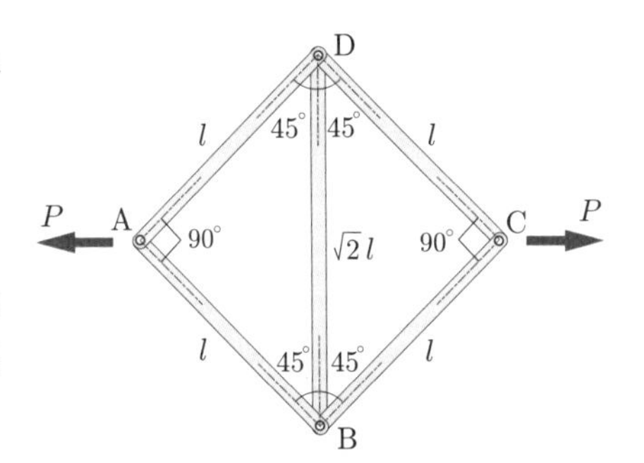

演習問題 5.2：直角三角形状のトラス

2本の部材からなる直角三角形状のトラスについて考える．部材の断面積は S，長さは l，ヤング率は E である．点 C において，図の水平方向右向きに荷重 P_{H} を，鉛直下向きに荷重 P_{V} を作用させるとき，結合点 C における水平方向変位 δ_{H}，鉛直方向変位 δ_{V} を求めよ．

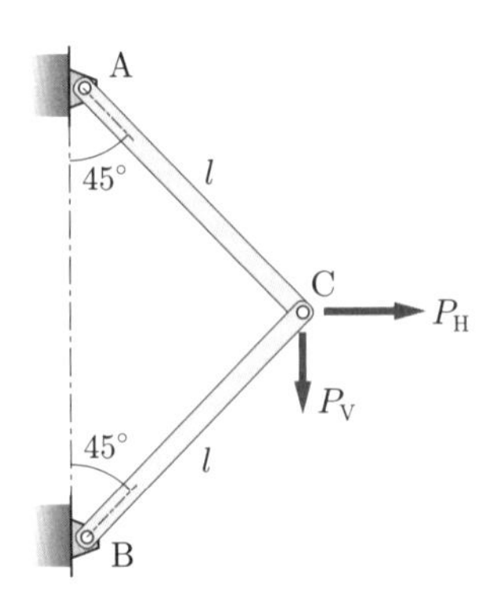

演習問題 5.3：非対称な静定トラス

長さ l_1 の部材 AC, 長さ l_2 の部材 BC からなるトラスがあり，2 本の部材はそれぞれ点 A, B にて回転自由となるよう剛体壁と結合されており，さらに点 C において 2 本の部材が結合されている．部材 AC, BC が鉛直軸となす角はそれぞれ θ_1, θ_2 である．点 C に鉛直下向きに荷重 P を作用させるとき，荷重点における鉛直方向変位 δ_V，水平方向変位 δ_H を求めよ．なお，部材のヤング率は E，断面積は S である．

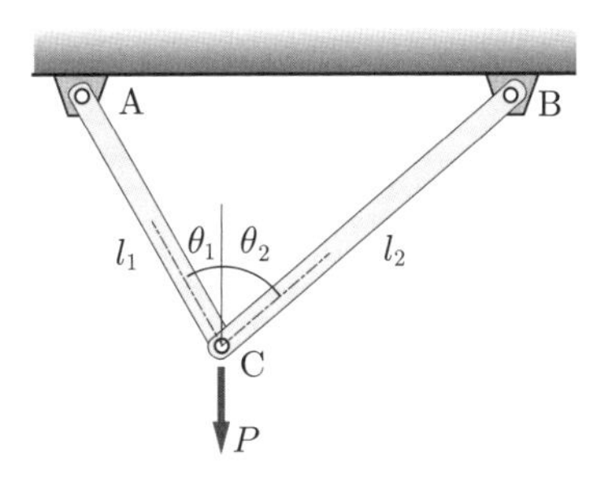

演習問題 5.4：トラスに生じる熱応力

部材 AD, BD, CD の 3 本の部材からなるトラスを考える．部材 AD, BD の左端，部材 CD の右端は点 A, B, C にて剛体壁と回転自由に結合されており，さらに 3 本の部材の他端が点 D にて互いに回転自由になるよう結合されている．室温 (20 °C) の状態では各部材に働く応力は 0 である．この状態で，3 本の部材の温度を 100 °C に上昇させたところ，各部材には熱応力が発生した．3 本の部材に生じる熱応力と点 D の変位を求めよ．なお，各部材は直径 10 mm，長さ 300 mm の丸棒であり，ヤング率は 206 GPa，線膨張係数は $11 \times 10^{-6}\,\mathrm{K}^{-1}$，部材 AD, BD が水平軸となす角は 30° である．

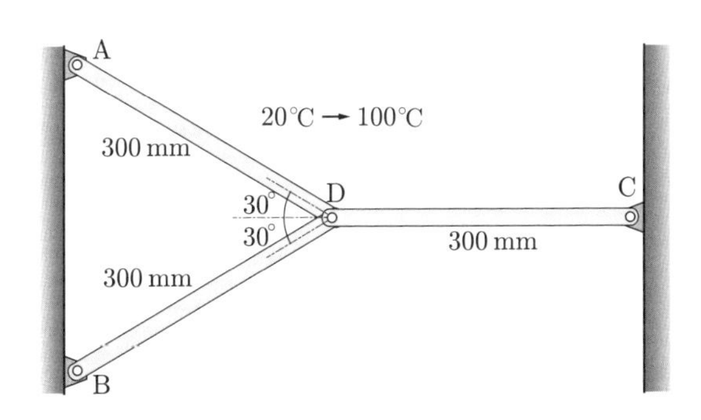

～トラス・ラーメン・ブレース構造について～

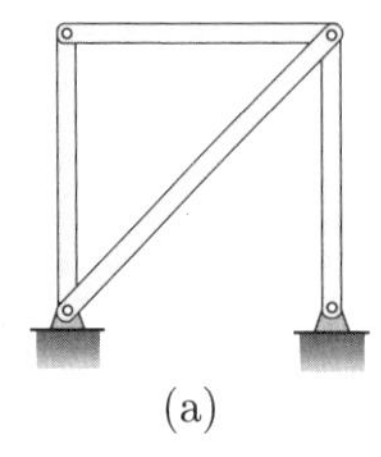
(a)

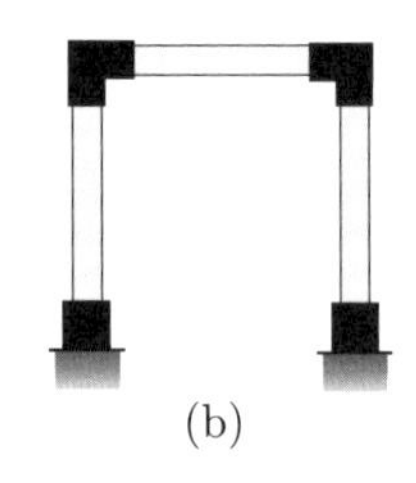
(b)

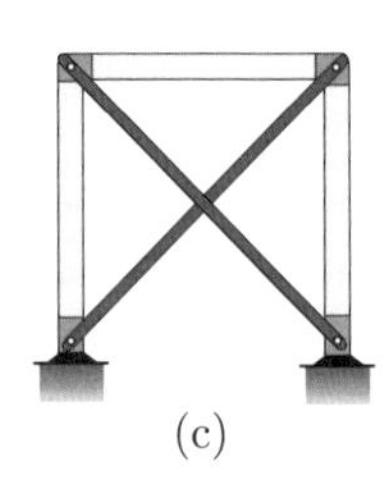
(c)

本章では，部材の組み合わせからなる骨組構造としてトラスを取り上げたが，機械ならびに建築構造物では，結合部を剛に結合した**ラーメン** (ラーメン構造) や，トラスとラーメンの中間的な構造である**ブレース構造**などが用いられる．ここではトラス構造，ラーメン構造，ブレース構造について，それぞれの特徴と違いについて整理しておく．

(a) **トラス構造**：本章で既に述べたように，回転自由に結合された三角形の構造を基本とする骨組構造のことをトラスないしはトラス構造と呼ぶ．部材は「節点」にてボルトやピンなどで結合され，軸力 (引張荷重もしくは圧縮荷重) のみが伝達される構造として定義されるが，実際の建築構造物などでは，結合部の回転を弱い形で拘束する準ラーメン的な構造が採用される場合も多い．トラス構造は鉄塔や橋梁などに用いられる他，自動二輪車や自転車のフレームなどにも用いられる．

(b) **ラーメン構造**： 鉄骨・鉄筋コンクリート構造の建築構造物におけるもっとも一般的な構造形式であり，部材を互いに回転を拘束する形で剛強に接合する構造である．建築構造物に用いる場合には，耐震壁やブレース材がないので間仕切りの無い広い空間が確保できるなどのメリットがある．個々の部材には軸力とともに大きなモーメントが作用するため，強度と剛性の高い部材を用いる必要がある．本書では，第15章において取り扱いの簡単なL型はりの静定ラーメンを取り扱う．

(c) **ブレース構造**：結合部の回転拘束が弱い準ラーメン構造を斜め部材 (筋交い) で補強する構造であり，倉庫，工場，体育館など，やや大型の構造物にも用いられる．また既存構造物の耐震補強にもよく用いられる．斜め部材が入るため，扉や通路などの大きさが制限される場合があるものの，構造の製造コストを抑えることができるといったメリットがある．

第6章　軸のねじり

この章では，細長い一次元構造物である軸にねじりモーメントが作用する場合の変形について考える．丸軸や円筒のねじりに関する静定問題や不静定問題の基礎的な例題演習を通して，ねじりモーメントが作用する軸のねじれ角や，軸に生じるせん断応力の求め方について学ぶ．

6.1　軸に作用するねじりモーメント

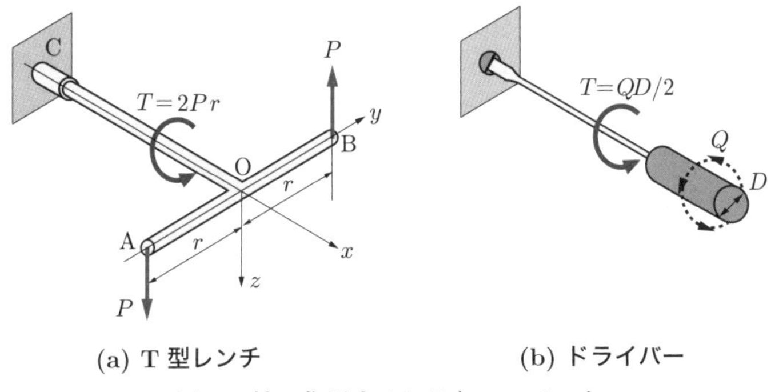

(a) T 型レンチ　　(b) ドライバー

図 6.1 軸に作用するねじりモーメント

はじめに，軸に作用するモーメントについて考える．図 6.1(a) に示されるような，ボルトやナットの締付けに用いる T 型レンチがあり，軸に直角に長さ $2r$ のハンドルが取り付けられている．このハンドルの両端に一対の逆向きの荷重 (**偶力**: couple of forces) を加えると，軸 OC にモーメントが作用する．モーメントの大きさは**力×うでの長さ** (荷重の作用点とモーメントの基準点との距離) で与えられるので，

$$T = 2 \times P \times r = 2Pr \tag{6.1}$$

となる．この軸をねじる方向に作用するモーメント T を，**ねじりモーメント** (torsional moment) と呼ぶ．ねじりモーメントとは，**トルク** (torque) とも呼ば

れる物理量であり，**力×長さ**の次元を持つので，その単位は N·m となる．

図 6.1(b) は，ドライバー (ねじ回し) にねじりモーメントを加える場合の例を示している．ドライバーの柄の部分を握り，力を加えて回す場合を考えると，柄の外側に作用する円周方向のせん断力，すなわち偶力の分布により，軸にねじりモーメントが作用する．せん断力の合力が Q，柄の直径が D の場合，軸に作用するねじりモーメントは $T = QD/2$ となることが確かめられる．

6.2　軸のねじり問題の基礎式

直径が D で断面積が一様な丸軸の**ねじり** (torsion) について考える．なお，穴やキー溝のない丸軸のことを**中実丸軸** (solid circular shaft) と呼ぶ．丸軸の軸線に対してねじりモーメントを加えれば，軸の横断面にはせん断応力が生じ，結果として横断面は回転する．

図 6.2 に示されるように，丸軸にねじりモーメント T が作用している状態について考えれば，棒の左右には大きさが等しく逆向きのモーメントが作用してつり合いを保つ．ここでは，断面 α および断面 α から距離 dx だけ離れた断面 β を考える．ねじりモーメント T が作用する前後で断面 α は回転せず，断面 β のみが回転するものとする．

丸軸にねじりモーメントが作用すると，横断面 β 上の各点は中心 O のまわりに回転し，**ねじれ角** (angle of twist) が生じる．軸の直径 D に対して軸の長さが十分に長い場合には，軸の横断面はねじられたあとも平面を保ち，また断面上の各点は互いの相対的な位置を変えずに回転移動を行う．すなわち，軸の断面上におけるすべての点の回転角は等しくなるので，図 6.2 の断面 β 上の半径 OB は図の OB′ の位置に移動することになる．ここで，断面 α と断面 β の相対回転角を $d\varphi$ とすれば，丸軸表面のせん断ひずみ γ_0 は次式で表される．

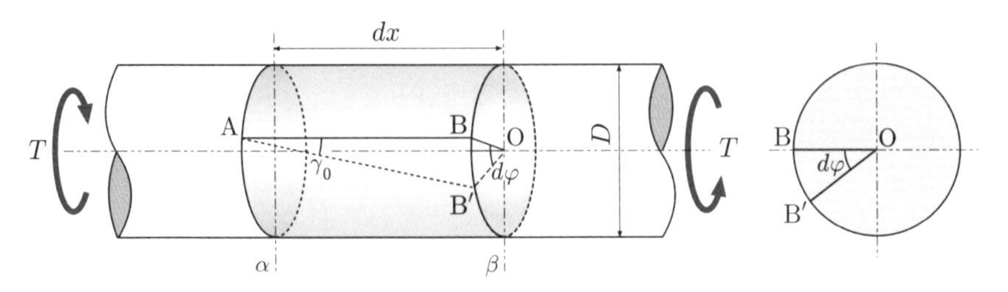

図 6.2　丸軸のねじり

$$\gamma_0 = \frac{\overline{\mathrm{BB}'}}{\overline{\mathrm{AB}}} = \frac{D}{2}\frac{d\varphi}{dx} \tag{6.2}$$

上式に式 (1.10) のフックの法則を適用すると，丸軸表面におけるせん断応力 τ_0 は次式となる．

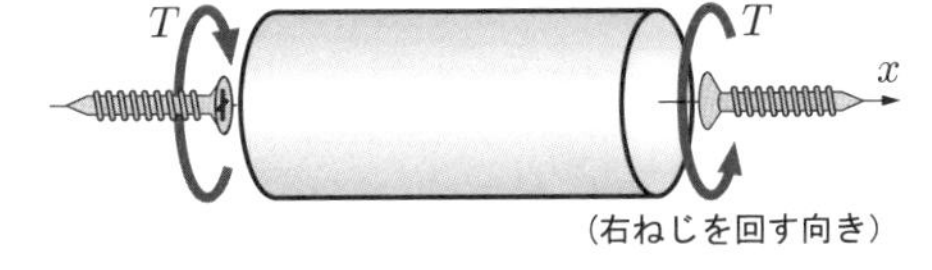

図 6.3 ねじりモーメントの正負

$$\tau_0 = G\gamma_0 = \frac{GD}{2}\frac{d\varphi}{dx} \tag{6.3}$$

ここで，G はせん断弾性係数である．なお，本書において，軸の両端に作用するねじりモーメントは，図 6.3 のように正の面 (法線ベクトルが x 軸の正方向を向く面) において，**ねじの進む方向を x 軸正方向として右ねじをまわす向き**に作用するものを正のモーメントと定義する．それに対して，負の面 (法線ベクトルが x 軸の負方向を向く面) ではその逆向きに作用するねじりモーメントが正となる．軸の中間部や段部などに外力として作用するモーメントも，x 軸の正方向に進むように右ねじを回す場合の回転方向を正とする．

ここで，横断面の相対的な回転角 $d\varphi$ を軸の微小長さ dx で除したもの，すなわち単位長さあたりのねじれ角のことを**比ねじれ角** (specific angle of twist) と呼び，θ で表せば，

$$\theta = \frac{d\varphi}{dx} \tag{6.4}$$

となる．なお，ねじれ角の単位は rad (ラジアン) であるから，比ねじれ角 θ の単位は rad/m となる．比ねじれ角 θ を用いて式 (6.2), (6.3) を書き換えれば，丸軸表面のせん断ひずみ γ_0 とせん断応力 τ_0 は以下のように表される．

$$\gamma_0 = \frac{D}{2}\theta, \quad \tau_0 = \frac{GD}{2}\theta \tag{6.5}$$

先に述べたように，断面上のすべての点で回転角は等しいから，丸軸の断面におけるせん断ひずみとせん断応力は図 6.4 に示されるように軸対称に分布し，その大きさは中心 O からの距離 r に比例する．軸表面 ($r = D/2$) でのひずみが $\gamma_0 = D\theta/2$ であることを考慮すれば，中心 O からの距離 r の位置におけるせん断ひずみ $\gamma(r)$ とせん断応力 $\tau(r)$ は以下のように表せる．

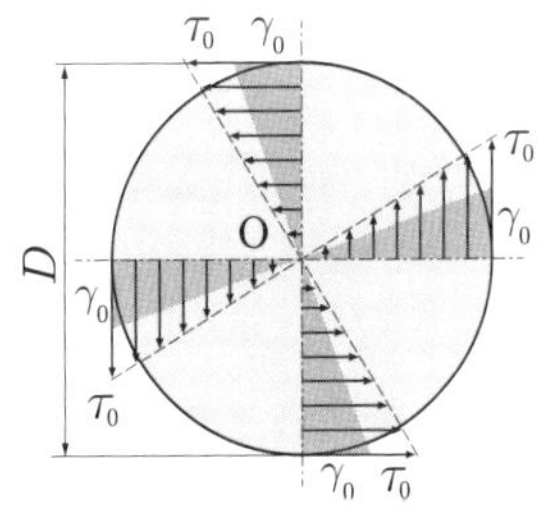

図 6.4 断面上のせん断ひずみとせん断応力

$$\gamma(r) = r\theta, \quad \tau(r) = Gr\theta \tag{6.6}$$

せん断応力 $\tau(r)$ によるモーメントは，ねじりモーメント T とつり合いを保たねばならない．図 6.5 に示されるように，断面における微小幅 dr の円輪に作用する微小せん断力は，

$$dQ = 2\pi r \cdot \tau(r) dr \tag{6.7}$$

であるから，円輪に作用するせん断力による微小ねじりモーメント dT は，

$$dT = dQ \cdot r = 2\pi r^2 \cdot \tau(r) dr \tag{6.8}$$

となるので，断面全体について dT の和を積分により求めると，

$$T = \int dT = \int_0^{D/2} 2\pi r^2 \cdot \tau(r) dr \tag{6.9}$$

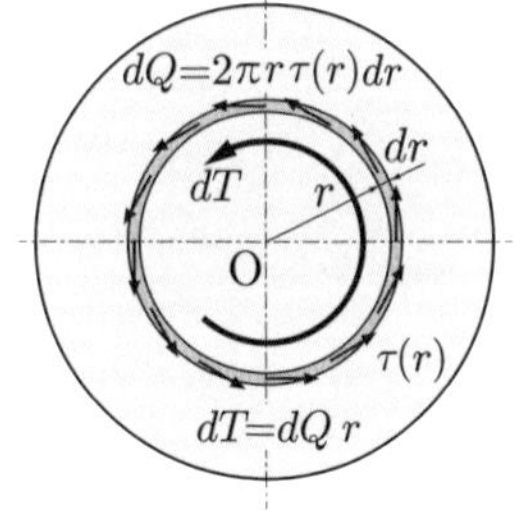

図 6.5 ねじりモーメントとせん断応力の関係

すなわち，軸に作用するねじりモーメント T に一致しなければならない．式 (6.6) を式 (6.9) に代入すると，

$$T = 2\pi G\theta \int_0^{D/2} r^3 dr = \frac{\pi D^4}{32} G\theta \tag{6.10}$$

ここで，上式の $\pi D^4/32$ を，丸軸 (円形断面) における**断面二次極モーメント** (second polar moment of area) と呼ぶ．

$$\textbf{丸軸の断面二次極モーメント：} I_p = \frac{\pi D^4}{32} \tag{6.11}$$

断面二次極モーメントの一般的な定義式は以下のとおりである．

$$I_p = \int_A r^2 dA \tag{6.12}$$

ここで，距離 r は，図 6.6 に示されるように基準点 O から積分点までの距離である．すなわち，断面二次極モーメントは，対象断面 A における距離の二乗の積分で定義される．

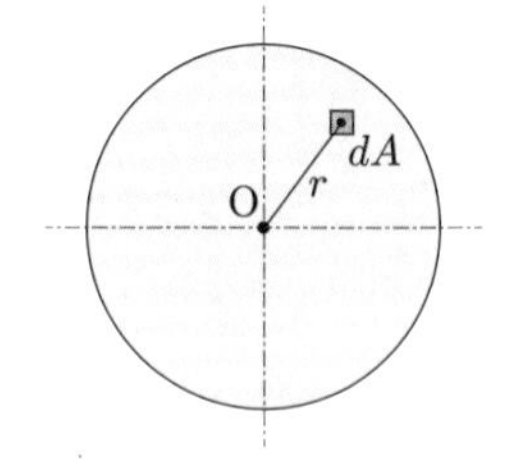

図 6.6 断面二次極モーメント

なお，軸のねじり問題における断面二次極モーメントは丸軸や中空円筒の断面などのように軸対称形状の場合にしか定義されないので，ここでの基準点 O は断面図形の中心 (図心) と考えて差し支えない[1]．

[1]楕円形断面や長方形断面の場合の取り扱いは，章末のコラムを参照されたい．

さて，式 (6.11) を用いて式 (6.10) を書き換えることにより，軸のねじり問題における基礎式を以下のように得る．

$$\textbf{ねじり問題の基礎式：}\ T = GI_p\theta \tag{6.13}$$

ここで，せん断弾性係数と断面二次極モーメントの積 GI_p を**ねじり剛性** (torsional rigidity) と呼ぶ．上式の θ が一定であれば，長さ L の軸における軸全体のねじれ角は以下のようになる．

$$\varphi = \theta L \tag{6.14}$$

一方，軸の直径が長手方向に変化する場合など，軸の断面二次極モーメントが変化する場合には，次式のように比ねじれ角を積分することによって軸全体のねじれ角を求める必要がある．

$$\varphi = \int_0^L \theta(x)dx \tag{6.15}$$

丸軸に生じるせん断応力は，図 6.4 に示されるように，軸の表面 ($r = D/2$) で最大となる．軸表面のせん断応力の式 (6.5) を変形すると，

$$\tau_0 = \frac{GD}{2}\theta = \frac{GD}{2}\frac{T}{GI_p} = \frac{T}{(\pi D^3/16)} \tag{6.16}$$

ここで，次式の**極断面係数** (polar modulus of section) を新たに定義する．

$$\textbf{極断面係数：}\ Z_p = \frac{I_p}{(D/2)} = \frac{\pi D^3}{16} \tag{6.17}$$

すなわち，丸軸の表面に生じる最大せん断応力は，ねじりモーメント T を極断面係数 Z_p で除すことにより求められる．

$$\textbf{最大せん断応力：}\ \tau_0 = \frac{T}{Z_p} \tag{6.18}$$

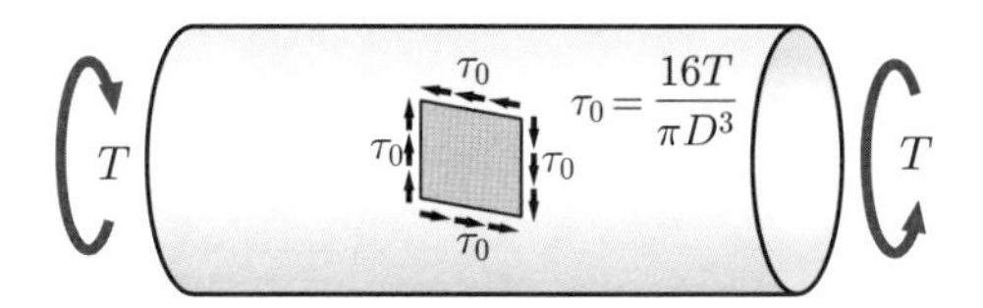

図 6.7 丸軸表面のせん断応力

軸に作用するねじりモーメントが正である場合の軸表面に生じるせん断応力の向きは図 6.7 に示すとおりである．

6.3　軸のねじりに関する基礎的例題

例題 6.1　一端を固定された丸軸のねじり

一端を固定され，先端にねじりモーメント $T = 100\,\mathrm{N{\cdot}m}$ が作用する丸軸の先端に生じるねじれ角と軸に生じる最大せん断応力を求めよ．軸の直径は $D = 20\,\mathrm{mm}$，長さは $L = 1000\,\mathrm{mm}$，せん断弾性係数は $G = 80\,\mathrm{GPa}$ である．

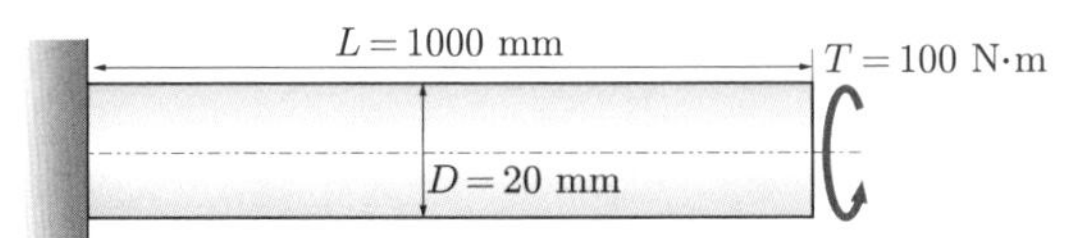

解答例

この軸に生じる比ねじれ角 θ は，

$$\theta = \frac{T}{GI_p} = \frac{32T}{G\pi D^4}$$

θ に軸の長さ L を乗じることにより，軸先端のねじれ角が求められる．

$$\varphi = \theta L = \frac{32TL}{G\pi D^4} = \frac{32 \times 100 \times 1.0}{\pi \times (80 \times 10^9) \times (20 \times 10^{-3})^4}$$

$$\fallingdotseq 7.96 \times 10^{-2}\,\mathrm{rad} = 7.96 \times 10^{-2} \times \frac{180^\circ}{\pi} = 4.56^\circ \qquad \cdots \text{(答)}$$

軸表面のせん断応力 τ_0 は，

$$\tau_0 = \frac{T}{Z_p} = \frac{T}{(\pi D^3/16)} = \frac{16T}{\pi D^3} = \frac{16 \times 100}{\pi \times 0.02^3} \fallingdotseq 63.7\,\mathrm{MPa} \quad \cdots \text{(答)}$$

例題 6.2　両端を固定された段付き丸軸のねじり

両端を固定された段付き丸軸において，段部 C にねじりモーメント T_0 を加えるとき，点 C におけるねじれ角を求めよ．なお，AC 間の直径は D_1，長さは l_1，CB 間の直径は D_2，長さは l_2，せん断弾性率は G である．

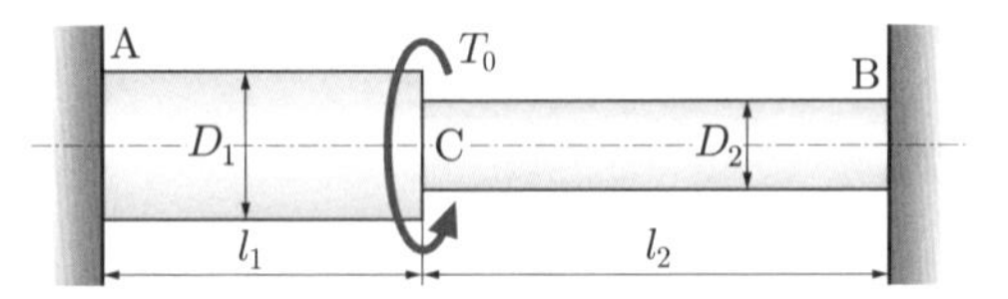

解答例

AC 間，CB 間それぞれに作用するねじりモーメントを T_1，T_2 とおく (下図).

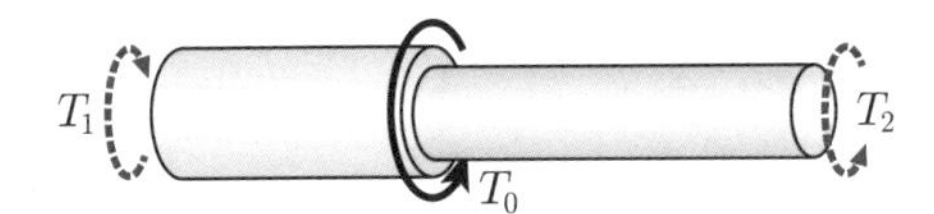

上図のように段付き軸について自由物体図を考えれば，段付き軸に作用する外力のモーメントは T_1，T_2，T_0 の 3 つであるから，ねじりモーメントのつり合いは次式で示される[2].

$$T_1 - T_0 - T_2 = 0 \tag{a}$$

AC 間，CB 間の比ねじれ角 θ_1，θ_2 を T_1，T_2 により表せば，

$$\theta_1 = \frac{T_1}{GI_{p_1}} = \frac{32T_1}{G\pi D_1^4}, \quad \theta_2 = \frac{T_2}{GI_{p_2}} = \frac{32T_2}{G\pi D_2^4} \tag{b}$$

点 A に対する点 C の相対ねじれ角 φ_1，および点 C に対する点 B の相対ねじれ角 φ_2 を T_1，T_2 により表せば，

$$\varphi_1 = \theta_1 l_1 = \frac{32T_1 l_1}{G\pi D_1^4}, \quad \varphi_2 = \theta_2 l_2 = \frac{32T_2 l_2}{G\pi D_2^4} \tag{c}$$

よって，点 A に対する点 B の相対ねじれ角は，

$$\varphi_{\mathrm{AB}} = \varphi_1 + \varphi_2 = \frac{32T_1 l_1}{G\pi D_1^4} + \frac{32T_2 l_2}{G\pi D_2^4} \tag{d}$$

実際には軸の両端は固定されているから，$\varphi_{\mathrm{AB}} = 0$ である．すなわち次式，

$$\frac{T_1 l_1}{D_1^4} + \frac{T_2 l_2}{D_2^4} = 0 \tag{e}$$

が成り立つ．式 (a), (e) を連立させて解けば，T_1，T_2 が以下のように求められる．

$$T_1 = \frac{D_1^4 l_2}{D_2^4 l_1 + D_1^4 l_2} T_0, \quad T_2 = -\frac{D_2^4 l_1}{D_2^4 l_1 + D_1^4 l_2} T_0 \tag{f}$$

式 (c), (f) より，点 C におけるねじれ角が以下のように求められる．

$$\varphi_{\mathrm{C}} = \varphi_1 = \frac{32T_1 l_1}{G\pi D_1^4} = \frac{32 l_1 l_2 T_0}{G\pi(D_2^4 l_1 + D_1^4 l_2)} \quad \cdots \text{(答)}$$

6.4 さまざまな断面を有する軸のねじり

(1) 中空丸軸および複合構造を持つ丸軸のねじり

中空の丸軸についても，中実軸と同様に断面二次極モーメント I_p を求めることによって問題を解くことができる．図 6.8 に示されるように，外径 D_1，内径

[2]すなわち $T_0 = T_1 - T_2$ となり，左右の区間に作用するねじりモーメントの差が段部に加えられる外力のねじりモーメント T_0 に一致する．

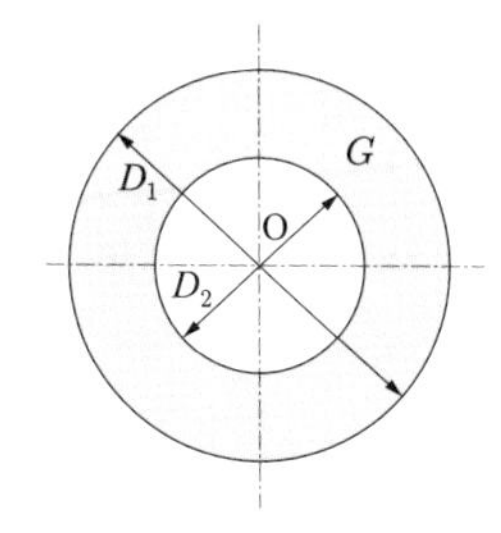

図6.8 中空丸軸の断面

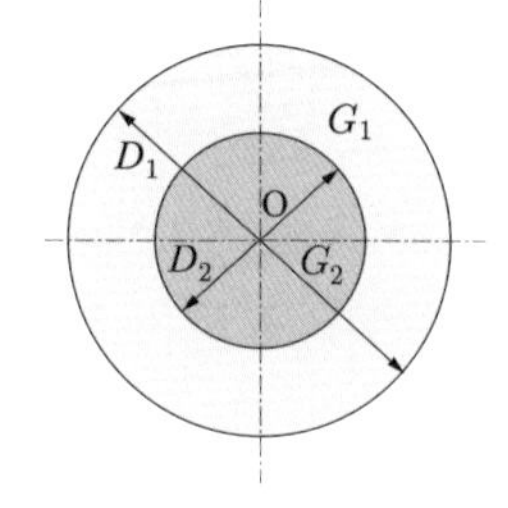

図6.9 複合構造を有する丸軸の断面

D_2 の中空丸軸を考えると，直径 D_1 の中実丸軸の断面二次極モーメントは，

$$I'_p = \frac{\pi D_1^4}{32} \tag{6.19}$$

直径 D_2 の中実丸軸について同様に断面二次極モーメントを考えれば，

$$I''_p = \frac{\pi D_2^4}{32} \tag{6.20}$$

結果的に，中空丸軸の断面二次極モーメントはこれらの差として求められる．

$$I_p = I'_p - I''_p = \frac{\pi(D_1^4 - D_2^4)}{32} \tag{6.21}$$

次に，図6.9に示されるような外径 D_1，内径 D_2 の中空円筒と，直径 D_2 の丸軸が組み合わされた複合構造を持つ丸軸について考える．なお，円筒と丸軸は互いに結合されている．円筒の断面二次極モーメント I_{p_1} と丸軸の断面二次極モーメント I_{p_2} は

$$I_{p_1} = \frac{\pi(D_1^4 - D_2^4)}{32}, \quad I_{p_2} = \frac{\pi D_2^4}{32} \tag{6.22}$$

すなわち，軸全体のねじり剛性 C_g は，各々の部分の断面二次極モーメントとせん断弾性係数の積を加え合わせたものになる．

$$C_g = I_{p_1}G_1 + I_{p_2}G_2 = \frac{G_1\pi(D_1^4 - D_2^4)}{32} + \frac{G_2\pi D_2^4}{32} \tag{6.23}$$

式(6.13)における GI_p をねじり剛性 C_g に置き換えれば，次式を得る．

$$T = C_g\theta, \quad \therefore \theta = \frac{T}{C_g} \tag{6.24}$$

式(6.24)で与えられる θ を式(6.5)に代入することにより，複合円筒の軸表面に生じるせん断ひずみとせん断応力が求められる．

$$\gamma_0 = \frac{D_1\theta}{2} = \frac{D_1 T}{2C_g}, \quad \tau_0 = G_1\gamma_0 = \frac{G_1 D_1 T}{2C_g} \tag{6.25}$$

(2) 直径が変化する丸軸のねじり

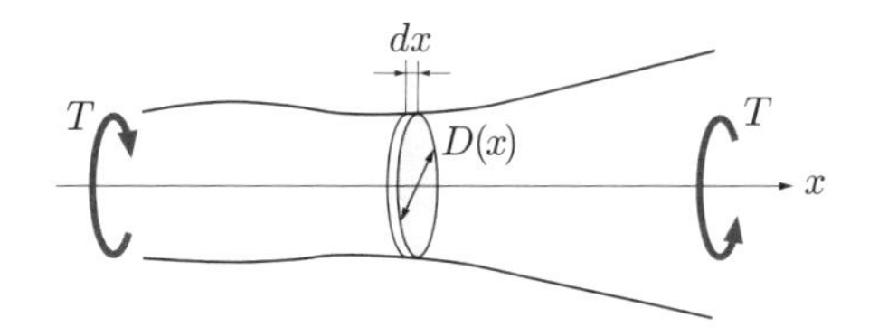

図 6.10　直径が変化する丸軸のねじり

軸の直径が一様な丸軸のねじりでは，比ねじれ角 θ を求めた後，θ に軸の長さ L をかければ軸全体のねじれ角が求められた．しかしながら，図 6.10 に示されるような直径が長手方向に変化する丸軸においては，比ねじれ角を積分することによって軸全体のねじれ角を計算する必要がある．直径 D が軸方向の座標 x の関数で与えられている場合，座標 x の位置における断面二次極モーメントは，

$$I_p(x) = \frac{\pi D^4(x)}{32} \tag{6.26}$$

となり，軸に生じる比ねじれ角を座標の関数として表すと，

$$\theta(x) = \frac{T}{GI_p(x)} = \frac{32T}{G\pi D^4(x)} \tag{6.27}$$

となるので，微小長さ dx あたりのねじれ角 $d\varphi(x)$ は以下のようになる．

$$d\varphi(x) = \theta(x)dx = \frac{32T}{G\pi D^4(x)}dx \tag{6.28}$$

軸の両端の座標を $x = a$，$x = b$ $(b > a)$ とすると，軸全体のねじれ角は $d\varphi(x)$ の和 ($\theta(x)$ の積分) であるから，以下の積分により計算されることがわかる．

$$\varphi_{ab} = \int_a^b d\varphi(x) = \int_a^b \theta(x)dx = \int_a^b \frac{32T}{G\pi D^4(x)}dx \tag{6.29}$$

例題 6.3　円錐形状の軸のねじり

図のような円錐形状の軸の両端にねじりモーメント T が作用するとき，軸両端の相対ねじれ角を求めよ．軸のせん断弾性係数は G である．

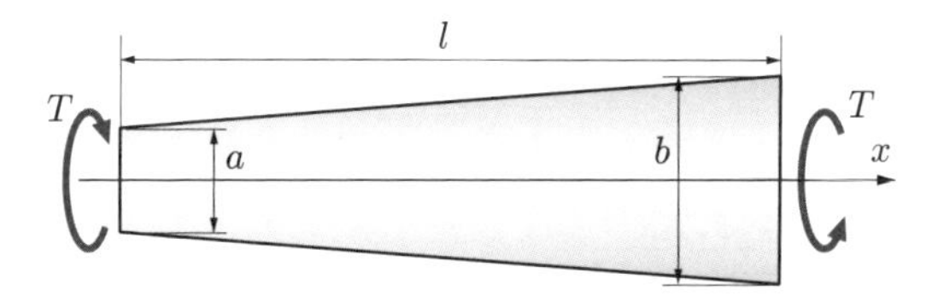

解答例

軸の左端を $x=0$，右端を $x=l$ として軸の直径を座標 x の関数として表すと，以下のような一次関数となる．

$$D(x)=a+x\frac{b-a}{l} \tag{a}$$

よって，座標 x の位置における断面二次極モーメント $I_p(x)$ は，

$$I_p(x)=\frac{\pi D^4(x)}{32}=\frac{\pi}{32}\left(a+x\frac{b-a}{l}\right)^4 \tag{b}$$

$$\theta(x)=\frac{32T}{G\pi D(x)^4}$$

よって，座標 x の位置における比ねじれ角は以下のようになる．

$$\theta(x)=\frac{T}{GI_p(x)}=\frac{32T}{G\pi D^4(x)}=\frac{32T}{G\pi}\left(a+x\frac{b-a}{l}\right)^{-4} \tag{c}$$

上記 $\theta(x)$ を軸全体で積分することにより，軸両端の相対ねじれ角が求められる．

$$\varphi=\int_0^l \theta(x)dx=\frac{32T}{G\pi}\int_0^l\left(a+x\frac{b-a}{l}\right)^{-4}dx$$

$$=\frac{32T}{G\pi}\left\{-\frac{l}{3(b-a)}\right\}\left[\left(a+x\frac{b-a}{l}\right)^{-3}\right]_0^l=\frac{32Tl(a^2+ab+b^2)}{3G\pi a^3b^3}\quad\cdots\text{(答)}$$

演習問題 6.1：2 つの材質からなる丸軸のねじり

2 種類の材質からなる丸軸があり，両端が壁に固定されている．両区間におけるせん断弾性係数，長さ，直径は図に示されるとおりであり，両区間の結合部にはねじりモーメント 100 N·m が作用している．ねじりモーメントの作用点におけるねじれ角と 2 つの区間の軸表面に生じるせん断応力を求めよ．

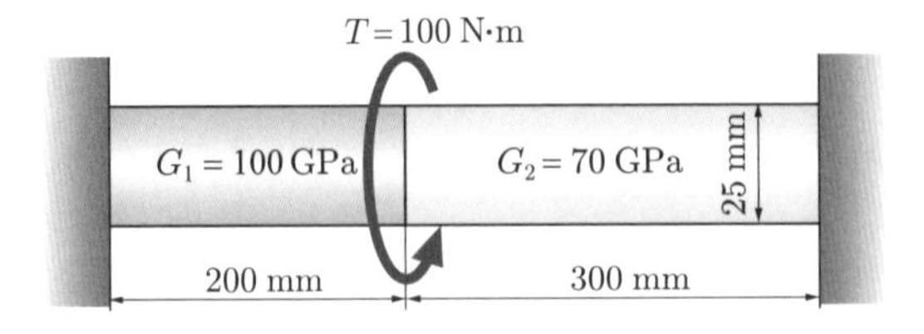

演習問題 6.2：動力伝達軸の設計

120 N·m のトルクを伝達するために必要な軸の直径を決めよ．ただし，軸のせん断降伏応力を 240 MPa，安全率を 3 として設計せよ．

演習問題 6.3：2 つの段部をもつ段付き丸軸のねじり

2 つの段部をもつ段付き丸軸において，段部 A にねじりモーメント T_A が，段部 B にねじりモーメント T_B が作用している．それぞれのモーメントの作用点 A，B におけるねじれ角を求めよ．軸のせん断弾性係数は G である．

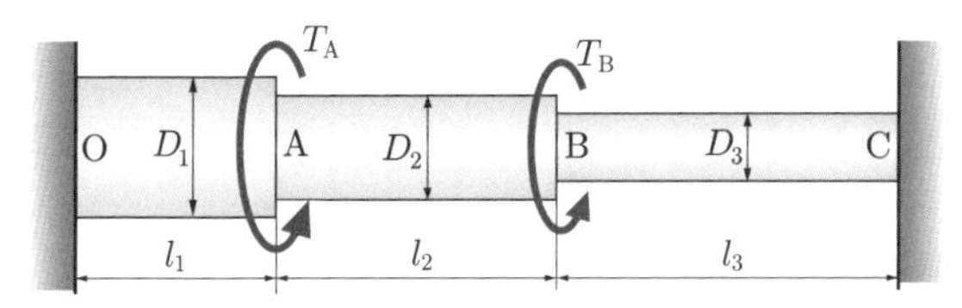

演習問題 6.4：直径が変化する丸軸のねじり

軸の直径 $D(x)$ が座標 x の関数として，$D(x) = D_0(x/L)^2$ のように変化する丸軸の両端にねじりモーメント T が作用するとき，軸両端の相対ねじれ角を求めよ．なお，軸のせん断弾性係数は G であり，軸左端の座標は $x = L$，右端の座標は $x = 2L$ である．

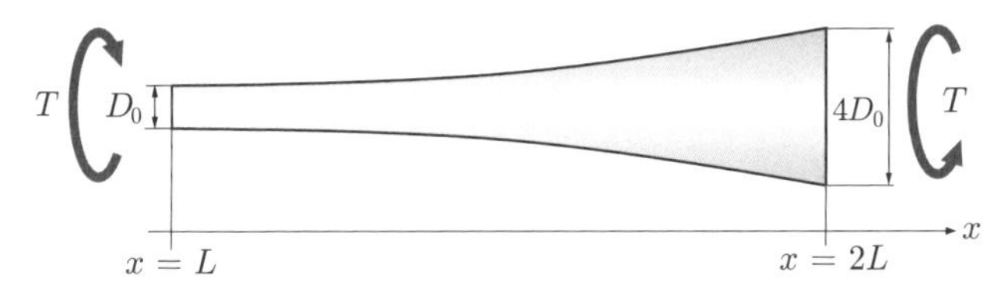

演習問題 6.5：分布するねじりモーメントが作用する丸軸のねじり

直径 D，長さ L，せん断弾性係数 G の丸軸があり，棒の表面に単位長さ当たり t のねじりモーメントが作用している．また，軸の左端は剛体壁に固定されている．軸先端に生じるねじれ角と，軸に生じる最大せん断応力を求めよ．

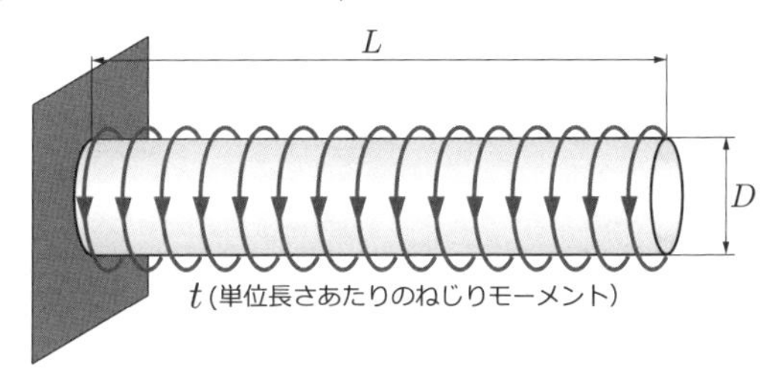

～楕円形断面軸および長方形断面軸のねじり～

楕円形断面や長方形断面のように，非軸対称形状の断面を持つ軸をねじると軸の断面は平面を保持できずに湾曲する．そのため，断面二次極モーメントによるねじれ角の計算ができず，厳密には**弾性学** (theory of elasticity) による解析が必要になるが，ここでは軸表面に生じるせん断応力とねじれ角の計算方法について，結果のみを示しておく．付図 6.1 に示される長軸の長さが $2a$，短軸の長さが $2b$ $(a > b)$ の楕円形断面の軸をねじる場合，せん断応力の分布は，

$$\tau(x, y) = \frac{2T}{\pi ab}\sqrt{\frac{x^2}{a^4} + \frac{y^2}{b^4}} \tag{a}$$

最大せん断応力は短軸の両端に生じ，$\tau_{\max} = 2T/(\pi ab^2)$ となる．また，比ねじれ角は次式となる．

$$\theta = \frac{T(a^2 + b^3)}{G\pi a^3 b^3} \tag{b}$$

付図 6.1　楕円形断面

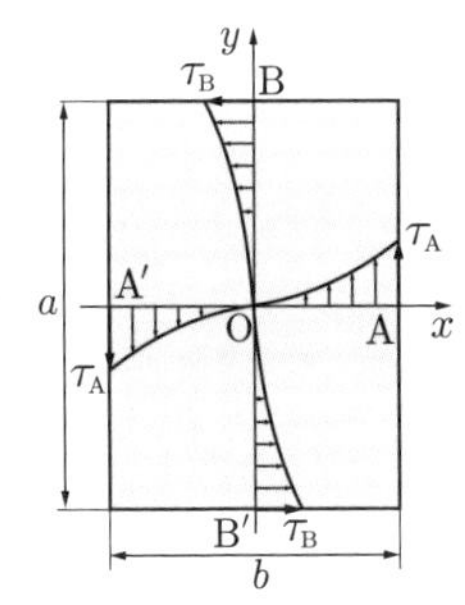

付図 6.2 長方形断面

付表 6.1　係数 α，β

a/b	α	β
1.0	0.6753	0.1406
1.2	0.7588	0.1661
1.5	0.8476	0.1958
2.0	0.9300	0.2287
3.0	0.9854	0.2633
4.0	0.9968	0.2808
5.0	0.9994	0.2913
6.0	0.9999	0.2983
10.0	1.0000	0.3123
∞	1.0000	0.3333

次に，付図 6.2 に示されるように，幅 b，高さ a $(a > b)$ の長方形断面を有する軸のねじりについて考える．横断面上におけるせん断応力は OA，OB 上で非線形的に変化する分布を示し，長辺側の中央で以下の最大値が生じる．

$$\tau_{\max} = \frac{\alpha T}{\beta ab^2} \tag{c}$$

ここで，係数 α，β は次式で与えられる (付表 6.1 参照)．

$$\alpha = 1 - \frac{8}{\pi^2}\sum_{n=1}^{\infty}\frac{1}{(2n-1)^2\cosh\dfrac{(2n-1)\pi a}{2b}} \tag{d}$$

$$\beta = \frac{1}{3} - \frac{64b}{\pi^5 a}\sum_{n=1}^{\infty}\frac{1}{(2n-1)^5}\tanh\frac{(2n-1)\pi a}{2b} \tag{e}$$

また，比ねじれ角は次式により求められる．

$$\theta = \frac{T}{G\beta ab^3} \tag{f}$$

第7章　はりのせん断力と曲げモーメント

本章では，細長い一次元構造物である“はり”について，その横断面に生じるせん断力や曲げモーメントについて考える．はりに対して垂直な方向に作用する力のつり合い，モーメントのつり合いを考えることにより，はりに生じるせん断力や曲げモーメントの分布を求める．これらの分布を図示するためのせん断力図，曲げモーメント図の作図法について，基礎的な例題を通して詳しく解説する．

7.1　集中荷重と分布荷重

モーメントの作用により曲げ変形が生じる細長い棒状の構造物を**はり** (beam) と呼ぶ．また，はりの変形を取り扱う理論を**はり理論** (beam theory) と呼ぶ．

はじめに，はりの長手方向に対して垂直に作用する荷重，すなわち**横荷重** (transverse load) について考える．横荷重には，ある一点に集中的な外力が加わる**集中荷重** (concentrated load，図 7.1(a)) と，はりの長手方向に荷重が分布する**分布荷重** (distributed load，図 7.1(b)) の二種類がある．集中荷重は点 (もしくは，はりの幅方向に長さをもつ線) に作用する荷重として定義され，単位はN (ニュートン) となる．分布荷重は**単位長さあたりの荷重**として定義され，その単位はN/mである．一様な大きさで分布する荷重を特に**等分布荷重** (uniformly distributed load) と呼ぶ．

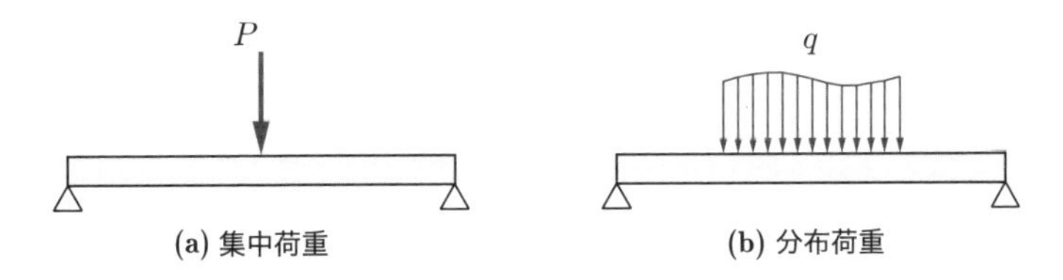

図 7.1　はりに作用する横荷重

7.2 せん断力とせん断応力

図7.2に示すように，一端を固定されたはりの先端に大きさ P の集中荷重が作用している状態を考える．このような一端を固定されたはりのことを**片持はり** (cantilever beam) と呼ぶ．断面 A–A′ ではりを切断し，切断された右側のはりにおける z 軸方向の力のつり合いを考えると，このはりの右端には下向きに荷重 P が作用しているから，左端には上向き (z 軸負の向き) に荷重 P が作用していなければならない．このように，はりの横断面に平行に働く z 軸方向の荷重のことを**せん断力** (shear force) と呼ぶ．断面 A–A′ の左右の面に作用するせん断力に着目すると，これらは内力であるので，大きさが同じで逆向きの力となる．実際にははりの横断面において**せん断応力** (shear stress) が分布しており，断面上でのせん断応力の積分 (合力) がせん断力となる[1]．

このはりから図7.3に示されるような微小要素を切り出すと，z 軸方向の力のつり合いより，微小要素の左右の面には大きさが等しく逆向きのせん断力が働くことがわかる．ここで，法線ベクトルが x 軸の正の向きとなるはりの横断面を**正の面**，法線ベクトルが x 軸の負の向きとなる横断面を**負の面**と定義する．正の面において z 軸の正の向きに作用するせん断力が**正のせん断力**と定義される．他方，負の面に作用するせん断力については，z 軸の負の向きに作用するものが正となる．

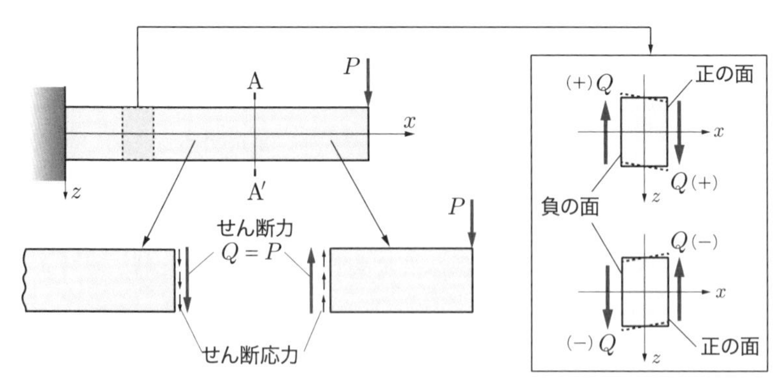

図7.2 はりに生じるせん断応力とせん断力　図7.3 せん断力の正負の定義

[1]長方形断面や円形断面のはりでは，はりの横断面上で上下対称な二次関数状にせん断応力が分布する．本書で扱うはり理論では，はりのせん断変形は曲げ変形に比べて極めて小さいものとして無視している．

7.3　曲げモーメント

図 7.4 に示されるように，長さ l の片持はりの左端に集中荷重 P が作用している場合について考える．荷重 P の作用によって，**このはりを曲げようとするモーメント**が発生する．このモーメントを**曲げモーメント** (bending moment) と呼ぶ．力のモーメントは**荷重×うでの長さ** (荷重点と基準点との距離) で定義される．すなわち，荷重 P が座標 x の位置に及ぼす曲げモーメントの大きさは Px となる．

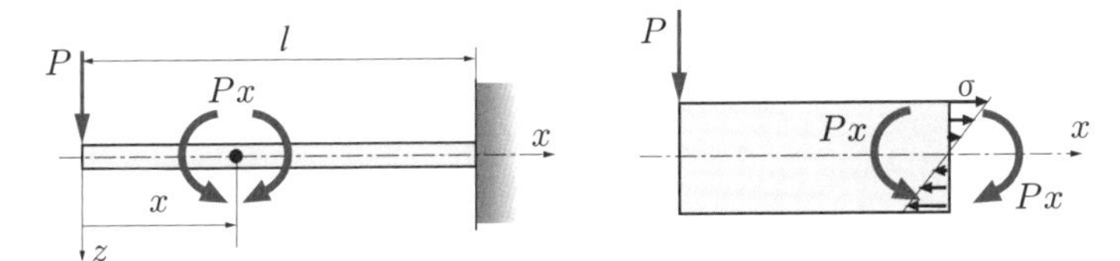

図 7.4　片持はりに生じる曲げモーメントと曲げ応力

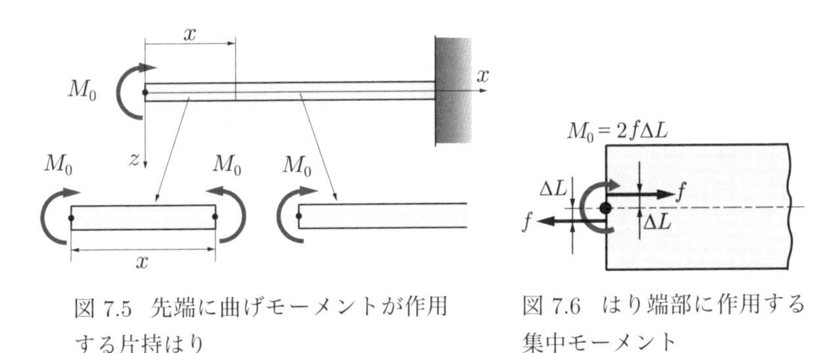

図 7.5　先端に曲げモーメントが作用する片持はり

図 7.6　はり端部に作用する集中モーメント

図 7.4 に示すように，座標 x の位置ではりを切断し，その切断面に作用する垂直応力について考える．はりの長さ l に比べて高さ h が十分に小さければ，はりの高さ方向に対して垂直応力が線形かつ逆対称に分布することが知られている．この垂直応力のことを**曲げ応力** (bending stress) と呼ぶ．図 7.4 において，断面上に分布する曲げ応力により生じるモーメントは，はりの左側から作用する曲げモーメント Px とつり合いを保つ．

次に，図 7.5 に示すように，右端を壁に固定された長さ l のはりに対して，左端に大きさ M_0 のモーメントが作用している場合について考える．なお，ここでは図 7.6 に示されるように，便宜的に**集中モーメント** (concentrated moment)：

$$M_0 = 2f\Delta L \quad (\Delta L \to 0, f = M_0/(2\Delta L) \to \infty) \tag{7.1}$$

がはりの端部に作用しているものと考えればよい[2]．

図7.5の片持はりを座標 x の位置で切断し，長さ x の部分についてモーメントのつり合いを考えれば，はりの左から作用するモーメント M_0 とつり合うように，右の切断面にも大きさ M_0 のモーメントが作用することがわかる．以上の議論ははりの任意の座標で成り立つので，結果的に，このはりに生じる曲げモーメントの大きさは等しく M_0 となる．

応力やせん断力と同様に，曲げモーメントも着目する微小要素に対して左右から対の形で逆向きに作用する力学量となる．なお，曲げモーメントの正負について，本書では図7.7に示されるように，はりに垂直な z 軸に対して，z 軸の正の向き (図の下向き) に凸となるように曲げる場合の曲げモーメントを正と定義する．

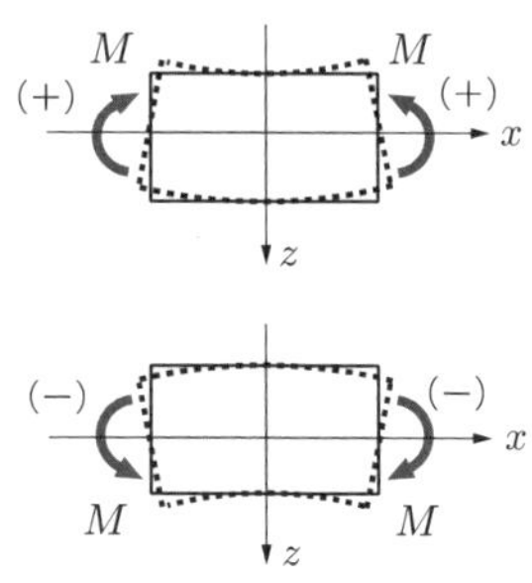

図7.7 曲げモーメントの正負

7.4 はりの支持条件

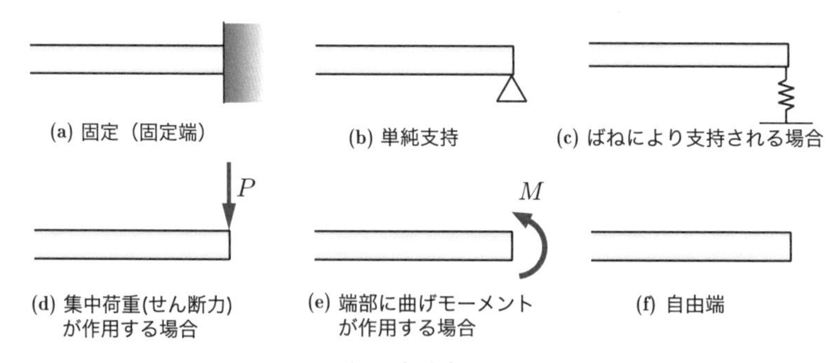

図7.8 はりの支持条件 (境界条件)

ここまで述べた片持はりは，はりの一端が固定されている例であるが，はりはその他にもさまざまな方法で支持される．はりの端部における変形の拘束に関する条件は一般に**支持条件** (support condition) と呼ばれる．はりの支持条件は，いわゆる**境界条件** (boundary condition) の一種とみることができる．

[2]実際には，はりの端部に働く偶力や，端面に作用する垂直応力の分布になどによって曲げモーメントが与えられる．

はりの代表的な支持条件を図 7.8 に示す．図 7.8(a) は一般に**固定端** (fixed end) ないしは単に**固定**と呼ばれ，はりに垂直な方向の変位と回転が拘束される場合である．図 7.8(b) は，端部の一点ではりの上下方向の変位が拘束される場合であり，支点においてモーメントは発生しない．このような支持方法を**単純支持** (simple support) と呼ぶ．なお，上下方向の変位を拘束した支点に集中モーメントを加える場合も単純支持の一種と言える．また，図 7.8(c) は端部がばねによって弾性的に支持される例である．

本来，図 7.8(d)〜(f) は支持条件には含まれないが，はり端部の境界条件の例として併せて示しておく．図 7.8(d) は端部に集中荷重もしくはせん断力が作用する場合，図 7.8(e) は端部に曲げモーメントが作用する場合である．図 7.8(f) は荷重もモーメントも作用しない場合であり，**自由端** (free end) と呼ばれる．第 9 章以降で述べるはりの微分方程式を解くプロセスでは，はりの端部における支持条件ないしは境界条件を適切に把握することが重要である．

7.5　せん断力図 (SFD) と曲げモーメント図 (BMD)

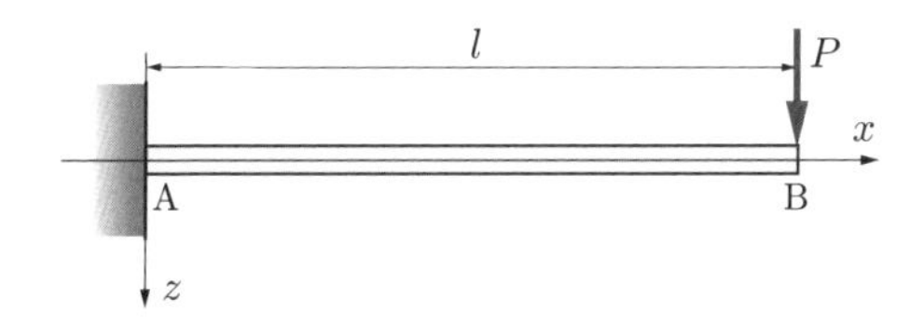

図 7.9　一端に集中荷重を受ける片持はり

あらためて，図 7.9 に示されるような右端に集中荷重 P が作用する片持はりについて考える．7.2 節で述べたように，このはりを座標 $x\,(0 \leq x \leq l)$ の点 C で切断すれば，図 7.10(上) に示されるように，切断面に作用するせん断力は $Q = P$ となり，任意の座標で同様の議論が成り立つ．よって，はりに作用するせん断力 Q の分布は図 7.10(下) のように表される．この図のようにせん断力の分布を表した図のことを**せん断力図** (shear force diagram : SFD) と呼ぶ．

次に，片持はりにおける曲げモーメントの分布について考える．図 7.11(上) に示されるように，はりを座標 $x\,(0 \leq x \leq l)$ の点 C で切断し，はり CB についてモーメントのつり合いを考える．荷重 P の作用により点 C に生じる曲げモーメントの大きさは $P(l - x)$ であり，このモーメントと点 C に左から作用

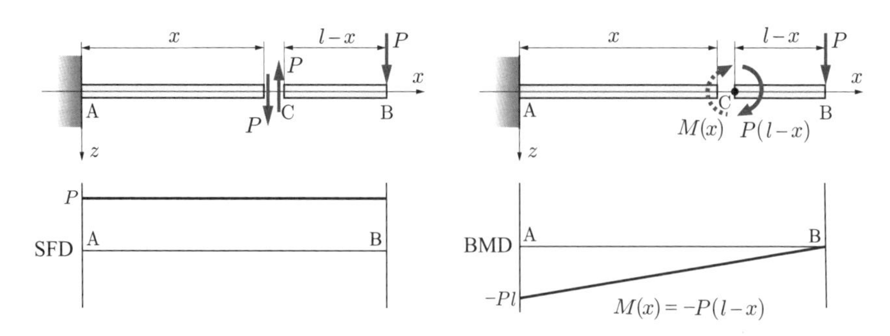

図 7.10 片持はりのせん断力図 (SFD)　図 7.11 片持はりの曲げモーメント図 (BMD)

するモーメント $M(x)$ の和が 0 となることより，はりに生じる曲げモーメント $M(x)$ は以下のようになる．

$$M(x) = -P(l-x) \quad (0 \leq x \leq l) \tag{7.2}$$

よって，片持はりに生じる曲げモーメントの分布は図 7.11(下) のように表される．この図のように，曲げモーメントの分布を表した図のことを，**曲げモーメント図** (bending moment diagram : BMD) と呼ぶ．

なお，図 7.10 のせん断力図と図 7.11 の曲げモーメント図では，はり両端の点 A，B を図示しているが，後述の例題 7.1 の解答例のように，座標軸を横軸にとってこれらの図を描いてもよい．

7.6　分布荷重，せん断力，曲げモーメントの関係

図 7.12 のようにはりにおいて幅 dx の微小要素を考える．微小要素に作用する分布荷重を $q(x)$，左端に作用するせん断力と曲げモーメントを $Q(x)$，$M(x)$ とおく．右端に作用するせん断力と曲げモーメントは，左端の値に対してそれぞれ $dQ(x)$，$dM(x)$ 増加するものとして，せん断力は $Q(x)+dQ(x)$，曲げモーメントは $M(x)+dM(x)$ と置くことができる．

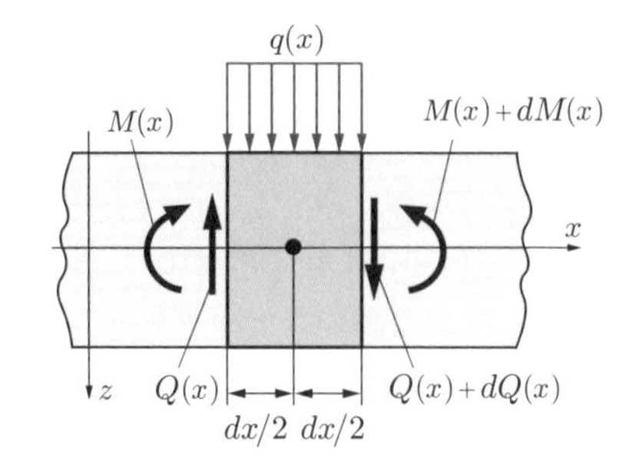

図 7.12　分布荷重，せん断力，曲げモーメントの関係

微小要素に関する z 軸方向の荷重のつり合いを考えれば，

$$q(x)dx + \big(Q(x) + dQ(x)\big) - Q(x) = 0, \quad \therefore \frac{dQ(x)}{dx} = -q(x) \tag{7.3}$$

すなわち，せん断力 $Q(x)$ を座標 x で微分すると，分布荷重 $q(x)$ が得られる．一方，微小要素の図心 G に関してモーメントのつり合い条件を考えると，

$$M(x) - \big(M(x) + dM(x)\big) + Q(x) \cdot \frac{dx}{2} + \big(Q(x) + dQ(x)\big) \cdot \frac{dx}{2} = 0 \tag{7.4}$$

高次微小量を無視すれば，

$$Q(x) = \frac{dM(x)}{dx} \tag{7.5}$$

となり，曲げモーメント $M(x)$ を座標 x で微分すればせん断力 $Q(x)$ が得られる．本書では，はり全体ないしは区分的なはりにおける荷重やモーメントのつり合いからせん断力の分布 (SFD) と曲げモーメントの分布 (BMD) を求めており，式 (7.3)，(7.5) に基づく解法は用いていないが，せん断力や曲げモーメントの分布が得られた後でこれらの式を用いると，比較的容易に結果の検証を行うことができる．曲げモーメント $M(x)$ を求めた後，$M(x)$ を座標 x で微分し，その結果がせん断力 $Q(x)$ に一致するかどうかを確認するとよい．

例題 7.1　等分布荷重を受ける両端単純支持はり

両端を単純支持された長さ l のはりに一様な分布荷重 q が作用する場合について，せん断力図 (SFD) と曲げモーメント図 (BMD) を求めよ．

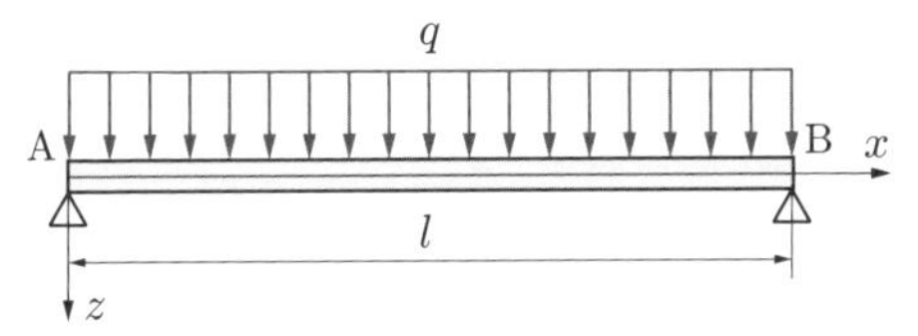

解答例

この問題は左右対称であるので，左右の支点に働く反力を等しく R とおくと，分布荷重の合力は ql であるから，上下方向の荷重のつり合いは次式で表される．

$$ql = 2R, \quad \therefore R = \frac{1}{2}ql \tag{a}$$

このはりを座標 x の位置で切断し，切断された左側の部分について考える．分布荷重の合力は $F = qx$ であり，左端の反力を考慮して上下方向の力のつり合いを考えると，

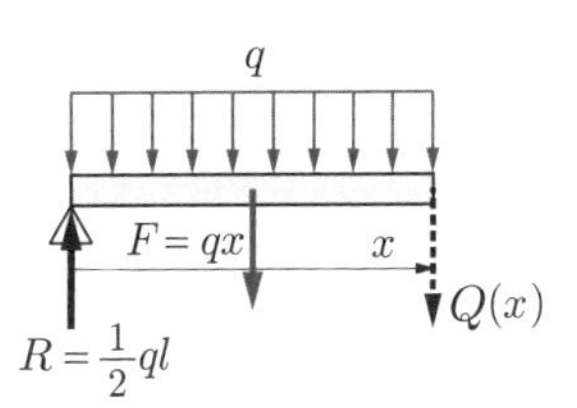

$$F + Q(x) = R, \quad \therefore \ qx + Q(x) = \frac{1}{2}ql \tag{b}$$

よって，座標 x の位置におけるせん断力 $Q(x)$ は，

$$Q(x) = \frac{1}{2}q(l - 2x) \tag{c}$$

となる．次に，切断部におけるモーメントのつり合いを考える．左端から座標 ξ をとり，幅 $d\xi$ の微小要素に作用する分布荷重の合力 df を考えると，$df = qd\xi$ であるから，この微小荷重 df が座標 x の位置に及ぼす微小モーメント dM' は，

$$dM' = df \times (x - \xi) = q(x - \xi)d\xi \tag{d}$$

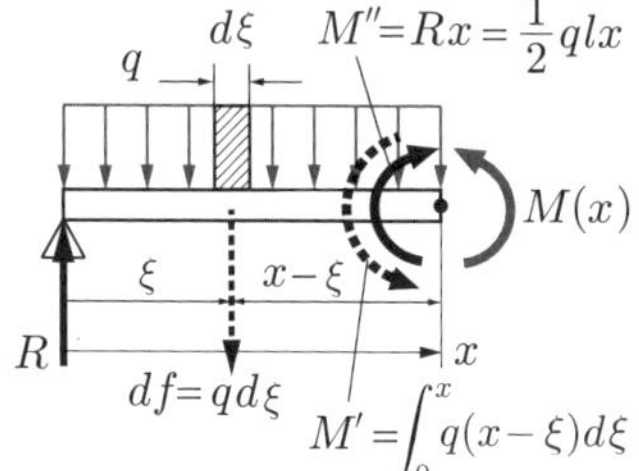

$0 \leq \xi \leq x$ において上記 dM' の和を求めれば，

$$M' = \int dM' = \int_0^x q(x - \xi)d\xi = \frac{1}{2}qx^2 \tag{e}$$

左端の反力 R が座標 x の位置に及ぼすモーメントを求めれば，

$$M'' = Rx = \frac{1}{2}qlx \tag{f}$$

M' が反時計回り，M'' が時計回りのモーメントであることに注意して，座標 x の位置におけるモーメントの和を求めると，

$$M(x) + M' - M'' = 0 \tag{g}$$

よって，

$$M(x) = \frac{1}{2}qlx - \frac{1}{2}qx^2 = \frac{1}{2}qx(l - x) \tag{h}$$

最終的にせん断力図 (SFD) および曲げモーメント図 (BMD) は以下のようになる．

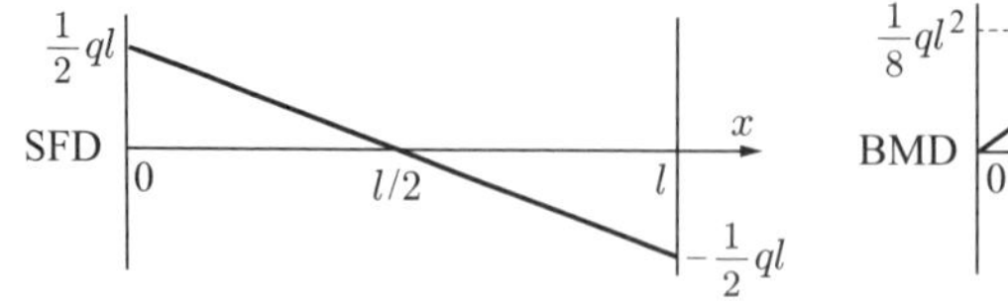

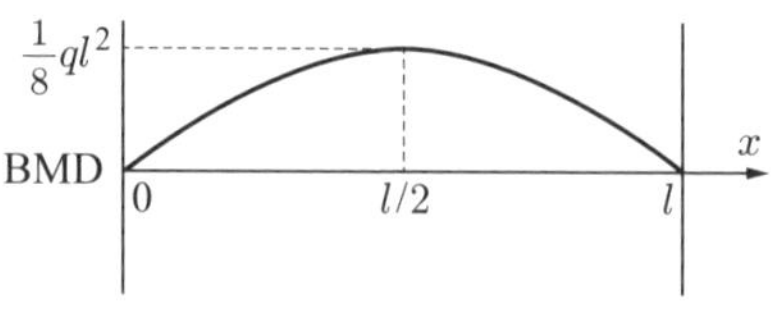

なお，**面積モーメント法** (章末のコラムを参照のこと) を使って分布荷重により生じる定点まわりのモーメントを評価してもよい．等分布荷重や一次関数状の分布荷重など，分布形状が単純な場合には，面積モーメント法を使うことによって計算の手続きを簡略化することができる．

例題 7.2　集中荷重を受ける両端単純支持はり

両端を単純支持された長さ l のはりの左端から a，右端から b の位置 C に集中荷重 P が作用している．このはりにおけるせん断力図 (SFD) と曲げモーメント図 (BMD) を求めよ．

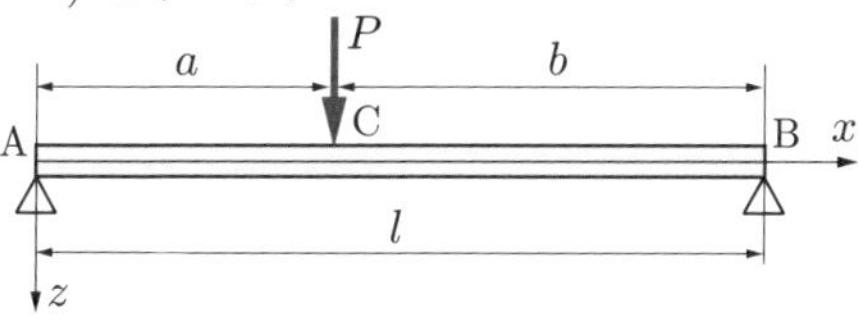

解答例

支点 A，B における反力をそれぞれ R_A，R_B とおくと，はりに垂直な方向 (z 軸方向) の力のつり合いより次式が成り立つ．

$$P = R_A + R_B \tag{a}$$

さらに，荷重点 C における左右からのモーメントのつり合いを考えることにより，

$$R_A a = R_B b \tag{b}$$

式 (a)，(b) を連立させて解けば，反力 R_A，R_B が以下のように求められる．

$$R_A = \frac{b}{l}P, \quad R_B = \frac{a}{l}P \tag{c}$$

このはりを点 C で分割して考える．左右のはりにはそれぞれ R_A と $-R_B$ のせん断力が作用すると考えればよいから，

$$Q(x) = \begin{cases} R_A = \dfrac{b}{l}P & (0 \leq x < a) \\ -R_B = -\dfrac{a}{l}P & (a < x \leq l) \end{cases} \tag{d}$$

となる．なお，集中荷重の作用点ではせん断力が不連続となることに注意したい．

曲げモーメントは，左右の支点に作用する反力に，それぞれの支点からの距離を乗じることにより求められる．

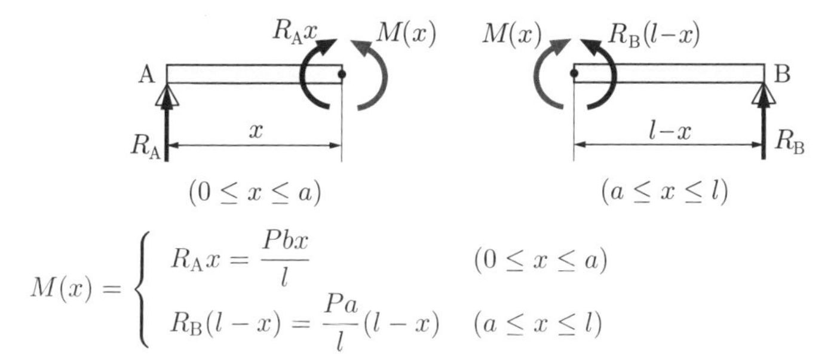

$$M(x) = \begin{cases} R_A x = \dfrac{Pbx}{l} & (0 \leq x \leq a) \\ R_B(l-x) = \dfrac{Pa}{l}(l-x) & (a \leq x \leq l) \end{cases}$$

曲げモーメントは荷重点 C において最大となり，以下の値をとる．

$$M_{\max} = M_{x=a} = \frac{Pab}{l}$$

せん断力図 (SFD) と曲げモーメント図 (BMD) は以下のとおりである．

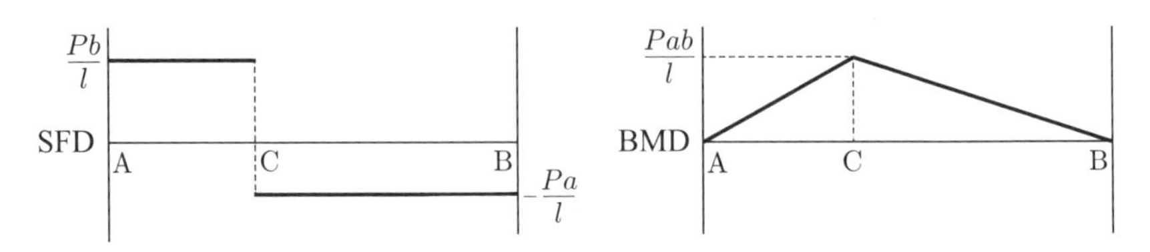

演習問題 7.1：一次関数状の分布荷重を受ける両端単純支持はり

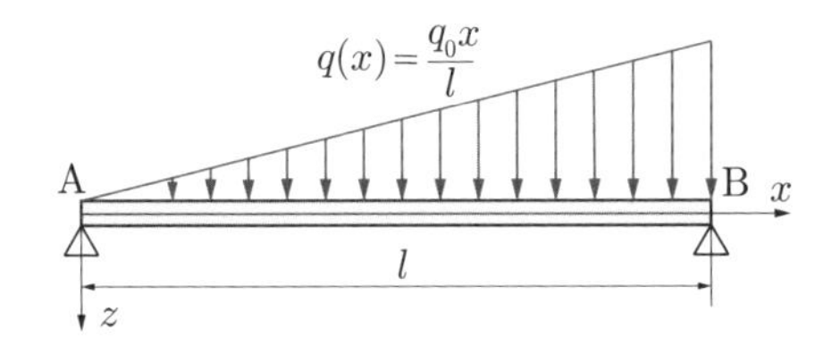

両端が単純支持された長さ l のはりに一次関数状の分布荷重 $q(x) = q_0x/l$ が作用している．以下の設問に答えよ (なお，章末のコラムで紹介している面積モーメント法を用いて分布荷重によるモーメントを評価しても良い)．

1. 分布荷重の合力を求めよ．
2. 左右の支点 A，B に生じる反力の大きさを $R_{\rm A}$，$R_{\rm B}$ とおいて，図の上下方向に関する力のつり合い式を示せ．
3. 左端に関するモーメントのつり合い式を q_0，l，$R_{\rm B}$ を用いて示せ．
4. 左右の支点に生じる反力 $R_{\rm A}$，$R_{\rm B}$ を q_0，l を用いて表せ．
5. 座標 x の位置ではりを切断し，切断位置より左側のはりについて考える．このはりについて上下方向の力のつり合いを考えることにより，切断面に作用するせん断力 $Q(x)$ を求め，その分布 (SFD) を図示せよ．
6. 同様に，切り出された長さ x のはりに関してモーメントのつり合いを考えることにより，切断位置に作用する曲げモーメント $M(x)$ を求め，その分布 (BMD) を図示せよ．

演習問題 7.2：等分布荷重を受ける片持はり

左端が固定された長さ l の片持はりに，大きさ q の等分布荷重が作用している．このはりについて，せん断力図 (SFD) と曲げモーメント図 (BMD) を描け．

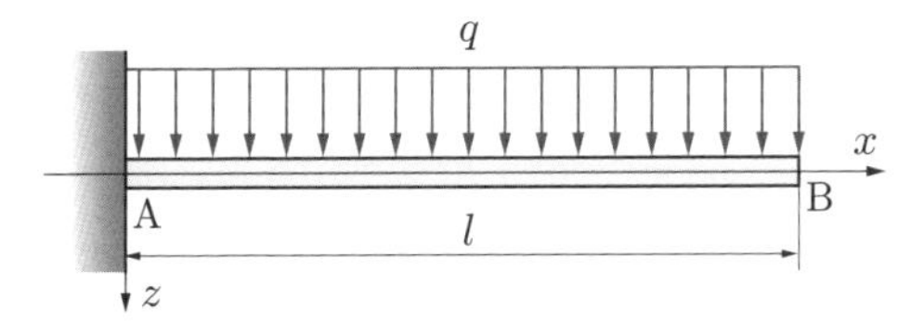

演習問題 7.3：集中モーメントが作用する両端単純支持はり

両端が単純支持されたはりの左端から a, 右端から b の位置 (点 C) に集中モーメント M_0 が作用している．このはりについて，せん断力図 (SFD) と曲げモーメント図 (BMD) を描け．

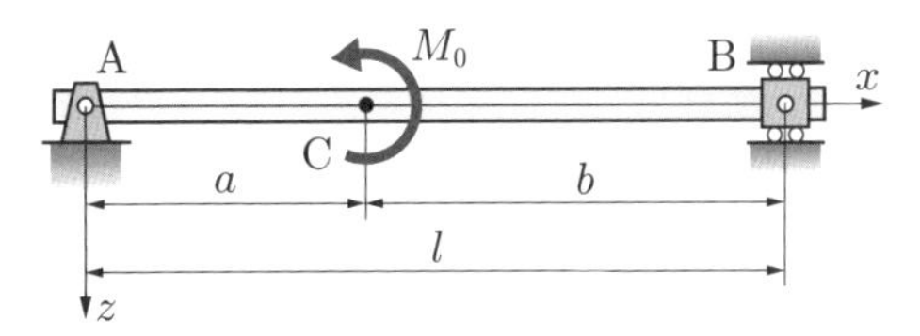

演習問題 7.4：2 つの集中荷重が作用する単純支持はり

左端の点 A および点 C において回転自由に支持されたはりがあり，点 B, D に集中荷重が作用している．集中荷重の大きさが $P_1 = 2P$, $P_2 = P$ の場合について，せん断力図 (SFD) と曲げモーメント図 (BMD) を描け．

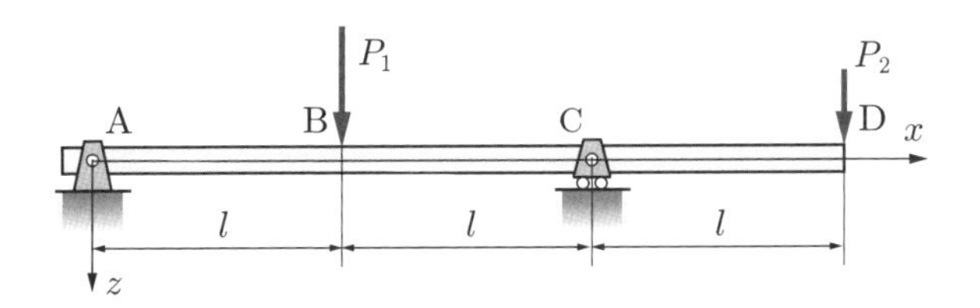

～ 分布荷重の作用によるモーメントの計算法について～

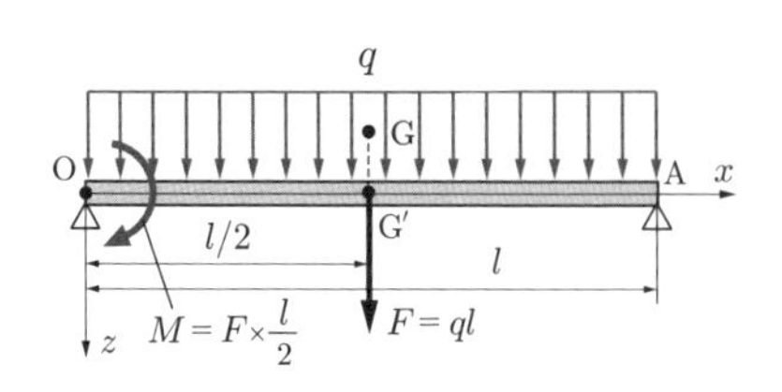

付図 7.1　等分布荷重による モーメントの計算

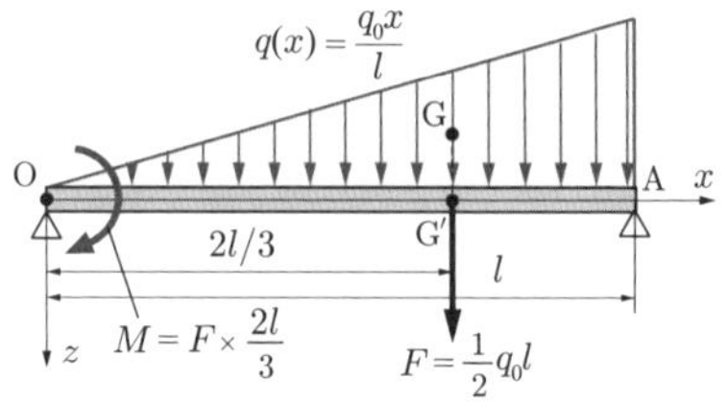

付図 7.2　線形な分布荷重による モーメントの計算

例題 7.1 では分布荷重が作用する場合の定点まわりのモーメントを微小モーメントの和として積分計算により求めたが，等分布荷重や線形な分布荷重 (演習問題 7.1) のように荷重の分布形状が単純な場合には，荷重の描く図形の図心に合力が作用すると考えることによってモーメントの計算を簡略化できる．これを**面積モーメント法**と呼ぶ．

例えば，付図 7.1 の等分布荷重の場合，荷重図形は長方形であるから，図心 G の x 軸上の正射影 G′ は，はりの中点となり，点 G′ に分布荷重の合力が作用するとして定点まわりのモーメントを計算すればよい．分布荷重の合力は $F = ql$，点 G′ と原点 O との距離は $l/2$ であるから，原点 O$(x = 0)$ に作用する分布荷重のモーメントは，

$$M = F \times \frac{l}{2} = \frac{1}{2}ql^2$$

のように計算できる．

他方，付図 7.2 に示されるような線形な分布荷重の場合には，はりに作用する分布荷重の合力は $F = ql/2$(荷重図形の面積) となり，荷重図形の図心 G の x 軸への正射影 G′ は三角形の底辺を 2:1 に内分する点となる．よって分布荷重による原点まわりのモーメントは以下のようになる．

$$M = F \times \frac{2l}{3} = \frac{1}{3}q_0l^2$$

以上のように，荷重図形の図心を求め，その x 軸への正射影に分布荷重の合力が作用するものと考えることにより，分布荷重により生じる定点まわりのモーメントを比較的簡単に計算することができる．

第8章　はりの曲げ応力

前章でも述べたように，曲げモーメントが作用するはりの横断面には，曲げ応力が生じる．曲げ応力が作用することにより曲げひずみが生じ，その結果としてはりに曲げ変形が生じる．本章では曲げ応力と曲げひずみ，はりの曲率と曲げモーメントの関係について述べるとともに，はりの曲げを考えるうえで重要な断面二次モーメントについても解説する．

8.1　曲げ応力の分布

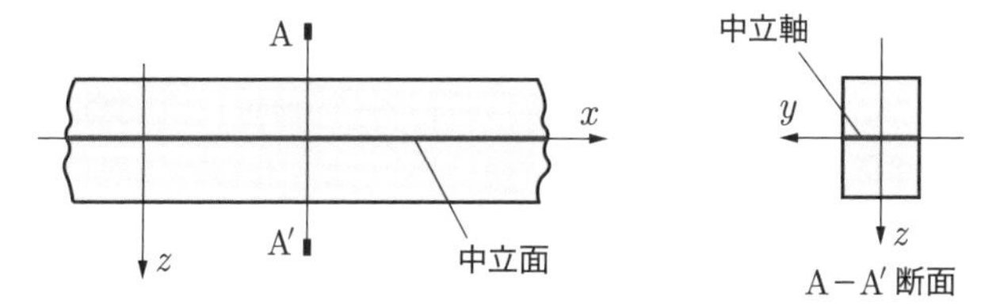

図 8.1　はりの中立面，横断面，中立軸の定義

はじめに，図 8.1 のようなはりに対して，はりの長手方向 (x 軸) に対して直交する横断面 A–A′ を考える．はりの曲げ変形が生じる方向に z 軸をとり，x, z の 2 軸に直交する方向に y 軸を定義する．はりの横断面の図心[1]を通り，z 軸に直交する面を**中立面** (neutral plane) と呼ぶ．本書の定義では，中立面は x-y 平面に一致する．

はりの中立面と横断面の交線を**中立軸** (neutral axis) と呼ぶ．はりの曲げ変形を考える際は，はりに垂直な z 軸方向に作用する荷重や x-z 面内に作用するモーメントのみを考え，はりの長手方向への引張荷重や圧縮荷重が作用する問題は取り扱わないものとすれば，中立面ならびに中立軸における垂直応力と垂直ひずみは 0 となる．

[1]図心の定義については 8.2 節を参照のこと．

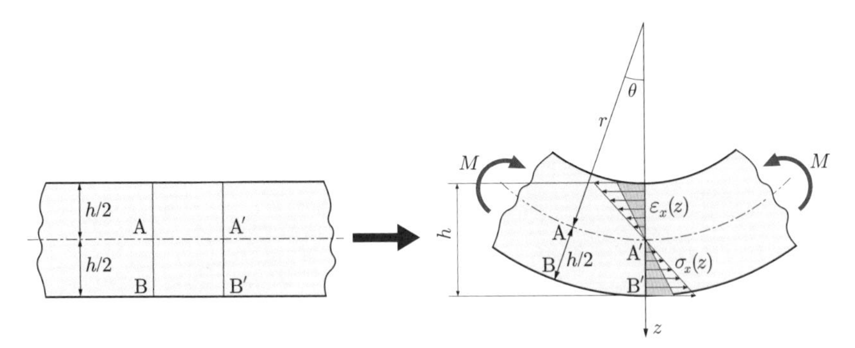

図 8.2 曲げ応力・曲げひずみの分布

ここでは，幅 b，高さ h の長方形断面をもつはりについて考える．はりの高さに比べ，はりが十分に長い場合には，曲げ変形に対してせん断変形は無視できるほど小さく，はりの横断面は変形後も平面を保ち，横断面と中立面はつねに垂直であるとみなせる．これが，**ベルヌーイ・オイラーの仮定** (Bernoulli-Euler theory) である．

区分的なはりに対して一様な曲げモーメント M が作用する場合，この区間における変形は一様となる．ベルヌーイ・オイラーの仮定により横断面は平面を保つので，はりのたわみ変形は図 8.2 で示されるような曲率一定の円弧となる．中立面における曲率半径を r とすれば，中立面上の円弧 $\widehat{\mathrm{AA}'}$ は伸び縮みしないので，はり下面の円弧 $\widehat{\mathrm{BB}'}$ におけるひずみ $\varepsilon_x(h/2)$ は以下のようになる．

$$\varepsilon_x(h/2) = \frac{\widehat{\mathrm{BB}'} - \widehat{\mathrm{AA}'}}{\widehat{\mathrm{AA}'}} = \frac{(r + (h/2))\theta - r\theta}{r\theta} = \frac{1}{r} \times \frac{h}{2} \tag{8.1}$$

はりの横断面上において，厚さ方向に対するひずみの分布は，式 (8.1) の $h/2$ を座標 z に置き換えることにより得られる．

$$\varepsilon_x(z) = \frac{z}{r} \tag{8.2}$$

はりのヤング率を E とすると，フックの法則 $\sigma = E\varepsilon$ から次式を得る．

$$\sigma_x(z) = \frac{E}{r} z \tag{8.3}$$

つまり，はりの横断面に生じるひずみ $\varepsilon_x(z)$ と応力 $\sigma_x(z)$ は中立軸からの距離 z に比例し，中立軸に対して正負が反転する線形な分布を示す．

次に，曲げ応力の作用によって生じるモーメントについて考える．図 8.3 の曲げ応力 $\sigma_x(z)$ にはりの幅 b と微小高さ dz を乗じると，

$$df = \sigma_x(z)bdz \tag{8.4}$$

この微小荷重 df に中立面からの距離を乗じれば，微小モーメント dM は，

$$dM = df \times z = \sigma_x(z)bzdz \tag{8.5}$$

上式で表される微小モーメント dM の総和を以下の積分によって求めれば，はりの中立軸まわりに作用するモーメント M が求められる．

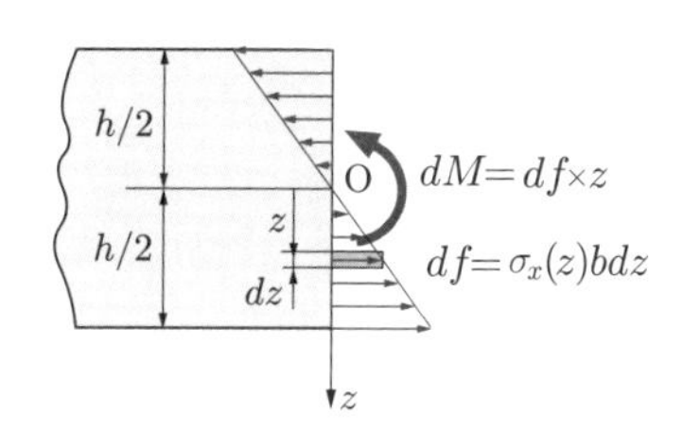

図 8.3　曲げモーメントと曲げ応力の関係

$$M = \int_{-h/2}^{h/2} \sigma_x(z)bzdz = \frac{1}{r}Eb\int_{-h/2}^{h/2} z^2dz = \frac{E}{r}\frac{bh^3}{12} \tag{8.6}$$

式 (8.6) において，はりの断面形状に関わる量は，幅 b と高さ h だけである．そこで式 (8.6) を以下のように書き直す[2]．

曲げモーメントと曲率の関係式： $M = \dfrac{E}{r}\dfrac{bh^3}{12} = EI\kappa$　(8.7)

ここで，$\kappa = 1/r$ は中立面におけるはりの曲率である．上式における I は一般に**断面二次モーメント** (second moment of area) と呼ばれ，はりの断面形状のみによって決まる係数である．幅 b，高さ h の長方形断面のはりにおける断面二次モーメントは次式で表される．

断面二次モーメント (長方形)： $I = \dfrac{bh^3}{12}$　(8.8)

また，ヤング率 E と断面二次モーメント I の積 EI を**曲げ剛性** (flexural rigidity) と呼ぶ．式 (8.7) を用いて式 (8.2), (8.3) の r を消去すると以下の式を得る．

曲げひずみ： $\varepsilon_x(z) = \dfrac{M}{EI}z$　(8.9)

曲げ応力： $\sigma_x(z) = \dfrac{M}{I}z$　(8.10)

中立面からの距離が最大となるはりの上下面で曲げ応力は最大となる．はり上面 $(z = -h_1)$ と下面 $(z = h_2)$ における曲げ応力はそれぞれ，

$$\sigma_1 = -\frac{M}{I}h_1 \quad (z = -h_1), \quad \sigma_2 = \frac{M}{I}h_2 \quad (z = h_2) \tag{8.11}$$

[2]式 (8.7) は軸のねじりにおける基礎式 $T = GI_p\theta$ に対比させて理解するとよい．

となり，さらに $Z_1 = I/h_1$，$Z_2 = I/h_2$ とおくと，

$$\textbf{最大曲げ応力：}\ \sigma_1 = -\frac{M}{Z_1}, \quad \sigma_2 = \frac{M}{Z_2} \tag{8.12}$$

すなわち，はり上下面での曲げ応力 σ_1，σ_2 の一方が正 (引張)，他方が負 (圧縮) となる．幅 b，高さ h の長方形断面の場合には，

$$\textbf{断面係数 (長方形)：}\ Z = Z_1 = Z_2 = \frac{I}{h/2} = \frac{bh^2}{6} \tag{8.13}$$

となり，係数 $Z(Z_1, Z_2)$ は，はりの断面形状のみによって決まることがわかる．この係数 Z を**断面係数** (section modulus) と呼ぶ．以上のように，はりの断面に生じる曲げ応力の最大値は，曲げモーメント M を断面係数 Z で除すことにより求められる．直径 D の円形断面における断面二次モーメントと断面係数はそれぞれ以下のようになる．

$$\textbf{断面二次モーメント (円形)：}\ I = \frac{\pi D^4}{64} \tag{8.14}$$

$$\textbf{断面係数 (円形)：}\ Z = \frac{I}{(D/2)} = \frac{\pi D^3}{32} \tag{8.15}$$

なお，断面二次モーメントの定義と計算法については8.3節にて詳しく述べる．

例題 8.1　放物線状の分布荷重を受ける両端単純支持はり

両端を単純支持された長さ l のはりに分布荷重 $q(x) = 4q_0x(l-x)/l^2$ が作用する場合について，せん断力図 (SFD)，曲げモーメント図 (BMD)，はりに生じる最大曲げ応力を求めよ．なお，はりの断面は幅 b，高さ h の長方形である．

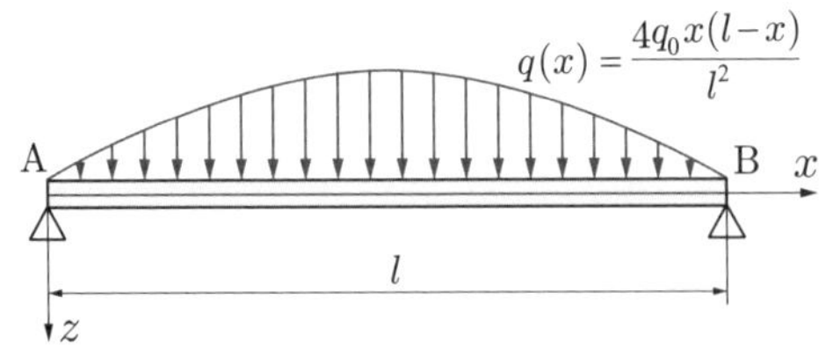

解答例

まず，分布荷重の合力を求める．分布荷重 $q(x)$ をはり全体で積分すれば，

$$f = \int_0^l q(x)dx = \int_0^l \frac{4q_0x(l-x)}{l^2}dx = \frac{2}{3}q_0 l \tag{a}$$

荷重条件と支持条件は左右対称なので，左端および右端における反力 R_{A}, R_{B} は以下のように分布荷重の合力の 1/2 となる．

$$R_{\mathrm{A}} = \frac{1}{3}q_0 l, \quad R_{\mathrm{B}} = \frac{1}{3}q_0 l \tag{b}$$

はりを座標 x の位置で切断し，切断位置から左側の長さ x の部分について考える．この長さ x のはりに作用する分布荷重の合力を求めると[3]，

$$f(x) = \int_0^x q(\xi)d\xi = \int_0^x \frac{4q_0\xi(l-\xi)}{l^2}d\xi = \frac{2q_0}{3l^2}(3lx^2 - 2x^3) \tag{c}$$

区間 $(0 \leq \xi \leq x)$ のはりに作用する z 軸方向の荷重は，分布荷重の合力 $f(x)$ と左端の反力 R_{A}，このはりの右断面に作用するせん断力 $Q(x)$ であるから，これらの力のつり合いを考えると，

$$f(x) + Q(x) = R_{\mathrm{A}}$$

$$\therefore\ Q(x) = R_{\mathrm{A}} - f(x) = \frac{q_0}{3l^2}(4x^3 - 6lx^2 + l^3) \tag{d}$$

よって，せん断力図 (SFD) は以下のようになる

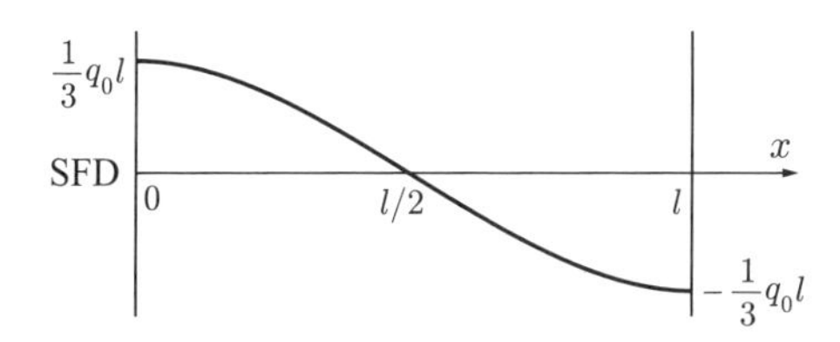

次に，座標 x の位置に作用する曲げモーメントについて考える．左端の反力 R_{A} が座標 x の位置に及ぼすモーメント $\hat{M}(x)$ は，

$$\hat{M}(x) = R_{\mathrm{A}}x = \frac{1}{3}q_0 lx \tag{e}$$

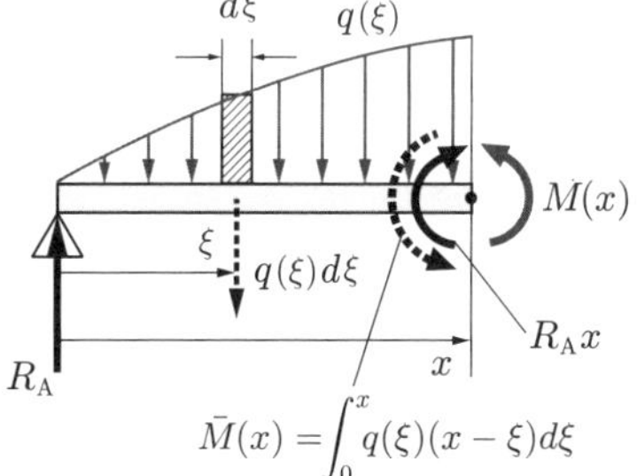

座標 ξ の位置で微小幅 $d\xi$ の要素を考えると，この要素に作用する微小荷重 df は，

$$df = q(\xi)d\xi = \frac{4q_0\xi(l-\xi)}{l^2}d\xi \tag{f}$$

df が座標 x の位置に及ぼす微小曲げモーメント $d\bar{M}$ は，

[3]分布荷重を座標 ξ で積分するため，$q(x) \to q(\xi)$ のように変数を置き換えている．

$$d\bar{M} = df(x-\xi) = q(\xi)d\xi \cdot (x-\xi) = \frac{4q_0\xi(l-\xi)}{l^2}(x-\xi)d\xi \tag{g}$$

上記 $d\bar{M}$ の総和を求めれば，

$$\bar{M}(x) = \int d\bar{M} = \int_0^x \frac{4q_0\xi(l-\xi)}{l^2}(x-\xi)d\xi = \frac{q_0}{3l^2}(2lx^3 - x^4) \tag{h}$$

結果的に，座標 x の位置における曲げモーメント $M(x)$ は，支持反力 R_A によるモーメント $\hat{M}(x)$ と分布荷重によるモーメント $\bar{M}(x)$ の和となる．$\bar{M}(x)$ は負のモーメントとして作用することに注意すれば，

$$M(x) = \hat{M}(x) - \bar{M}(x) = \frac{1}{3}q_0 lx - \frac{q_0}{3l^2}(2lx^3 - x^4)$$

$$\therefore\ M(x) = \frac{q_0}{3l^2}(x^4 - 2lx^3 + l^3x), \quad M_{\max} = M(l/2) = \frac{5q_0l^2}{48} \tag{i}$$

よって，曲げモーメント図 (BMD) は以下のようになる

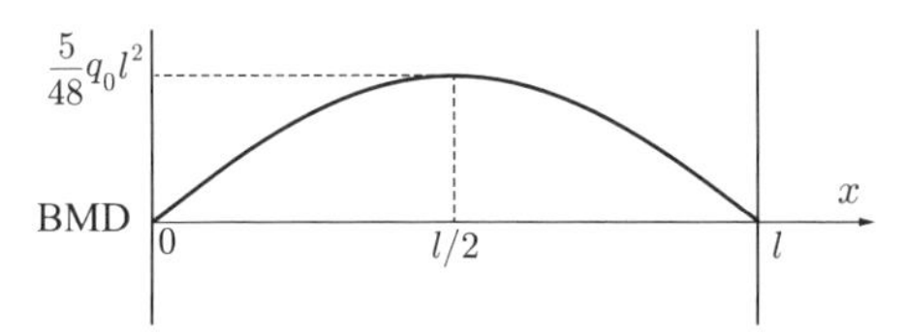

最大曲げモーメント $M_{\max}$ を断面係数 $Z = bh^2/6$ で除すことにより，最大曲げ応力 $\sigma_{\max}$ が以下のように求められる．

$$\sigma_{\max} = \frac{M_{\max}}{Z} = \frac{5q_0l^2}{48}\frac{6}{bh^2} = \frac{5q_0l^2}{8bh^2} \quad \cdots \text{(答)}$$

8.2　図心と中立軸

はりに横荷重やモーメントのみが作用し，その長手方向に引張や圧縮の荷重は作用しないものとすれば，次式で示されるように，はりの横断面に作用する垂直応力の積分は 0 となる．

$$\int_A \sigma dA = 0 \tag{8.16}$$

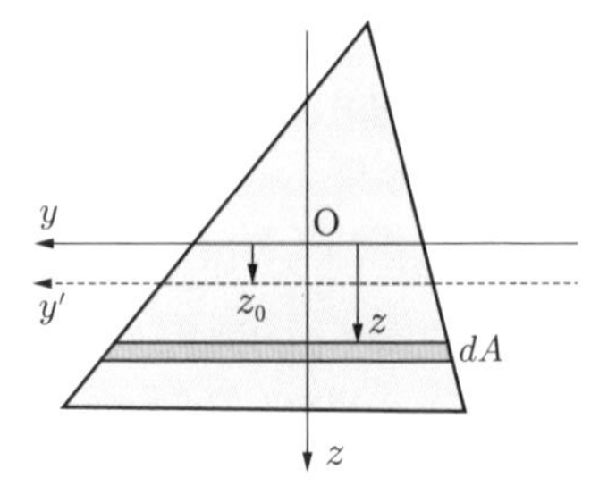

図 8.4　図心と中立軸の関係

図 8.4 に示されるような三角形の断面を考える．なお，本来は中立軸の z 座標を $z = 0$ とすべきであるが，ここでは中立軸の座標が未知であるとし，その z 座標を z_0 として以下の考察を行う．

曲げ応力 $\sigma(z)$ は $z = z_0$ で 0 となり，z 軸に対して線形に分布するから，

$$\sigma(z) = \alpha(z - z_0) \tag{8.17}$$

となる．上式の α は比例係数である．よって式 (8.16) は，

$$\int_A \sigma dA = \int \alpha(z - z_0)dA = 0, \quad \therefore \ z_0 \int dA = \int z dA \tag{8.18}$$

ここで，対象断面の面積を A_0 とすれば，z_0 は次式で与えられることがわかる．

$$z_0 = \frac{\displaystyle\int z dA}{\displaystyle\int dA} = \frac{1}{A_0}\int z dA \tag{8.19}$$

つまり，中立軸の座標 z_0 は，横断面に関する面積モーメントの総和から求められることがわかる．また，上式は任意の図形における図心を求めるための計算式とまったく同一であるから，結果として中立軸は断面の図心を通ることが確かめられる．

なお，図 8.4 のように z 軸に対して非対称な断面形状を有するはりの曲げでは，垂直応力の非対称性に起因して，はりにねじり変形や反り変形 (warping) が生じるなど，さまざまな問題があり，はりの変形を求めることが難しくなる．そこで本書では，取り扱いの容易な長方形や円形，I 型，中空円筒といったような，断面形状が中立軸 (y 軸) と z 軸のそれぞれに対して対称なはりに限定して議論を行うこととする．

8.3 断面二次モーメント

ここでは，あらためて断面二次モーメントの定義およびその計算法について述べる．図 8.5 のような形状の図形内において微小な面積要素 dA を考える．ここで，微小要素 dA から基準軸 (y 軸) までの距離は z である．基準軸に対する微小要素 dA の二次モーメント，すなわち $z^2 dA$ について断面図形全体の総和を求めれば，

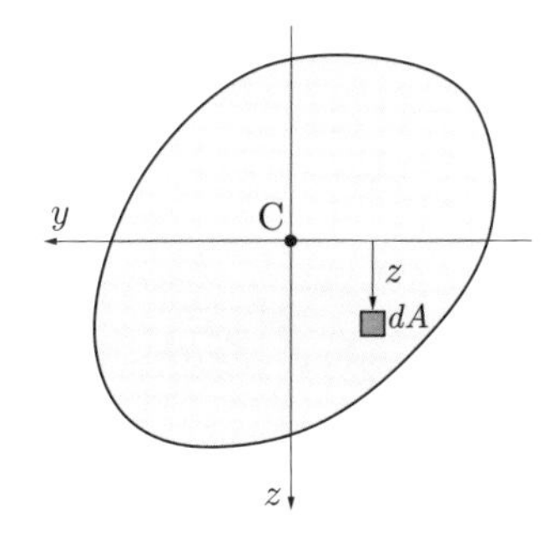

図 8.5 断面二次モーメント

$$I = I_y = \int_A z^2 dA \tag{8.20}$$

となる．これが断面二次モーメントの定義である．本来，断面二次モーメントは，基準となる y 軸を自由に取り得るが，はりの曲げ問題でははりの横断面における中立軸に一致するように y 軸をとり，断面二次モーメントを計算する．

図8.6に示されるような，幅 b，高さ h の長方形断面における断面二次モーメントについて考える．微小面積 dA は幅 b と微小高さ dz の積となるので，

$$dA = bdz \tag{8.21}$$

よって，微小面積二次モーメントは，

$$dI = dAz^2 = bz^2dz \tag{8.22}$$

dI の総和を求めれば，長方形断面の断面二次モーメントは以下のようになる．

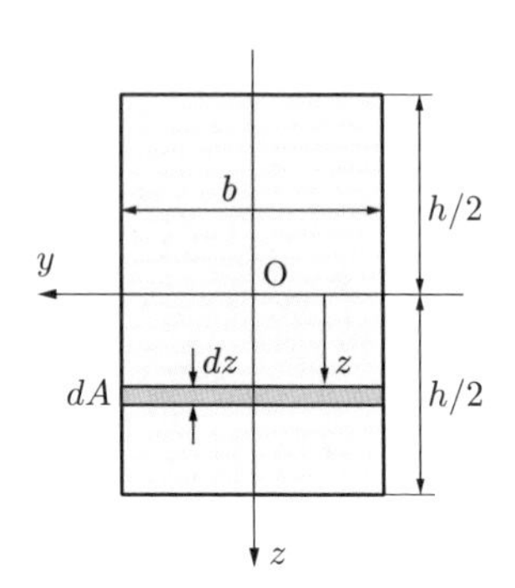

図8.6 長方形断面における断面二次モーメントの計算

$$I = \int_A dI = \int_A z^2 dA = \int_{-h/2}^{h/2} bz^2 dz = \frac{bh^3}{12} \tag{8.23}$$

次に，図8.7に示されるような直径 D の円形断面における断面二次モーメントを求める．高さ dz，幅 y の微小領域 dA を考えて，座標 z を y 軸からの角度 θ と直径 D を用いて表せば，

$$y = \frac{D}{2}\cos\theta, \quad z = \frac{D}{2}\sin\theta \tag{8.24}$$

さらに dz を θ，$d\theta$ を用いて表すと，

$$dz = \frac{D}{2}\cos\theta d\theta \tag{8.25}$$

よって，微小面積 dA は，

$$dA = 2ydz = \frac{D^2}{2}\cos^2\theta d\theta \tag{8.26}$$

上記 dA に z^2 を乗じて領域全体で総和を求めれば，円形断面における断面二次モーメントは以下のようになる．

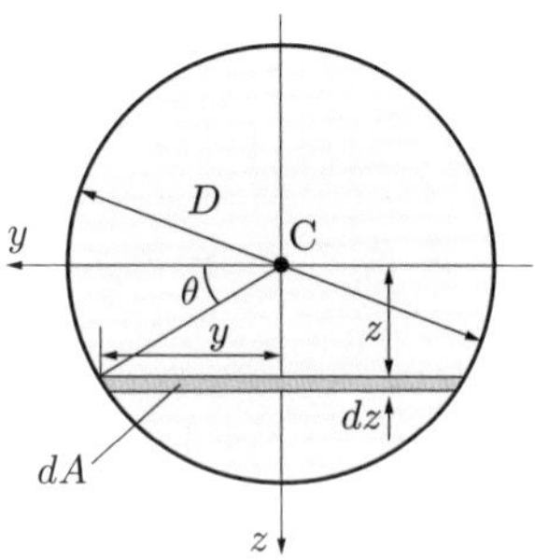

図8.7 円形断面における断面二次モーメントの計算

$$\begin{aligned} I &= \int_A z^2 dA = \frac{D^4}{8}\int_{-\pi/2}^{\pi/2} \sin^2\theta\cos^2\theta d\theta = \frac{D^4}{32}\int_{-\pi/2}^{\pi/2}\sin^2 2\theta d\theta \\ &= \frac{D^4}{64}\int_{-\pi/2}^{\pi/2}(1-\cos 4\theta)d\theta = \frac{D^4}{64}\left[\theta - \frac{1}{4}\sin 4\theta\right]_{-\pi/2}^{\pi/2} = \frac{\pi D^4}{64} \end{aligned} \tag{8.27}$$

例題 8.2　断面二次モーメントの計算

高さ h の断面を有するはりがある．幅 b が高さ方向に座標 z の関数として，

$$b(z) = \frac{z^2}{h} + \frac{h}{4} \quad \left(-\frac{h}{2} \leq z \leq \frac{h}{2}\right)$$

のように変化する場合について，断面の図心を通る y 軸に関して断面二次モーメントを求めよ．

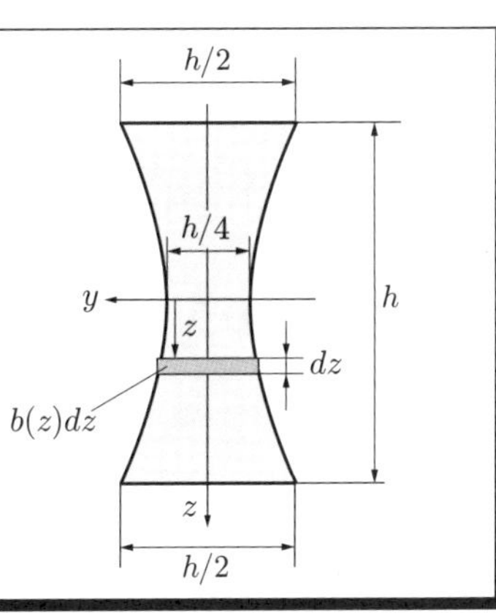

解答例

座標 z の位置において，幅 $b(z)$，高さ dz の微小要素を考える．この微小要素による微小断面二次モーメントは，

$$dI(z) = b(z)dz \times z^2 = \left(\frac{z^4}{h} + \frac{hz^2}{4}\right)dz \tag{a}$$

上記の微小断面二次モーメントの総和を求めればよいので，最終的に断面二次モーメントは以下の積分計算により求められる．

$$I = \int_{-h/2}^{h/2} dI(z) = \int_{-h/2}^{h/2} \left(\frac{z^4}{h} + \frac{hz^2}{4}\right)dz$$

$$= \left[\frac{z^5}{5h} + \frac{hz^3}{12}\right]_{-h/2}^{h/2} = 2\left(\frac{h^4}{160} + \frac{h^4}{96}\right) = \frac{h^4}{30} \quad \cdots \text{(答)}$$

演習問題 8.1：中空円筒とＩ型断面の断面二次モーメント

以下の (a) 中空円筒，(b) I 型断面について，図心を通る y 軸に関して断面二次モーメントを求めよ．

(a)

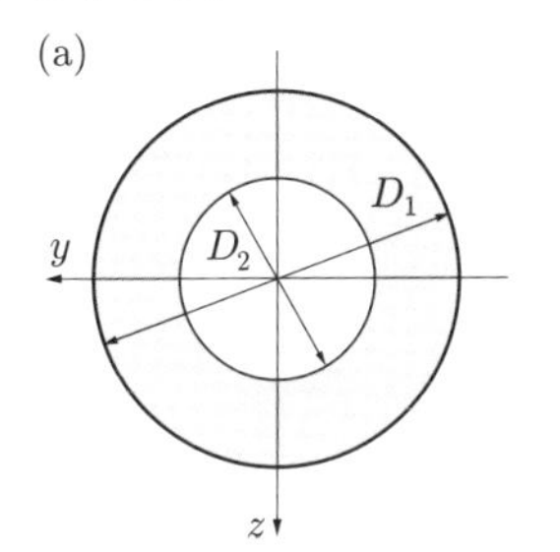

(b)

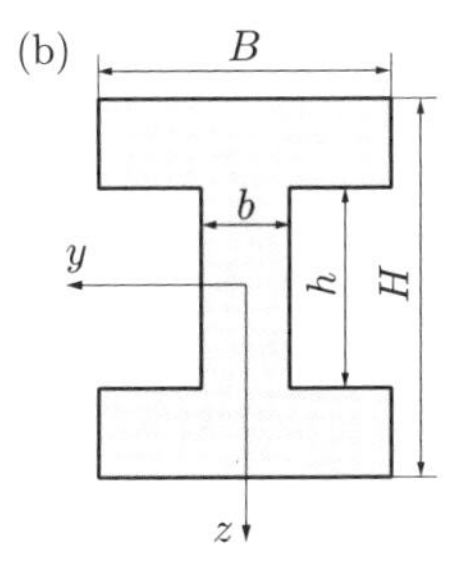

演習問題 8.2：区分的な分布荷重が作用する単純支持はり

両端を単純支持された長さ 1000 mm のはりの右半分の領域に大きさ 100 N/m の等分布荷重が作用している．はりの断面は円形であり，その直径は 20 mm である．このはりにおける曲げモーメント図 (BMD) を描き，最大曲げ応力が生じる位置と最大曲げ応力の大きさを求めよ．

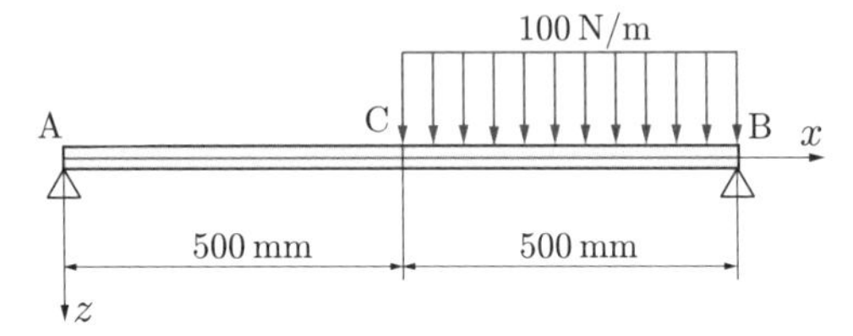

演習問題 8.3：はりの 4 点曲げ

両端を単純支持されたはりに 2 つの集中荷重 (大きさ 100 N) が作用している．はりの長さは 1200 mm，集中荷重は左右の支点から 400 mm の位置に作用している．はりの断面は幅が 20 mm, 高さが 10 mm の長方形である．このはりに生じる曲げモーメントの分布を求めるとともに，最大曲げ応力が発生する位置と最大曲げ応力の大きさを求めよ．

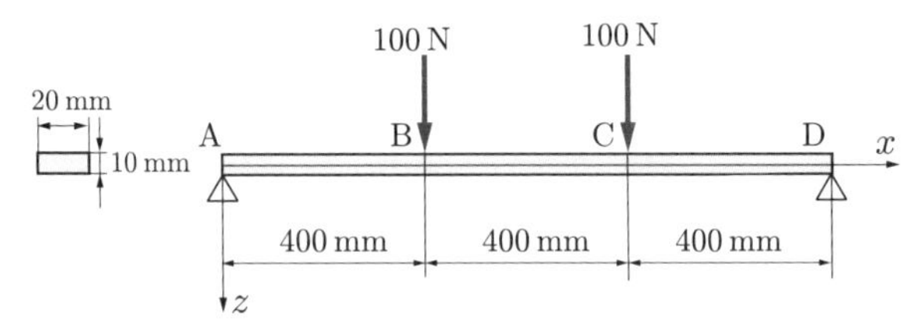

演習問題 8.4：平等強さのはり

左端を固定された長さ l のはりの先端に荷重 P が作用している．はりの断面は長方形で，その幅は b である．このはりに生じる曲げ応力が，座標 x によらず一様に σ_0 となるようにしたい．はりの高さ h を座標の関数として求めよ．

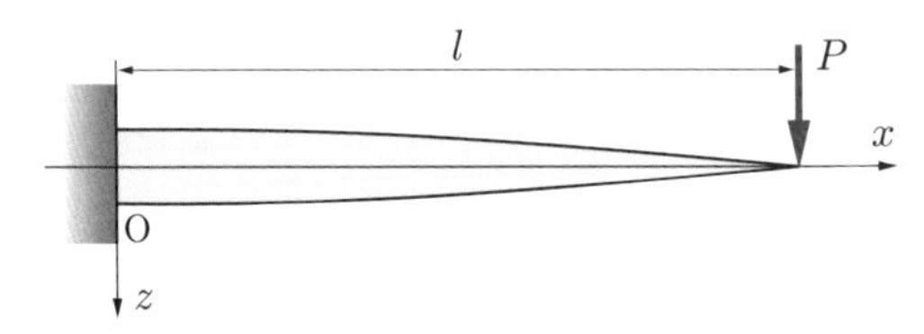

第9章　静定はりのたわみ

本章では，はりに横荷重やモーメントが作用する場合に生じる変形，すなわちたわみを解析する手法を取り扱う．はりのたわみに関する微分方程式を解く手順について説明するとともに，典型的な静定問題についてその具体的な解析手順を示す．

9.1　たわみの微分方程式

図 9.1 に示されるように，座標 x を水平方向に，座標 z を紙面下向きにとり，この平面内ではりの曲げ変形を考える．はりの中立面における z 軸方向の変位を**たわみ** (deflection) と定義し，記号 w を用いて表記する．

点 N, 点 N′ において中立面に対する法線，接線をとり，角度 θ_{N}, $\theta_{\mathrm{N'}}$, ϕ_{N}, $\phi_{\mathrm{N'}}$ を定義する．$\phi_{\mathrm{N}} = 90^\circ - \theta_{\mathrm{N}}$, $\phi_{\mathrm{N'}} = 90^\circ - \theta_{\mathrm{N'}}$ であることから，次式が成り立つ．

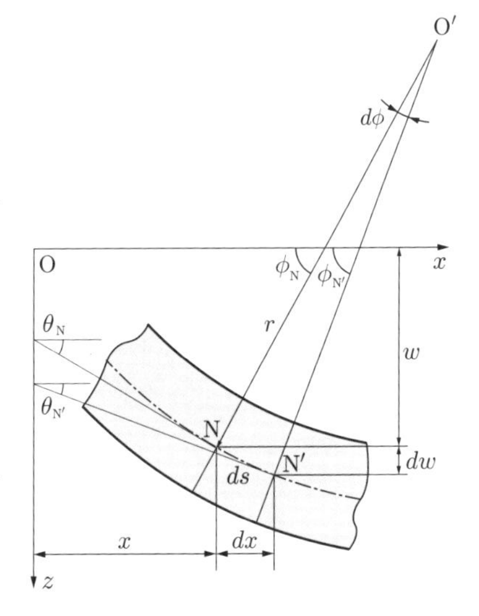

図 9.1　たわみ曲線の曲率

$$
\begin{aligned}
d\phi &= \phi_{\mathrm{N'}} - \phi_{\mathrm{N}} \\
&= (90^\circ - \theta_{\mathrm{N'}}) - (90^\circ - \theta_{\mathrm{N}}) = -(\theta_{\mathrm{N'}} - \theta_{\mathrm{N}}) = -d\theta
\end{aligned}
\tag{9.1}
$$

円弧 ds =NN′ における曲率半径を r とすれば，ds, r と $d\phi$, $d\theta$ の関係は，

$$
r d\phi = -r d\theta = ds, \quad \therefore \ \frac{1}{r} = -\frac{d\theta}{ds} \tag{9.2}
$$

一方，このはりにおけるたわみ曲線の傾き，すなわち**たわみ角** (slope) は，

$$\tan\theta = \frac{dw}{dx} \tag{9.3}$$

となる．上式の両辺を x で微分し，$\cos^2\theta = 1/(1+\tan^2\theta) = 1/(1+(dw/dx)^2)$ を考慮すると，

$$\frac{1}{\cos^2\theta}\frac{d\theta}{dx} = \frac{d^2w}{dx^2}, \quad \therefore\ d\theta = \cos^2\theta\frac{d^2w}{dx^2}dx = \frac{d^2w/dx^2}{1+(dw/dx)^2}dx \tag{9.4}$$

式 (9.2) に式 (9.4) を代入し，$ds = \sqrt{dx^2+dw^2}$ を考慮して整理すれば，

$$\frac{1}{r} = -\frac{d\theta}{ds} = -\frac{\dfrac{d^2w/dx^2}{1+(dw/dx)^2}dx}{\sqrt{dx^2+dw^2}} = -\frac{d^2w/dx^2}{\{1+(dw/dx)^2\}^{3/2}} \tag{9.5}$$

一般に，たわみ角 dw/dx は極めて小さいので，$(dw/dx)^2$ は高次の微小量として無視できる．よって，式 (9.5) は最終的に次式のように近似できる．

$$\frac{1}{r} = -\frac{d^2w}{dx^2} \tag{9.6}$$

上式を前章の式 (8.7) に代入すれば，**たわみの微分方程式** (differential equation of deflection) を以下のように得る．

$$\textbf{たわみの微分方程式}：EI\frac{d^2w}{dx^2} = -M(x) \tag{9.7}$$

上式 (9.7) がはりの曲げ問題の基礎式であり，はりのたわみを求めるうえで最も重要な式である．はりに対する荷重のつり合いとモーメントのつり合いから曲げモーメントの分布が求まれば，それを式 (9.7) の右辺に代入することによって解くべき微分方程式が得られる．得られた微分方程式を座標 x で積分し，はりの**境界条件** (boundary condition) を与えることによって積分定数を決定すれば，たわみ w が座標 x の関数として求められる．先に述べたように，たわみ w ははりの中立面の変形 (z 軸方向変位) を表し，はり理論において，たわみとその導関数であるたわみ角は微小量であることが仮定されている点に注意して欲しい[1]．

なお，たわみの微分方程式 (9.7) は2階の微分方程式であるから，決定すべき積分定数は2つである．これらの積分定数は，はり両端におけるたわみ w もしくはたわみ角 dw/dx の境界条件 (支持条件) によって決定される．

[1] 一般的に，はり理論の適用範囲は，はりの長さに対して数%程度までのたわみが上限になると考えてよい．

9.2 たわみの一般解と境界条件の適用

はじめに，図 9.2 で示されるような片持はりの曲げについて，たわみの微分方程式の解き方を説明する．片持はりについては，すでに第 7.5 節において SFD と BMD を求めているので，ここでは曲げモーメントの分布が求められたあとの解析手順について示す．

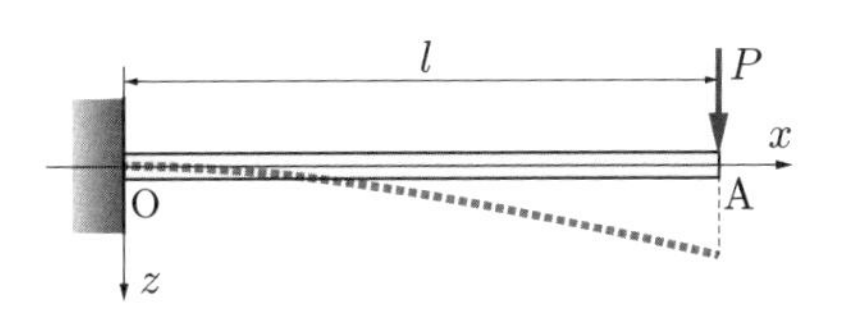

図 9.2 集中荷重を受ける片持はり

先端に荷重 P が作用する片持はりにおける曲げモーメントの分布は第 7 章の式 (7.2) より，次式で与えられる．

$$M(x) = -P(l - x) \tag{9.8}$$

上式で与えられる曲げモーメントをたわみの微分方程式 (9.7) の右辺に代入すれば，解くべき微分方程式は以下のようになる．

$$EI\frac{d^2w}{dx^2} = P(l - x) \tag{9.9}$$

上式を座標 x で積分すると，

$$EI\frac{dw}{dx} = -\frac{1}{2}Px^2 + Plx + C_1' \tag{9.10}$$

さらに x で積分すると，

$$EIw = -\frac{1}{6}Px^3 + \frac{1}{2}Plx^2 + C_1'x + C_0' \tag{9.11}$$

ここで，積分定数を $C_1' \to C_1$，$C_0' \to C_0$ のように置き換えれば[2]，

$$w(x) = -\frac{P}{6EI}(x^3 - 3lx^2 + C_1x + C_0) \tag{9.12}$$

となり，はりのたわみの一般解が得られる．

ここで，決定すべき積分定数は C_1 と C_0 の 2 つであるから，積分定数を決定するための境界条件は 2 つ必要となる．境界条件には，はりの両端 (もしくはたわみが定義される区間の両端) におけるたわみ，もしくはたわみ角の条件を与えればよい．片持はりの場合，固定端 ($x = 0$) でのたわみが 0 となるので，

$$w(x)|_{x=0} = -\frac{P}{6EI}C_0 = 0, \quad \therefore\ C_0 = 0 \tag{9.13}$$

[2]実際には $C_1 = -6EIC_1'/P$，$C_0 = -6EIC_0'/P$ として置き換えているが，積分定数は任意の定数であるので，具体的な置き換えの式は意識しなくてもよい．

また，固定端 $(x = 0)$ においては角度の変化が生じないため，たわみ角も 0 となる．

$$\left.\frac{dw}{dx}\right|_{x=0} = -\frac{P}{6EI}(3x^2 - 6lx + C_1)\Big|_{x=0}$$
$$= -\frac{P}{6EI}C_1 = 0, \quad \therefore \ C_1 = 0 \tag{9.14}$$

結果的に，2つの積分定数はともに 0 となるから，片持はりのたわみの分布が以下のように求められる．

$$w(x) = \frac{P}{6EI}(3lx^2 - x^3) \tag{9.15}$$

上式より，はりの先端 $(x = l)$ でたわみは最大となり，$w_{\max} = Pl^3/3EI$ となる．

例題 9.1　一次関数状の分布荷重を受ける両端単純支持はり

両端を単純支持された長さ l のはりに一次関数状の分布荷重 $q(x) = q_0(l - x)/l$ が作用している．はりの断面は幅 b，高さ h の長方形であり，ヤング率は E である．たわみの分布を座標 x の関数として求めよ．

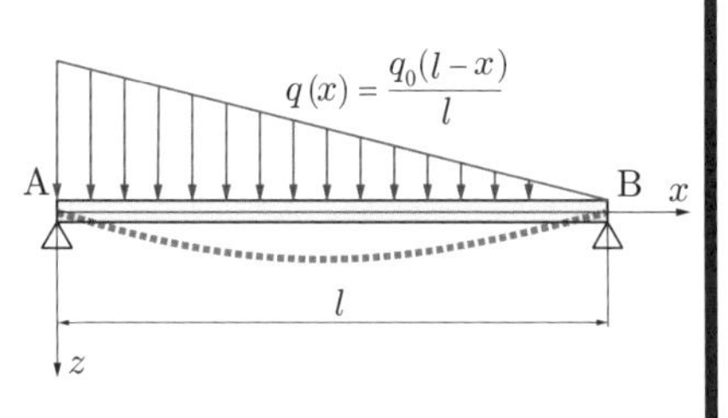

解答例

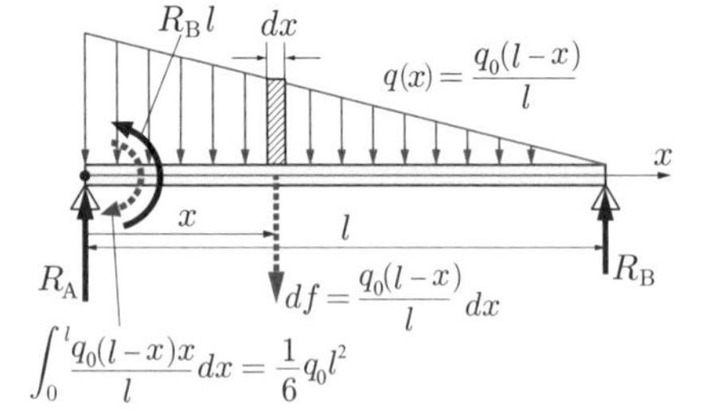

分布荷重の合力は，

$$f = \int_0^l q(x)dx = \int_0^l \frac{q_0(l-x)}{l}dx$$
$$= \left[\frac{-q_0(l-x)^2}{2l}\right]_0^l = \frac{1}{2}q_0 l \tag{a}$$

左右の支点における反力を R_A，R_B とおくと，上下方向の力のつり合い式は，

$$R_A + R_B = f, \quad \therefore \ R_A + R_B = \frac{1}{2}q_0 l \tag{b}$$

次に，左端におけるモーメントのつり合いについて考える．座標 x の位置における分布荷重 $q(x)$ が幅 dx の微小要素に作用する荷重を求めると，

$$df = q(x)dx = \frac{q_0(l-x)}{l}dx \tag{c}$$

この微小荷重 df がはりの左端に及ぼす微小モーメントは，荷重の大きさ $df\times$ 距離 x であるから，

$$d\bar{M} = df \times x = \frac{q_0(l-x)x}{l}dx \tag{d}$$

はり全体 $(0 \leq x \leq l)$ における $d\bar{M}$ の総和を以下の積分により計算すると，分布荷重によって左端に作用するモーメントが以下のように求められる[3].

$$\bar{M} = \int d\bar{M} = \int_0^l \frac{q_0(l-x)x}{l}dx = \left[\frac{q_0x^2}{2} - \frac{q_0x^3}{3l}\right]_0^l = \frac{1}{6}q_0l^2 \tag{e}$$

右端の反力 R_{B} が左端に及ぼすモーメントは $\hat{M} = R_{\mathrm{B}}l$ である．上記 $\bar{M} = q_0l^2/6$ が逆向きであることに注意すると，左端におけるモーメントのつり合いは，

$$R_{\mathrm{B}}l - \frac{1}{6}q_0l^2 = 0, \quad \therefore R_{\mathrm{B}} = \frac{1}{6}q_0l \tag{f}$$

上記 R_{B} を式 (b) に代入すれば，

$$R_{\mathrm{A}} + \frac{1}{3}q_0l = \frac{1}{2}q_0l, \quad \therefore R_{\mathrm{A}} = \frac{1}{3}q_0l \tag{g}$$

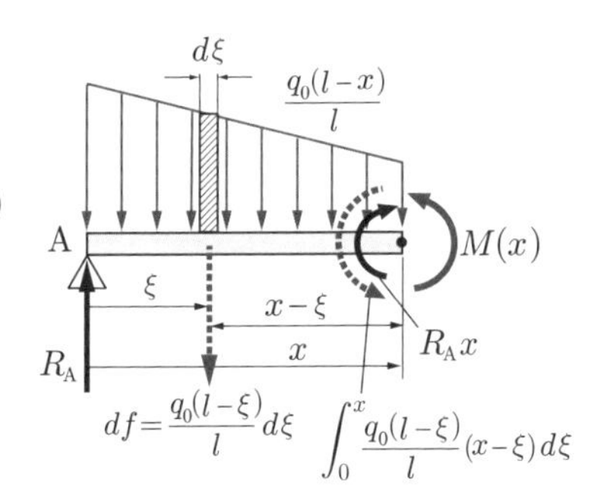

座標 x の位置ではりを切断し，切断した座標 x の位置に左側から作用するモーメントについて考える．左端の集中荷重 R_{A} によるモーメントの寄与は，

$$\hat{M} = R_{\mathrm{A}}x = \frac{1}{3}q_0lx \tag{h}$$

次に，分布荷重により座標 x の位置に及ぼされるモーメントについて考える．新たに座標 $\xi\,(0 \leq \xi \leq x)$ を定義し，座標 ξ の位置において幅 $d\xi$ の微小要素を考える．この微小要素に作用する荷重は，

$$df = q(\xi)d\xi = \frac{q_0(l-\xi)}{l}d\xi \tag{i}$$

この微小荷重 df が座標 x の位置に作用するモーメントを計算すると，

$$d\bar{M} = df \times (x-\xi) = \frac{q_0}{l}(l-\xi)(x-\xi)d\xi \tag{j}$$

よって，分布荷重によるモーメントの寄与が以下の積分により求められる．

$$\bar{M} = \int d\bar{M} = \int_0^x \frac{q_0}{l}(l-\xi)(x-\xi)d\xi = \frac{q_0}{6l}(3lx^2 - x^3) \tag{k}$$

座標 x においてはりの左側から作用するモーメントは左端の反力による寄与 $\hat{M}$ と

---

[3] ここでは分布荷重によるモーメントを積分により計算しているが，第 7 章のコラムで述べた面積モーメント法を用いて評価してもよい．

分布荷重による寄与 $\bar{M}$ であるが，$\bar{M}$ の作用方向が逆向きであるので，

$$M(x) = \hat{M} - \bar{M} = \frac{1}{3}q_0 lx - \frac{q_0}{6l}(3lx^2 - x^3) = \frac{q_0}{6l}(x^3 - 3lx^2 + 2l^2 x) \tag{l}$$

以上のように，はりの曲げモーメントの分布 $M(x)$ が求められた．断面二次モーメントを I とおくと，たわみの微分方程式は，

$$EI\frac{d^2w}{dx^2} = -\frac{q_0}{6l}(x^3 - 3lx^2 + 2l^2 x) \tag{m}$$

上式を座標 x で 2 回積分して整理すると，以下のようなたわみの一般解を得る．

$$w(x) = -\frac{q_0}{360EIl}(3x^5 - 15lx^4 + 20l^2x^3 + C_1 x + C_0) \tag{n}$$

はりの左端 $x = 0$ においてたわみが 0 であることから，

$$w(x)|_{x=0} = -\frac{q_0}{360EIl}C_0 = 0, \quad \therefore\ C_0 = 0 \tag{o}$$

さらに，右端 $x = l$ においてもたわみが 0 であることから，

$$w(x)|_{x=l} = -\frac{q_0}{360EIl}(3l^5 - 15l^5 + 20l^5 + C_1 l) = 0, \quad \therefore\ C_1 = -8l^4 \tag{p}$$

得られたたわみの式に断面二次モーメント $I = bh^3/12$ を代入すれば，最終的にたわみの分布が以下のように得られる．

$$w(x) = -\frac{q_0}{30Ebh^3 l}(3x^5 - 15lx^4 + 20l^2x^3 - 8l^4x) \cdots (答)$$

9.3　はりを分割して解く場合について

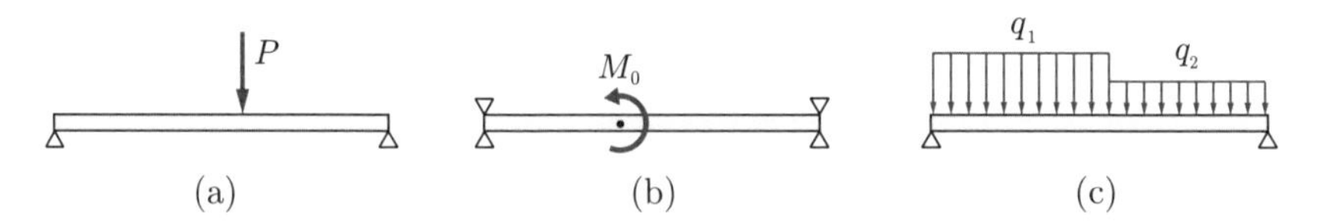

図 9.3　はりを分割してたわみを求める場合の例

第 7 章の例題 7.2 では，両端を単純支持されたはりに集中荷重が作用する場合について，曲げモーメントとせん断力の分布をそれぞれ求めた．この問題では，はり全体の曲げモーメントの分布を一つの関数として表すことができないため，荷重点の左側と右側ではりを分け，それぞれのはりに対して別の微分方程式を解かねばならない．このように，はりを分割して解く場合の例を図 9.3 に示しておく．

図 9.3(a) は既に述べたように，はりの**スパン** (span)[4]内に集中荷重が作用する場合である．(b) は集中モーメントが作用する場合であり，モーメントの作用点において曲げモーメントの分布が不連続となる．(c) は分布荷重を表す関数が不連続となり，一つの式で表せない場合であり，それぞれの区間でたわみの微分方程式を解く必要がある．

ここではまず図 9.4 に示される単純支持はりの場合を例にとり，はりを分割してたわみを求める場合の解き方を説明する．既に第 7 章の例題 7.2 で述べたように，荷重点の左側 $(0 \leq x \leq a)$ と右側 $(a \leq x \leq l)$ における曲げモーメントの分布は以下のようになる．

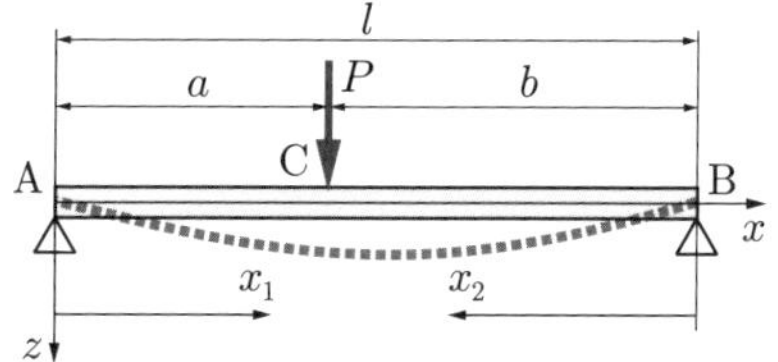

図 9.4 集中荷重を受ける両端単純支持はり

$$M(x) = \begin{cases} \dfrac{Pbx}{l} & (0 \leq x \leq a) \\ \dfrac{Pa(l-x)}{l} & (a \leq x \leq l) \end{cases} \tag{9.16}$$

ここで，はりの左端より右向きに座標 $x_1(=x)$，はりの右端より左向きに座標 $x_2(=l-x)$ を定義し，AC 間の曲げモーメントを $M_1(x_1)$，BC 間の曲げモーメントを $M_2(x_2)$ に書き換える．

$$M_1(x_1) = \frac{Pbx_1}{l} \quad (0 \leq x_1 \leq a) \tag{9.17}$$

$$M_2(x_2) = \frac{Pax_2}{l} \quad (0 \leq x_2 \leq b) \tag{9.18}$$

すなわち，集中荷重が作用している点 C において，左側 (長さ a) と右側 (長さ b) の 2 つの部分に分けてたわみの微分方程式を解く．左側のはりにおけるたわみを w_1，右側のはりにおけるたわみを w_2 として，それぞれ座標 x_1，x_2 の関数として定義する．w_1 と w_2 に関するたわみの微分方程式は以下の 2 式となる．

$$EI\frac{d^2w_1}{dx_1^2} = -\frac{Pb}{l}x_1 \quad (0 \leq x_1 \leq a) \tag{9.19}$$

$$EI\frac{d^2w_2}{dx_2^2} = -\frac{Pa}{l}x_2 \quad (0 \leq x_2 \leq b) \tag{9.20}$$

それぞれ座標 x_1，x_2 で 2 回積分して整理すれば，

[4]**スパン**とは，はりにおいて支持部と支持部に挟まれた部分を指す．

$$w_1(x_1) = -\frac{Pb}{6EIl}(x_1^3 + C_1 x_1 + C_0) \tag{9.21}$$

$$w_2(x_2) = -\frac{Pa}{6EIl}(x_2^3 + D_1 x_2 + D_0) \tag{9.22}$$

ここで，C_0, C_1, D_0, D_1 は積分定数であり，境界条件により決定される．$x_1 = 0$ および $x_2 = 0$ においてたわみが 0 となる条件より，$C_0 = 0$，$D_0 = 0$ となる．残る C_1，D_1 は，2つのはりの連続条件によって決定することができる．荷重点における2つのはりのたわみは，

$$w_1(x_1)|_{x_1=a} = -\frac{Pb}{6EIl}(a^3 + C_1 a) \tag{9.23}$$

$$w_2(x_2)|_{x_2=b} = -\frac{Pa}{6EIl}(b^3 + D_1 b) \tag{9.24}$$

これらのたわみは等しいので，

$$ab(a^2 + C_1) = ab(b^2 + D_1), \quad \therefore\ a^2 + C_1 = b^2 + D_1 \tag{9.25}$$

さらに荷重点 $(x_1 = a,\ x_2 = b)$ における2つのはりのたわみ角を求めると，

$$\left.\frac{dw_1}{dx_1}\right|_{x_1=a} = -\frac{Pb}{6EIl}(3a^2 + C_1) \tag{9.26}$$

$$\left.\frac{dw_2}{dx_2}\right|_{x_2=b} = -\frac{Pa}{6EIl}(3b^2 + D_1) \tag{9.27}$$

ここで，座標 x_1，x_2 が逆向きであることに注意すると，2つのたわみ角は大きさが等しく，符号は逆であるので，

$$\left.\frac{dw_1}{dx_1}\right|_{x_1=a} = -\left.\frac{dw_2}{dx_2}\right|_{x_2=b}, \quad \therefore\ -b(3a^2 + C_1) = a(3b^2 + D_1) \tag{9.28}$$

となり，式 (9.25) と式 (9.28) を連立して解けば，積分定数 C_1，D_1 が以下のように求まる．

$$C_1 = -(a^2 + 2ab), \quad D_1 = -(2ab + b^2) \tag{9.29}$$

よって，AC 間 $(0 \leq x_1 \leq a)$，BC 間 $(a \leq x_2 \leq l)$ におけるたわみが以下のように求められる．なお，たわみ w_1 における x_1 を x に，たわみ w_2 における x_2 を $l - x$ に置き換えて，たわみをすべて座標 x の関数として示した．

$$w(x) = \begin{cases} -\dfrac{Pb}{6EIl}x\left\{x^2 - a(a + 2b)\right\} & (0 \leq x \leq a) \\[2ex] -\dfrac{Pa}{6EIl}(l - x)\left\{(l - x)^2 - b(2a + b)\right\} & (a \leq x \leq l) \end{cases} \tag{9.30}$$

例題 9.2　集中モーメントを受ける両端単純支持はり

両端を単純支持された長さ l のはりの左端から a, 右端から b の位置に反時計回りの集中モーメント M_0 が作用している．はりの断面二次モーメントは I，ヤング率は E である．このはりに生じるたわみを座標 x の関数として求めよ．

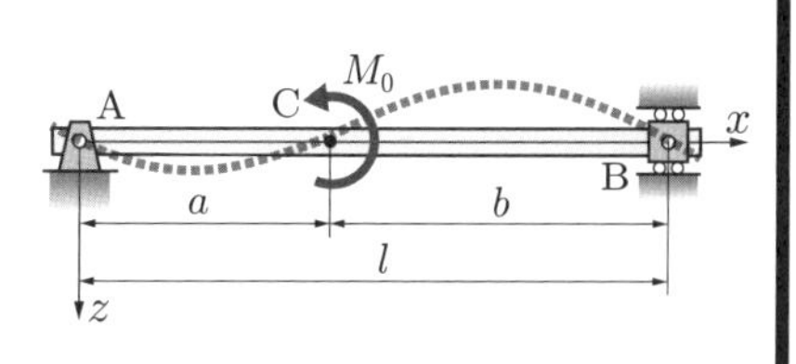

解答例

集中モーメントの作用点 C において 2 つのはりに分けて考える．支点 A，B における反力 (上向きを正とする) をそれぞれ R_A，R_B とおくと，上下方向の力のつり合いより，

$$R_A + R_B = 0 \tag{a}$$

反時計回りを正として，点 C におけるモーメントのつり合いを考えれば，

$$M_0 - R_A a + R_B b = 0 \tag{b}$$

これら 2 式より，支持反力 R_A，R_B が以下のように求められる．

$$R_A = \frac{M_0}{a+b} = \frac{M_0}{l}, \quad R_B = -R_A = -\frac{M_0}{l} \tag{c}$$

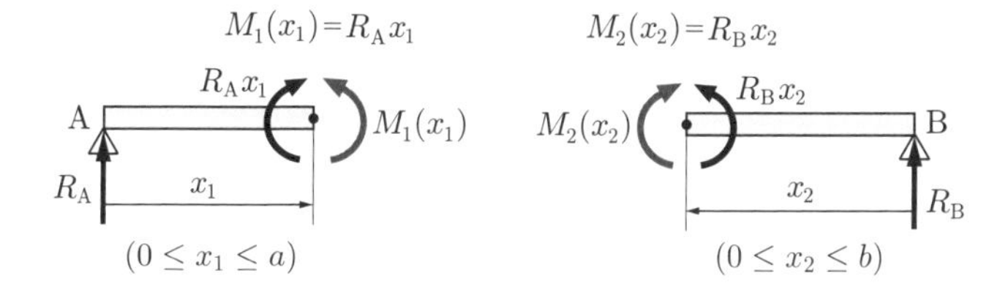

はりの左端より右向きに座標 $x_1(= x)$ を，右端より左向きに座標 $x_2(= l - x)$ をとり，AC 間 $(0 \leq x_1 \leq a)$ における曲げモーメント $M_1(x_1)$, BC 間 $(0 \leq x_2 \leq b)$ における曲げモーメント $M_2(x_2)$ を考えると，

$$M_1(x_1) = R_A x_1 = \frac{M_0 x_1}{l} \qquad (0 \leq x_1 < a) \tag{d}$$

$$M_2(x_2) = R_B x_2 = -\frac{M_0 x_2}{l} \qquad (0 \leq x_2 < b) \tag{e}$$

AC 間 $(0 \leq x_1 \leq a)$ においてたわみ w_1 を，BC 間 $(0 \leq x_2 \leq b)$ においてたわみ w_2 を定義すれば，たわみ w_1，w_2 に関する微分方程式は以下のようになる．

$$EI\frac{d^2w_1}{dx_1^2} = -\frac{M_0}{l}x_1 \quad (0 \leq x_1 < a) \tag{f}$$

$$EI\frac{d^2w_2}{dx_2^2} = \frac{M_0}{l}x_2 \quad (0 \leq x_2 < b) \tag{g}$$

それぞれ座標 x_1，x_2 で 2 回積分して整理すれば，

$$w_1(x_1) = -\frac{M_0}{6EIl}(x_1^3 + C_1x_1 + C_0) \tag{h}$$

$$w_2(x_2) = \frac{M_0}{6EIl}(x_2^3 + D_1x_2 + D_0) \tag{i}$$

$x_1 = 0$，$x_2 = 0$ にてたわみが 0 となることより，C_0，D_0 が以下のように決まる．

$$C_0 = 0, \quad D_0 = 0 \tag{j}$$

点 C において 2 つのたわみ w_1, w_2 が等しいので，式 (h) に $x_1 = a$ を，式 (i) に $x_2 = b$ を代入した結果より，

$$-(a^3 + C_1a) = b^3 + D_1b \tag{k}$$

式 (h)，(i) をそれぞれ x_1，x_2 で微分してたわみ角を求めると，

$$\frac{dw_1}{dx_1} = -\frac{M_0}{6EIl}(3x_1^2 + C_1) \tag{l}$$

$$\frac{dw_2}{dx_2} = \frac{M_0}{6EIl}(3x_2^2 + D_1) \tag{m}$$

$x_1 = a$，$x_2 = b$ における 2 つのたわみ角は大きさが等しく，正負が異なるので，

$$\left.\frac{dw_1}{dx_1}\right|_{x_1=a} = -\left.\frac{dw_2}{dx_2}\right|_{x_2=b}, \quad \therefore\ 3a^2 + C_1 = 3b^2 + D_1 \tag{n}$$

式 (k)，(n) を連立させて解けば，

$$C_1 = 2b^2 - 2ab - a^2, \quad D_1 = 2a^2 - 2ab - b^2 \tag{o}$$

最終的に得られた C_0，C_1，D_0，D_1 を式 (h)，(i) に代入することにより，はり全体におけるたわみを以下のように得る．なお，たわみ w_1 における x_1 を x に，たわみ w_2 における x_2 を $l - x$ に置き換えて，たわみを座標 x の関数として示した．

$$w(x) = \begin{cases} -\dfrac{M_0}{6EIl}x\left\{x^2 + (2b^2 - 2ab - a^2)\right\} & (0 \leq x \leq a) \\ \dfrac{M_0}{6EIl}(l - x)\left\{(l - x)^2 + (2a^2 - 2ab - b^2)\right\} & (a \leq x \leq l) \end{cases} \quad \cdots(\text{答})$$

演習問題 9.1：両端にモーメントが作用する単純支持はり

単純支持された左右の支持点にモーメント M_A，$M_B(M_B > M_A)$ が作用しているはりに生じるたわみの分布を求めよ．はりのヤング率は E，長さは l，断面二次モーメントは I である．

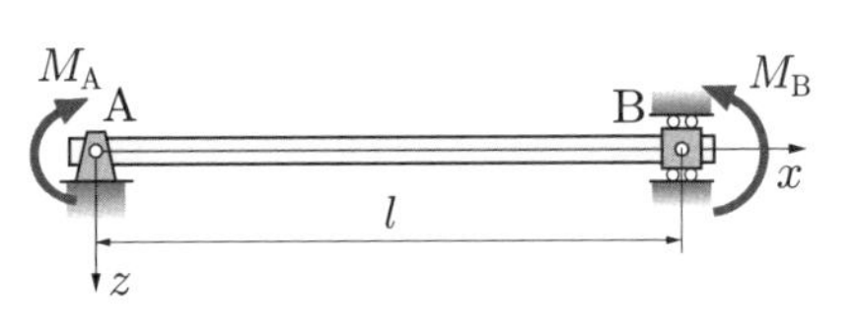

演習問題 9.2：分布荷重が作用する片持はり

一次関数状の分布荷重が作用している片持はりに生じるたわみの分布を求めよ．はりのヤング率は E，長さは l，断面は長方形で，幅 b，高さ h である．

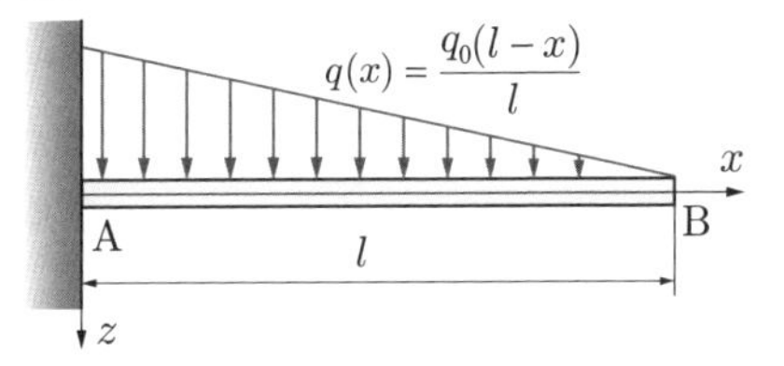

演習問題 9.3：区分的な分布荷重が作用する両端単純支持はり

両端が単純支持された長さ 400 mm，幅 20 mm，高さ 5 mm，ヤング率 210 GPa のはりに対して，図のように BC 間に大きさ 800 N/m の等分布荷重が作用している．はりの中点 O におけるはりのたわみを求めよ．

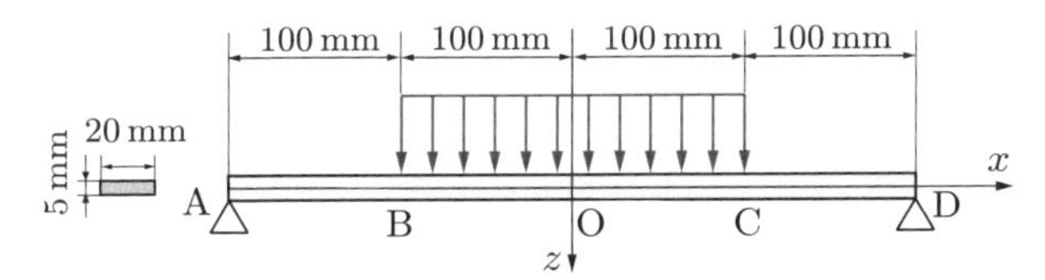

演習問題 9.4：分布荷重と集中荷重を受ける単純支持はり

はりの左端 A，中点 B が単純支持されており，A–B 間に等分布荷重 q が，右端に集中荷重 P が作用している．はりのヤング率は E，長さは $2l$，はりの断面は円形であり，その直径は D である．AB 間，BC 間のたわみを座標 x の関数として求めよ．

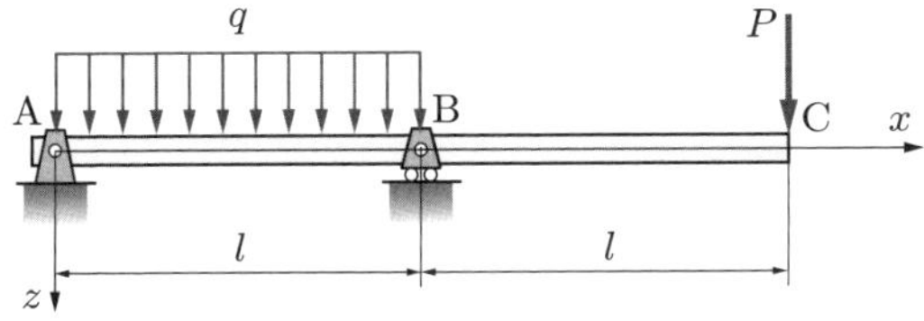

～はりの曲げ・たわみの章における座標，記号等について～

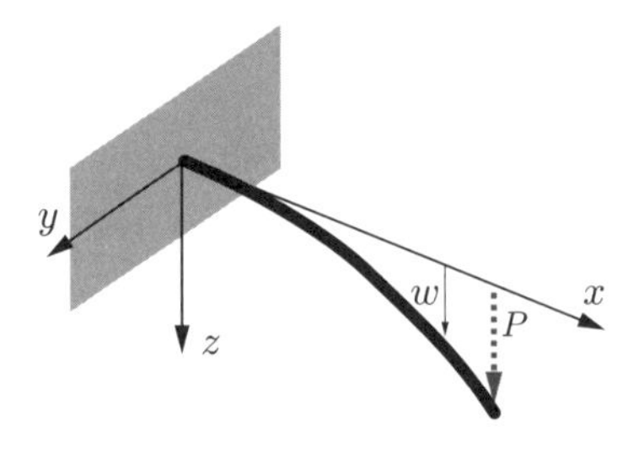

本書では，代表的な材料力学の教科書と同様に，はりの変位＝たわみの正方向を重力が作用する方向にあわせて鉛直下向きにとっているが，鉛直上向きにたわみの正方向を定義する教科書もある．多くの教科書や技術資料において，座標の設定やたわみ，曲げモーメント，せん断力の正方向の定義，さらには荷重，反力などに用いられる記号が異なる場合があるので，大学院入試や技術士試験などにおいても注意が必要である．

本書では，はりの曲げ問題において水平面内に x-y 軸を定義し，鉛直下向きのたわみの正方向に座標 z を定義している．たわみの方向に対する座標に y を用いる教科書も多いが，それらの教科書では，たわみそのものの変数に対しても y を用いており，これは混乱を招く恐れがある．断面二次モーメントの計算や横断面上のひずみ・応力の定義では，y がたわみではなく座標変数として用いられるためである．本書ではこの難点を避けるために，座標とたわみには異なる記号を用いて区別した．

ちなみに弾性力学では，座標 x，y，z の各方向への変位成分をそれぞれ，記号 u，v，w で表記することが多い．これは流体力学において各座標方向への流速を u，v，w と定義することと同様のルールである．本書では，z 軸方向への変位を意味するたわみの記号に w を用い，弾性力学や薄板の曲げ理論等における標準的な表記法に従った．

何れにしても，物体の力学的変形を数学によって記述する原理・理論がしっかり身についていれば，座標の定義や記号が少々異なっていたとしても特に大きな混乱はなく問題が解けることと思う．公式や計算式を暗記するのではなく，計算式導出の過程も含めた概念を基礎から理解することによって，材料力学におけるさまざまな問題に適応できる基礎力を身につけて頂ければ幸いである．

第10章　不静定はりのたわみ

前章までは，外力条件のみからせん断力や曲げモーメントの分布が求まる静定問題を扱った．本章では，はりの変形に関する条件を考えなければ支持部の反力やモーメントが求まらない不静定問題について，その解き方を解説する．

10.1　はりの不静定問題の解き方

通常，はりの曲げ問題では，支持部における反力や曲げモーメントを求めてからはりに生じる曲げモーメントの分布を求め，その結果を式 (9.7) のはりの微分方程式に代入して問題を解く．不静定問題では，はりに作用する横荷重とモーメントのつり合いを考えるだけでは支持部における反力や曲げモーメントがすべて求まらず，曲げモーメントの分布をあらかじめ決定することができない．すなわち，未知の反力やモーメント，すなわち不静定量を含んだままでたわみの微分方程式を解いたあとで，はりの境界条件 (支持条件) を適用して不静定量を決定する必要がある．

2 階の微分方程式を解くはりの曲げ問題では，未知の積分定数は 2 つであるが，不静定問題の場合はそれらに加えて支持部の曲げモーメントなどの不静定量が未知となる．つまり，2 つの積分定数に加えて，不静定量を決定するための境界条件をさらに追加してたわみの微分方程式を解くことになる．

はじめに，図 10.1 に示されるような両端を固定され，一様な分布荷重 q を受ける長さ l，ヤング率 E，断面二次モーメント I のはりについて考える．

境界条件，荷重条件ともに左右対称であるので，左右の固定端に生じる反力 R は等しい．分布荷重の合力 ql とはり両端における 2 つの反力 R がつり合うので，左右の固定端における反力は $R = ql/2$ となる．

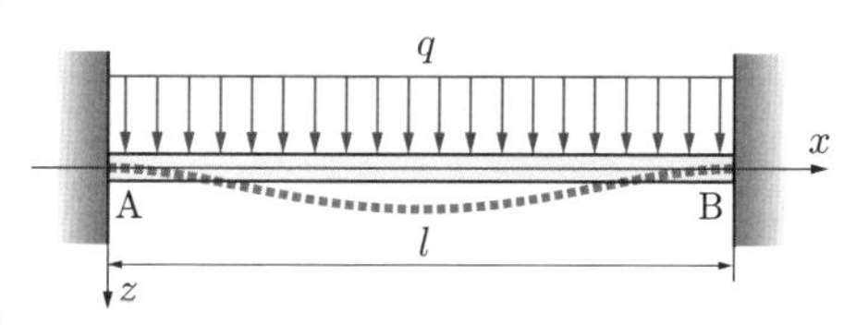

図 10.1　等分布荷重を受ける両端固定はり

左右の固定端に作用する曲げモーメントを M_0 とおく．はりの左端には，右端の反力 R によるモーメント Rl，分布荷重の合力 ql によるモーメント，左端および右端からの曲げモーメント M_0 がそれぞれ作用する．

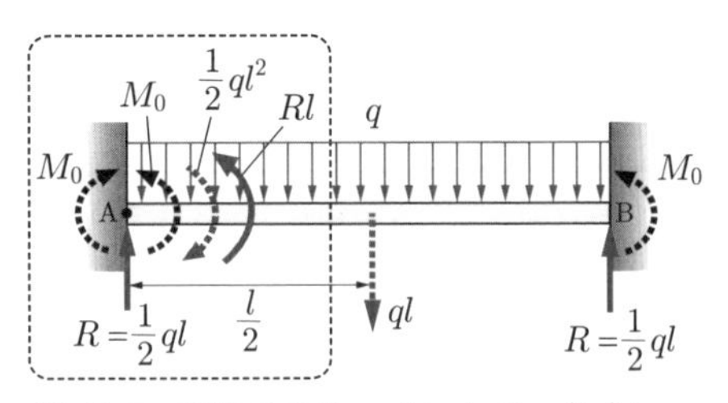

図 10.2 左端でのモーメントのつり合い

面積モーメント法を用いると，荷重図形の図心ははりの中央 $(x = l/2)$ であり，分布荷重の合力は ql であるから，図 10.2 に示されるように，分布荷重によってはりの左端に作用する曲げモーメントは $ql \times (l/2) = ql^2/2$ となる．反時計まわりを正として左端におけるモーメントのつり合いを考えれば，

$$M_0 - \frac{1}{2}ql^2 + Rl - M_0 = 0 \tag{10.1}$$

上式から明らかなように，左右の固定端におけるモーメント M_0 は互いに打ち消し合うのでモーメントのつり合いからは M_0 を求めることができない．すなわち，この問題は典型的な不静定問題であることがわかる．そこで，不静定量 M_0 を残したままで，はりの曲げモーメント $M(x)$ を表すことを考える．

図 10.3 のように，座標 x の位置において，はりの左側から作用するモーメントを考えると，左端に作用する M_0，支持反力により生じるモーメント $Rx = qlx/2$，分布荷重の合力 qx による寄与は面積モーメント法により $qx \times (x/2) = qx^2/2$ となる．これらが切断部右からのモーメント $M(x)$ とつり合うので，

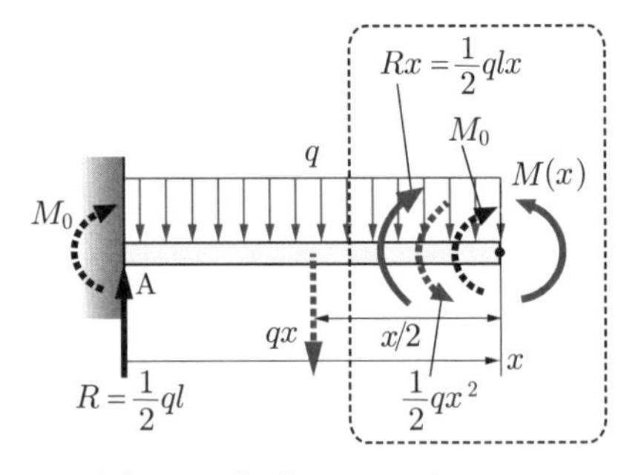

図 10.3 曲げモーメント $M(x)$

$$M(x) = M_0 + \frac{1}{2}qlx - \frac{1}{2}qx^2 \tag{10.2}$$

よって，たわみの微分方程式は以下のようになる．

$$EI\frac{d^2w}{dx^2} = \frac{1}{2}qx^2 - \frac{1}{2}qlx - M_0 \tag{10.3}$$

上式を座標 x で 2 回積分して整理すると，

$$w(x) = \frac{1}{24EI}(qx^4 - 2qlx^3 - 12M_0x^2 + C_1x + C_0) \tag{10.4}$$

$x = 0$ においてたわみ w が 0 となることより，$C_0 = 0$ となる．さらに，$x = 0$ においてたわみ角 dw/dx が 0 となることより，

$$\left.\frac{dw}{dx}\right|_{x=0} = \left.\frac{1}{24EI}(4qx^3 - 6qlx^2 - 24M_0x + C_1)\right|_{x=0}$$
$$= \frac{1}{24EI}C_1 = 0, \quad \therefore\ C_1 = 0 \tag{10.5}$$

はりの右端 $x = l$ において，たわみ w が 0 となる条件を適用すると，

$$w(x)|_{x=l} = \frac{1}{24EI}(ql^4 - 2ql^4 - 12M_0l^2) = 0 \tag{10.6}$$

上式より，不静定量 M_0 が以下のように求まる．

$$M_0 = -\frac{1}{12}ql^2 \tag{10.7}$$

よって，$C_0 = 0$，$C_1 = 0$，$M_0 = -ql^2/12$ を式 (10.4) に代入すれば，両端固定の一様分布荷重をうけるはりのたわみが以下のように求められる．

$$w(x) = \frac{q}{24EI}(x^4 - 2lx^3 + l^2x^2) \tag{10.8}$$

以上のように，不静定問題では不静定量を含んだ形で曲げモーメントの分布を座標の関数として表し，たわみの一般解を求めた後に境界条件を適用して，積分定数とともに不静定量を決定すればよい．

不静定問題では，最終的に不静定量が求められた後に曲げモーメントの分布が得られる．なお，式 (9.7) に従い，たわみを 2 回微分することによって曲げモーメントの分布を求めてもよい．曲げモーメントの分布が求まれば，静定問題と同様に，はりに生じる最大曲げ応力を評価することができる．

10.2　不静定問題の基本例題

例題 10.1　等分布荷重を受ける一端固定，他端単純支持はり

左端が固定され，右端が単純支持された長さ l，ヤング率 E，断面二次モーメント I のはりがある．はりの上面には等分布荷重 q が作用している．このはりのたわみを座標の関数として求めよ．

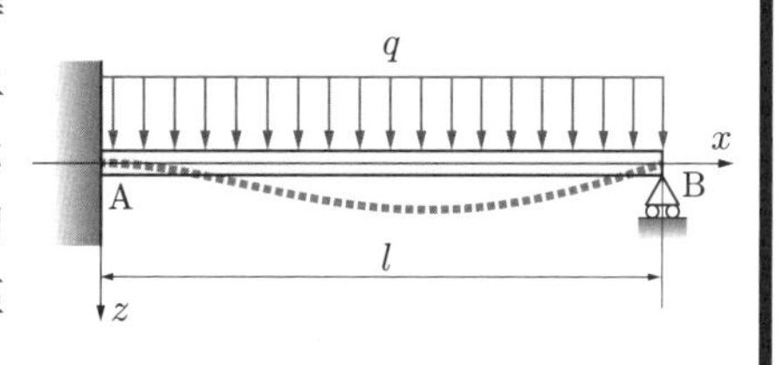

解答例

はりの左端における反力を R_A，右端における反力を R_B，左端に作用する曲げモーメントを M_0 とおく．上下方向の荷重のつり合いを考えると，

$$R_\mathrm{A} + R_\mathrm{B} = ql \tag{a}$$

右端の反力 R_B が左端に及ぼすモーメントの大きさは $R_\mathrm{B}l$ である．分布荷重の合力は ql であり，荷重図形の図心 (はりの中央) から左端までの距離は $l/2$ であるから，面積モーメント法を用いれば分布荷重が左端に及ぼすモーメントの大きさは $ql^2/2$ となることがわかる．よって，はりの左端におけるモーメントのつり合いは次式で表される．

$$R_\mathrm{B}l - \frac{1}{2}ql^2 = M_0 \tag{b}$$

式 (a), (b) より，支持反力 R_A，R_B を不静定量 M_0 を用いて表すと，

$$R_\mathrm{A} = \frac{1}{2}ql - \frac{M_0}{l} \tag{c}$$

$$R_\mathrm{B} = \frac{1}{2}ql + \frac{M_0}{l} \tag{d}$$

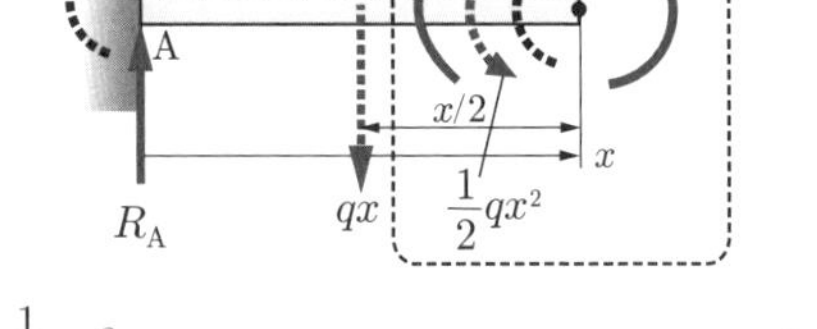

右図のように，はりを座標 x の位置で切断し，切断された位置における曲げモーメント $M(x)$ を考える．切断位置におけるモーメントのつり合いを考えると，

$$M(x) = M_0 + R_\mathrm{A}x - qx \times \frac{1}{2}x$$

$$\therefore\ M(x) = M_0 + \left(\frac{1}{2}ql - \frac{M_0}{l}\right)x - \frac{1}{2}qx^2 \tag{e}$$

よって，たわみの微分方程式は，

$$EI\frac{d^2w}{dx^2} = \frac{1}{2}qx^2 + \left(\frac{M_0}{l} - \frac{1}{2}ql\right)x - M_0 \tag{f}$$

上式を座標 x で2回積分して整理すると，

$$w(x) = \frac{1}{24EI}\left\{qx^4 + 4\left(\frac{M_0}{l} - \frac{1}{2}ql\right)x^3 - 12M_0x^2 + C_1x + C_0\right\} \tag{g}$$

$x = 0$ でたわみ w が0，たわみ角 dw/dx が0となることから，

$$C_1 = 0, \quad C_0 = 0 \tag{h}$$

また，$x = l$ においてたわみ w が0となることより，

$$w(x)|_{x=l} = \frac{1}{24EI}\left\{ql^4 + 4\left(\frac{M_0}{l} - \frac{1}{2}ql\right)l^3 - 12M_0l^2\right\} = 0$$

$$\therefore\ M_0 = -\frac{1}{8}ql^2 \tag{i}$$

式 (i) を式 (c), (d) に代入して反力 R_A, R_B を求めれば,

$$R_\mathrm{A} = \frac{5}{8}ql, \quad R_\mathrm{B} = \frac{3}{8}ql \tag{j}$$

式 (i) を式 (g) に代入すれば，たわみの分布が以下のように求められる.

$$w(x) = \frac{q}{48EI}(2x^4 - 5lx^3 + 3l^2x^2) \ \cdots \ (答)$$

例題 10.2 集中荷重を受ける一端固定，他端単純支持はり

左端を単純支持, 右端を固定された長さ l, ヤング率 E, 断面二次モーメント I のはりにおいて，はりの中央に大きさ P の集中荷重が作用している．このはりのたわみを座標 x の関数として求めよ.

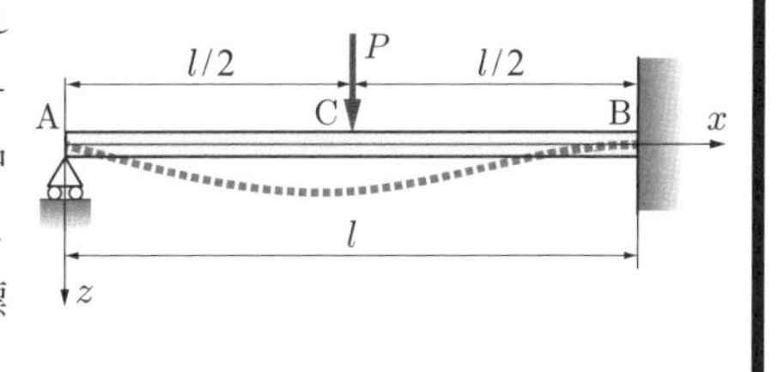

解答例

はりの左端に作用する反力を R_A，右端に作用する反力を R_B，右端に生じる曲げモーメントを不静定量として M_0 とおく．上下方向の荷重のつり合いより,

$$R_\mathrm{A} + R_\mathrm{B} = P \tag{a}$$

はりの右端に関するモーメントのつり合いを考えると,

$$R_\mathrm{A}l - \frac{1}{2}Pl = M_0 \tag{b}$$

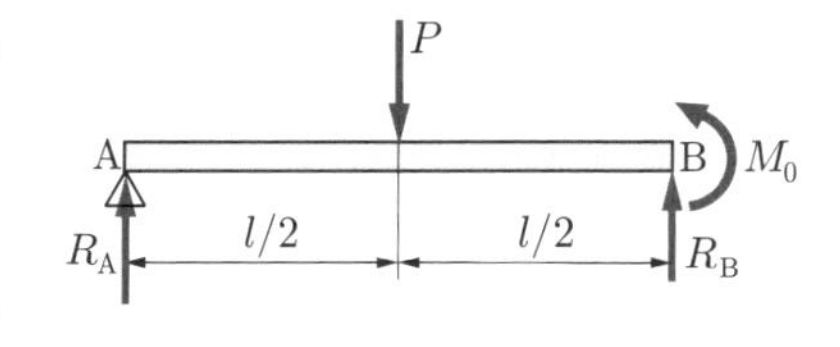

式 (a), (b) より，支持反力 R_A, R_B を荷重 P と不静定量 M_0 を用いて表すと,

$$R_\mathrm{A} = \frac{P}{2} + \frac{M_0}{l}, \quad R_\mathrm{B} = \frac{P}{2} - \frac{M_0}{l} \tag{c}$$

はりの中間部において集中荷重が作用する問題なので，集中荷重の作用点ではりを分割し，分割されたそれぞれのはりに対して微分方程式を解く．はりの左端より座標 $x_1(=x)$ を，右端より左向きに座標 $x_2(=l-x)$ を定義して，区間 $(0 \le x_1 \le l/2)$ におけるたわみを w_1，区間 $(0 \le x_2 \le l/2)$ におけるたわみを w_2 と定義する.

区間 $(0 \leq x_1 \leq l/2)$ における曲げモーメントは，はり左端における反力 R_A に距離 x を乗じたものとなるから，結果的に $M_1(x_1)$ は次式となる (右図参照).

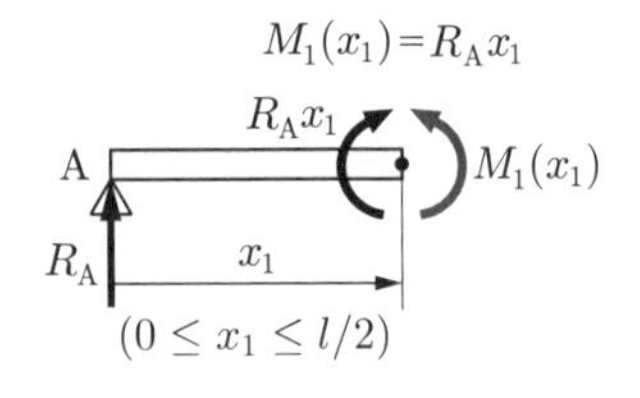

$$M_1(x_1) = R_A x_1 = \left(\frac{P}{2} + \frac{M_0}{l}\right)x_1 \qquad \text{(d)}$$

よって，たわみの微分方程式の右辺に $M_1(x_1)$ を代入して，

$$EI\frac{d^2w_1}{dx_1^2} = -\left(\frac{P}{2} + \frac{M_0}{l}\right)x_1 \qquad \text{(e)}$$

上式を座標 x で 2 回積分して整理すると，

$$w_1(x_1) = -\frac{1}{6EI}\left\{\left(\frac{P}{2} + \frac{M_0}{l}\right)x_1^3 + C_1x_1 + C_0\right\} \qquad \text{(f)}$$

他方，区間 $(0 \leq x_2 \leq l/2)$ における曲げモーメント $M_2(x_2)$ は，右図のように，はりの右端における反力 R_B によるモーメント R_Bx_2 と，固定端に作用する曲げモーメント M_0 の和となるから，

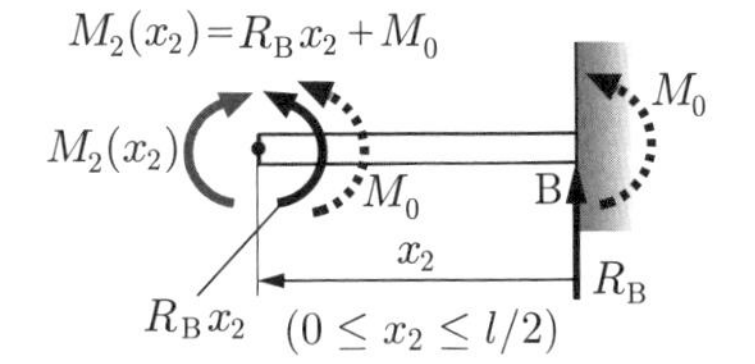

$$M_2(x_2) = R_Bx_2 + M_0 = \left(\frac{P}{2} - \frac{M_0}{l}\right)x_2 + M_0 \qquad \text{(g)}$$

よって，たわみ w_2 に関する微分方程式は，

$$EI\frac{d^2w_2}{dx_2^2} = -\left(\frac{P}{2} - \frac{M_0}{l}\right)x_2 - M_0 \qquad \text{(h)}$$

上式を座標 x_2 で 2 回積分して整理すると，

$$w_2(x_2) = -\frac{1}{6EI}\left\{\left(\frac{P}{2} - \frac{M_0}{l}\right)x_2^3 + 3M_0x_2^2 + D_1x_2 + D_0\right\} \qquad \text{(i)}$$

まず，たわみ w_1 に関する境界条件について考える．$x_1 = 0$ で $w_1 = 0$ より，式 (f) に $x = 0$ を代入すれば，結果的に $C_0 = 0$ となる．たわみ w_2 については，$x_2 = 0$ において $w_2 = 0$ であることより，同様に $D_0 = 0$ となる．さらにはりの右端 $(x_2 = 0)$ においてたわみ角 dw_2/dx_2 が 0 となるので，$D_1 = 0$ となる．

この段階で，未定係数 C_1 と不静定量 M_0 が未知のままである．これら 2 つの未知量は，左右のはりのたわみに関する連続条件によって決定できる．$x_1 = l/2$, $x_2 = l/2$ におけるたわみ w_1 と w_2 が等しいことから，式 (f), (i) より，

$$\left(\frac{P}{2} + \frac{M_0}{l}\right)\frac{l^3}{8} + \frac{1}{2}C_1l = \left(\frac{P}{2} - \frac{M_0}{l}\right)\frac{l^3}{8} + \frac{3}{4}M_0l^2 \qquad \text{(j)}$$

式 (j) を整理すると，結果的に，

$$C_1 = M_0 l \tag{k}$$

式 (f) を座標 x_1 で，式 (i) を座標 x_2 で微分することにより，

$$\frac{dw_1}{dx_1} = -\frac{1}{6EI}\left\{3\left(\frac{P}{2} + \frac{M_0}{l}\right)x_1^2 + M_0 l\right\} \tag{l}$$

$$\frac{dw_2}{dx_2} = -\frac{1}{6EI}\left\{3\left(\frac{P}{2} - \frac{M_0}{l}\right)x_2^2 + 6M_0 x_2\right\} \tag{m}$$

$x_1 = l/2$，$x_2 = l/2$ において，左右のはりにおけるたわみ角は連続となる．ただし，座標 x_1, x_2 は逆向きに定義されているので，dw_1/dx_1 と dw_2/dx_2 は大きさが等しく，符号は反転する．

$$\left.\frac{dw_1}{dx_1}\right|_{x_1=l/2} = -\left.\frac{dw_2}{dx_2}\right|_{x_2=l/2} \tag{n}$$

式 (l) に $x_1 = l/2$，式 (m) に $x_2 = l/2$ を代入して式 (n) に代入すれば，

$$3\left(\frac{P}{2} + \frac{M_0}{l}\right)\frac{l^2}{4} + M_0 l = -3\left(\frac{P}{2} - \frac{M_0}{l}\right)\frac{l^2}{4} - 3M_0 l$$

$$\therefore\ M_0 = -\frac{3}{16}Pl \tag{o}$$

式 (o) を式 (k) に代入すれば，積分定数 C_1 が求められる．

$$C_1 = -\frac{3}{16}Pl^2 \tag{p}$$

最終的に，はりのたわみの分布を以下のように得る．ただし，$x_1 = x$，$x_2 = l - x$ と置き換えて，たわみをすべて座標 x の関数として示した．

$$w(x) = \begin{cases} -\dfrac{P}{96EI}(5x^3 - 3l^2 x) & (0 \leq x \leq l/2) \\ -\dfrac{P}{96EI}\left\{11(l-x)^3 - 9l(l-x)^2\right\} & (l/2 \leq x \leq l) \end{cases} \quad \cdots\ (答)$$

演習問題 10.1：集中荷重を受ける両端固定はり

両端が固定され，左端から a，右端から b の位置に集中荷重が作用しているはりに生じるたわみの分布を求めよ．なお，はりのヤング率は E，長さは l，断面二次モーメントは I である．

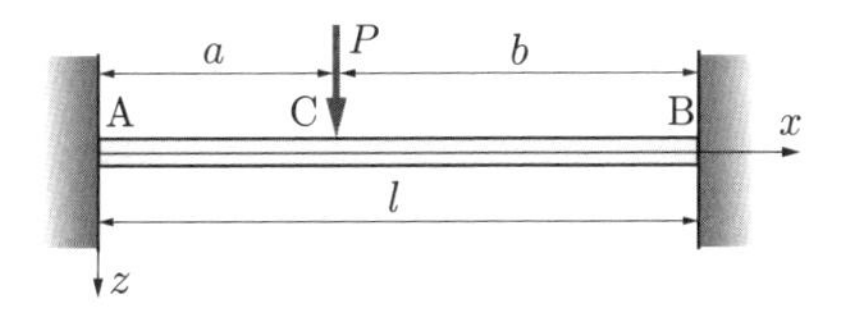

演習問題 10.2：集中モーメントを受ける両端固定はり

両端が固定され，左端から a，右端から b の位置に反時計まわりの集中モーメント M_0 が作用しているはりに生じるたわみの分布を求めよ．なお，はりのヤング率は E，長さは l，断面は円形でその直径は D である．

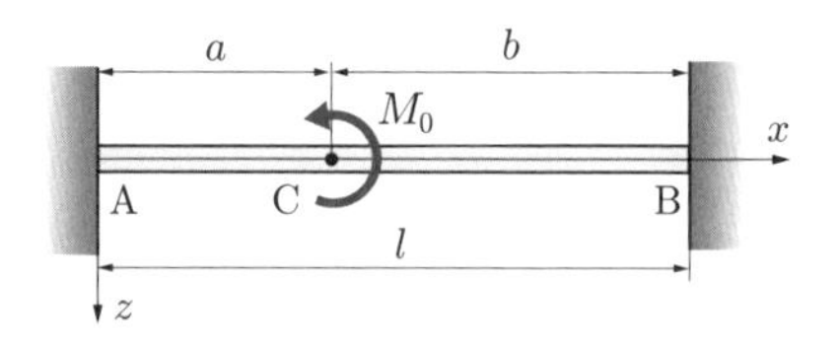

演習問題 10.3：部分的に分布荷重を受ける左端固定，右端単純支持はり

はりの左端が固定され，右端が単純支持された長さ l のはりがある．右側の長さ $l/2$ の領域に等分布荷重 q が作用している．はりのヤング率は E，断面形状は幅 b，高さ h の長方形である．このはりに関して，1) 曲げモーメントの分布 (BMD)，2) 最大曲げ応力の大きさとその位置，3) AC 間，CB 間におけるたわみの分布，をそれぞれ求めよ．

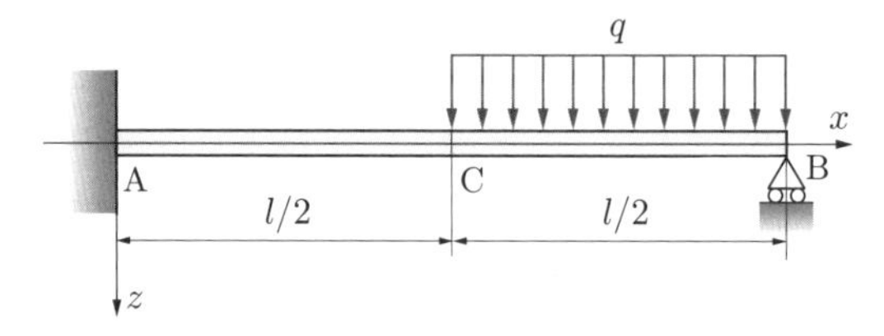

演習問題 10.4：先端に集中荷重を受ける連続はり

長さ l，ヤング率 E のはりがある．はりの断面は一辺の長さが h の正方形であり，右端が固定され，左端から a，右端から b の点 C において回転自由に支持されている．また，左端には下向きに荷重 P が作用している．このはりについて，1) 右端 (点 B) に生じる曲げモーメント，2) 右端 (点 B)，支点 C に生じる反力，3) AC 間および CB 間におけるたわみの分布，をそれぞれ求めよ．

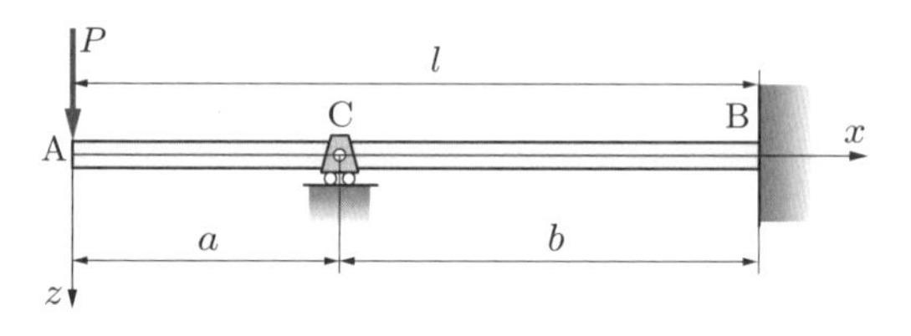

～はりの支持条件の図示方法について～

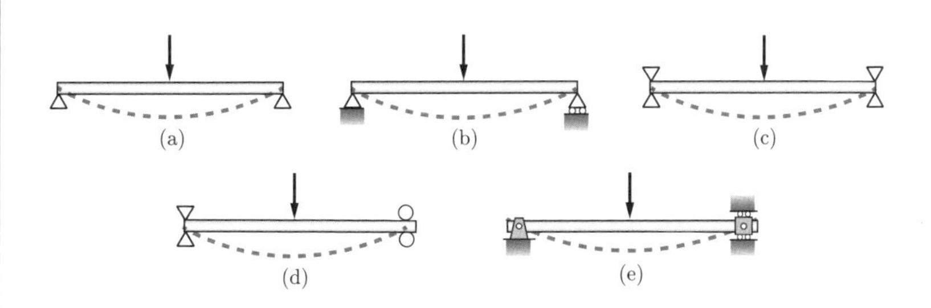

付図 10.1　「はりの曲げ」における単純支持の図示方法

はりの曲げ・たわみの章を終えるにあたり，あらためてはりの支持条件の図示方法について考えてみたい．

付図 10.1(a)～(e) は両端単純支持 (回転自由) のはりについて，さまざまな材料力学の教科書で用いられている支持条件の表記法を図示したものである．(a) ははりの両端を△印で支えるもっとも代表的な記法であり，多くの教科書において，この記法が採用されている．(b) は片側のみにローラー支持を導入して，はりの長手方向の変形を拘束しないことを明示したものである．

(c) は左右の反力の向きが決まっておらず，はりを上方からも支えなければならない場合の記法であるが，上下から△および▽で挟みこむ記法は少々紛らわしく，回転自由の支持条件とは理解しにくいように思われる．(d) は右端のみはり長手方向の変位拘束を外した (b) と同様の記法であり，△ではなく○で挟む形としている．○を用いた支持は水平方向の移動を拘束しないという意味であるが，この記法も少々わかりにくい．

単純支持に限らず，はりの長手方向の変形 (伸縮) を拘束すると同じ荷重やモーメントを加えた場合でも，はりのたわみは小さくなってしまうので，本来は片側の支持における水平方向変位を拘束しない (b) や (d) の表記法を用いるのが正しいのであるが，突然に説明なしに用いられると初学者は戸惑ってしまうかもしれない．両端単純支持として考えれば，左右の支持方法に何も違いが無いにも関わらず，図中における表記法が左右で異なることに違和感を感じる場合もあるだろう．

本書では多くの書籍と同様に，単純支持に対しては (a) のように△記号のみによる表記を用いた．ただし，集中モーメントを受ける演習問題 7.3，9.1 のように図を見ただけでは反力の符号が分からない問題については，(e) のように，支持方法を具体的に記述するようにした．またその際にははりの長手方向に関する変位を拘束しないことを示すため，片側のみにローラー支持を導入している．この形の表記方法は第 11 章「柱の座屈」においても同様な記法を用いたので，そちらの章でも確認頂きたい．

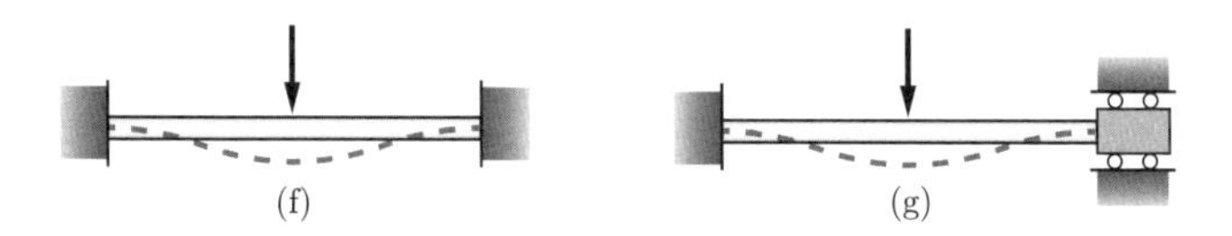

付図 10.2 「はりの曲げ」における固定端の図示方法

同様に，固定端の取り扱いについても述べておく．多くの教科書では，はりの両端を剛体壁に埋め込む形で表記する付図 10.2(f) の表記法が一般的であるが，本来は単純支持と同様に，はりの長手方向の変形を拘束しない (g) の表記が正しい．といっても，(g) の表記は正直なところ分かりにくく，現実的にこのような形で支持されているはりはほとんど無い．固定端の記述に対し，本書ではシンプルで誤解の少ない (f) の記法を採用したが，次章の「柱の座屈」においては，両端の変位の自由度を厳密に表現した (g) の記法も併用している．

はりの支持条件に限らないが，読者の理解しやすさと条件としての厳密性をともに満足させることは難しく，“やさしく分かりやすい” 教科書を目指す本書の著者として，支持条件の記述法は非常に悩ましい問題である．本書における記述においても，一端固定・他端単純支持などの場合のように，誤解を生む可能性の少ないものについては，あえて単純支持部にローラーの記述を残している．

以上，単純支持と固定端の図示方法について述べさせていただいた．本書の著者としては，さまざまな教科書や技術資料で材料力学を学ぶみなさんが，大学の期末試験や大学院入試，技術士試験などにおいて，誤解や混乱なく問題を解いて頂けることを願っている．

第11章　柱の座屈

細長い棒に圧縮荷重を作用させると，圧縮荷重によって縮むだけではなく，ある限界荷重を超えた途端，突然に曲げ変形が生じる．このような現象を座屈と呼ぶ．本章では，はりの微分方程式から出発して座屈条件を満たす軸荷重を求め，さらにその際の応力を評価する．境界条件の異なるさまざまな柱に対して座屈荷重や座屈応力の求め方を学ぶ．

11.1　座屈方程式

細長い棒状の構造物に圧縮荷重を作用させると，荷重がある限界点を超えた時点で突然側方に曲がる現象が生じる．これが**座屈** (buckling) である．なお，棒に横荷重が作用する場合に**はり**という呼称を用いたのと同様に，圧縮荷重が作用して座屈する細長い構造物のことを**長柱** (long column) または単に**柱** (column) と呼ぶ．

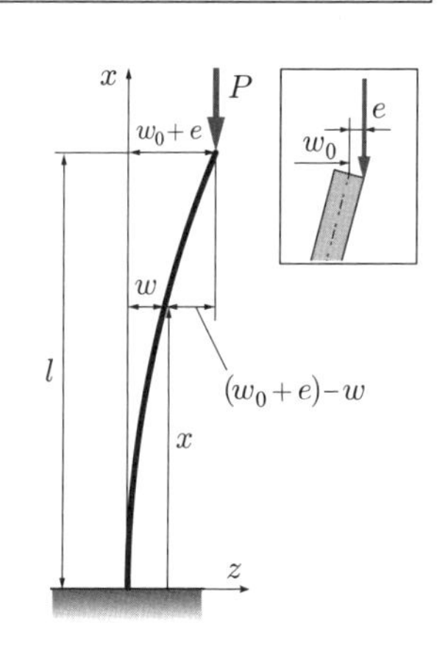

図 11.1　柱の座屈

柱の軸線からずれた位置に圧縮荷重が作用する場合や，柱がわずかに曲がっている場合などには，ごく弱い圧縮荷重でも柱に曲げ変形が生じるが，不整のない (まっすぐな) 柱においても座屈を考慮した設計を行わなければならない．以下，はりのたわみの微分方程式から出発して，柱に座屈が生じる条件を導く．

はじめに，図 11.1 に示されるような一端が固定され，他端に圧縮荷重 P が作用する柱について考える．柱先端のたわみを w_0，固定端から距離 x だけ離れた点のたわみを w とする．先端に小さな偏芯量 e を考えて，先端に作用する荷重が座標 x の位置に及ぼす曲げモーメント $M(x)$ を考えると，

$$M(x) = -P(w_0 + e - w) \tag{11.1}$$

柱のヤング率を E，断面二次モーメントを I とすれば，たわみの微分方程式は，

$$EI\frac{d^2w}{dx^2} = P(w_0 + e - w) \tag{11.2}$$

ここで，$P/EI = \alpha^2$ とおくと，式 (11.2) は以下のように変形できる．

$$\frac{d^2w}{dx^2} + \alpha^2 w = \alpha^2(w_0 + e) \tag{11.3}$$

上式は 2 階の定係数型微分方程式であるので[1]，一般解は，同次解 $A\sin\alpha x + B\cos\alpha x$ と非同次解 $w_0 + e$ の和となり，

$$w(x) = A\sin\alpha x + B\cos\alpha x + w_0 + e \tag{11.4}$$

となる．ここで，柱の境界条件について考えると，柱は $x = 0$ で固定されているので，$w(x)|_{x=0} = 0$ より，

$$B + w_0 + e = 0 \tag{11.5}$$

さらに，$dw/dx|_{x=0} = 0$ より，

$$\left.\frac{dw}{dx}\right|_{x=0} = \alpha A\cos\alpha x - \alpha B\sin\alpha x|_{x=0} = 0, \quad \therefore\ A\alpha = 0 \tag{11.6}$$

また，$x = l$ において $w = w_0$ であるから，

$$w(x)|_{x=l} = A\sin\alpha l + B\cos\alpha l + w_0 + e = w_0 \tag{11.7}$$

式 (11.6) より $\alpha \neq 0$ であれば $A = 0$ である．式 (11.5)，(11.7) より B を消去すれば，次式を得る．

$$w_0 = \frac{1 - \cos\alpha l}{\cos\alpha l}e \tag{11.8}$$

すなわち，上式の分母 $\cos\alpha l$ が 0 に近づけばたわみ w_0 は無限大となり，はりに座屈が生じることがわかる．$\cos\alpha l = 0$ となるための α の条件は，

$$\alpha = (2m - 1)\frac{\pi}{2l} \quad (m = 1, 2, 3\ldots) \tag{11.9}$$

となる．ここで，$P/EI = \alpha^2$ の関係より，

$$P_m = (2m - 1)^2\frac{\pi^2 EI}{4l^2} \quad (m = 1, 2, 3\ldots) \tag{11.10}$$

[1]式 (11.3) の右辺を 0 とした場合の α を決める問題は，いわゆる固有値問題を解くことと同義である．

となり，圧縮荷重 P が式 (11.10) を満たせば，式 (11.8) における w_0 は一意的に決まらず不定となるので，結果的に式 (11.4) におけるたわみ w も不定となり，たわみが無限大となって柱に座屈が生じることがわかる．

理論上は式 (11.10) を満たす全ての荷重 P_m において柱に座屈が生じることになるが，実際には外力が 0 から増加し，最も値が小さい 1 次モード $(m = 1)$ の座屈荷重に達すれば柱が座屈して破壊に至るので，最低次の $m = 1$ における座屈荷重が求まれば実用上は十分である．したがって，次式で示される $m = 1$ の場合の荷重 P_{c} を単に**座屈荷重** (buckling load) と呼ぶ．

$$
\text{一端固定・他端自由の柱の座屈荷重：} P_{\mathrm{c}} = \frac{\pi^2 EI}{4l^2} \tag{11.11}
$$

11.2　座屈荷重と座屈モード

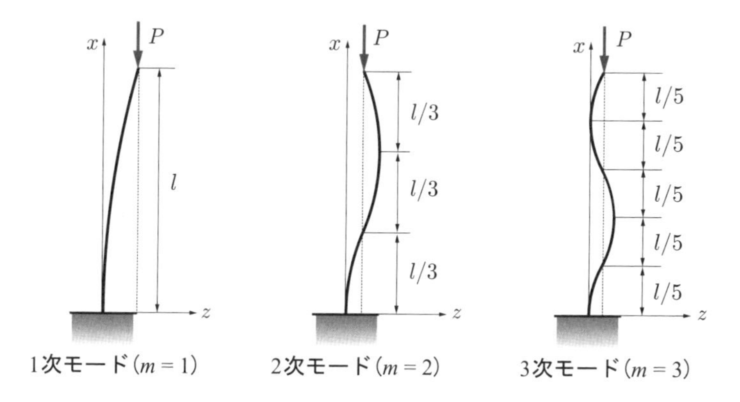

図 11.2　一端固定・他端自由の柱における座屈モード

一端固定・他端自由の柱について，式 (11.10) より得られる荷重 P_m と座屈モードの関係について考えてみる．式 (11.10) に $m = 1, 2, 3$ をそれぞれ代入して，1 次，2 次，3 次の座屈荷重 P_1，P_2，P_3 を求めると以下のようになる．

$$
P_1 = \frac{\pi^2 EI}{4l^2}, \quad P_2 = \frac{9\pi^2 EI}{4l^2}, \quad P_3 = \frac{25\pi^2 EI}{4l^2} \tag{11.12}
$$

それぞれの座屈モードに対応する柱の変形の様子は図 11.2 に示すとおりである．1 次モードにおいては，柱の長さ l が正弦波の 1/4 波長に対応する．2 次モードにおいては $l/3$ が，3 次モードにおいては，$l/5$ がそれぞれ 1/4 波長に対応することがわかる．

11.3　さまざまな柱の座屈荷重

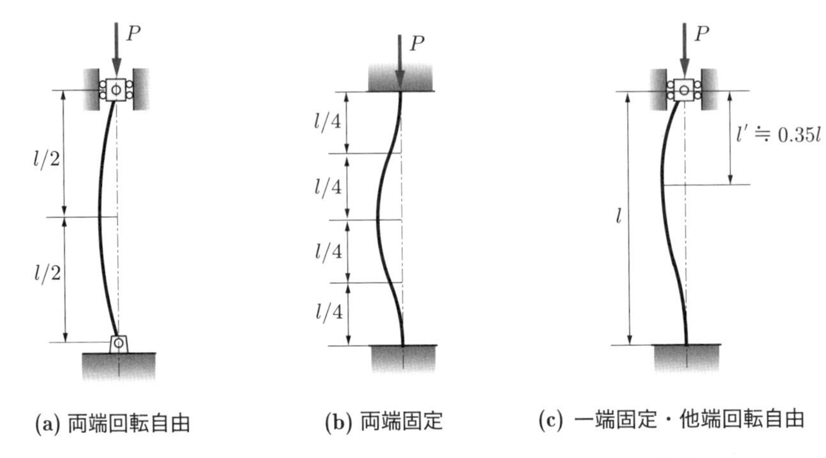

図 11.3　両端回転自由，両端固定，一端固定・他端回転自由の柱

図 11.3(a) に示されるように，柱の両端が回転自由で，水平方向の変位が拘束されている場合について座屈荷重を求めることを考える．柱の変形は柱の中心に対して上下で対称となるから，柱を 2 分割して考えると，上下の柱それぞれの変形は前節で考察した一端固定・他端自由の柱とみなすことができる．したがって，一端固定・他端自由の柱における座屈荷重の式 (11.11) の l を $l/2$ で置き換えることによって，両端回転自由の柱における座屈荷重が次式のように求められる．

$$\text{両端回転自由の柱の座屈荷重：} P_{\mathrm{c}} = \frac{\pi^2 EI}{l^2} \tag{11.13}$$

次に，図 11.3(b) に示されるような柱の両端の回転と水平方向の変位が固定されている場合 (両端固定) について考える．柱を同じ長さの 4 つの部分に分けて考えると，それぞれの区間の変形は一端固定・他端自由の柱の変形と同じであることが確かめられる．よって，式 (11.11) における l を $l/4$ に置き換えることにより，この柱の座屈荷重が求められる．

$$\text{両端固定の柱の座屈荷重：} P_{\mathrm{c}} = \frac{4\pi^2 EI}{l^2} \tag{11.14}$$

なお，この柱は一般に「両端固定の柱」と呼ばれ，図 11.3(b) のように，柱の上下が壁に埋め込まれた形で図示されることも多いが，圧縮荷重が作用する上下方向の変形は拘束されていないという点に注意してほしい．

以上述べてきた柱の座屈に関する公式を以下のように一般化しておく．

オイラーの座屈公式：$P_{\mathrm{c}} = n^2 \dfrac{\pi^2 EI}{l^2}$ (11.15)

この式を**オイラーの座屈公式**と呼ぶ．また，座屈荷重を柱の断面積で除すことにより (図 11.4 参照)，座屈直前の断面に作用する応力である**座屈応力** (buckling stress) が以下のように求められる．

座屈応力：$\sigma_{\mathrm{c}} = n^2 \dfrac{\pi^2 EI}{Al^2}$ (11.16)

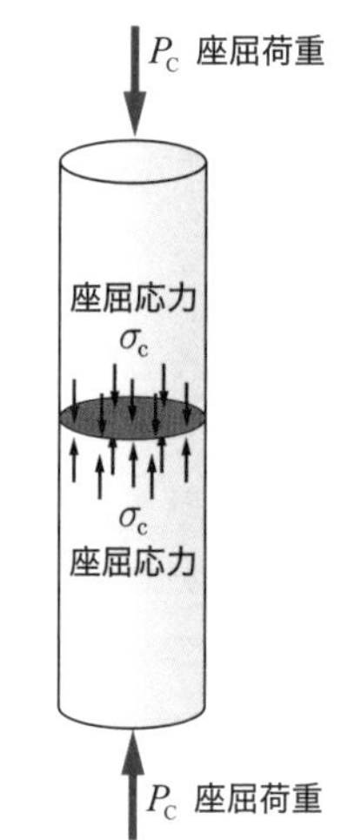

図 11.4 座屈荷重と座屈応力

柱の支持条件 (境界条件) の違いはこれらの式に含まれる n の値に集約される．一端固定・他端自由の場合は $n = 1/2$，両端回転自由の場合は $n = 1$，両端固定の場合は $n = 2$ となる．オイラーの座屈公式は $n = 1$ すなわち，両端回転自由の場合の座屈荷重が基準になっているが，先に述べたようにさまざまな境界条件の柱における座屈荷重を求めるには，一端固定・他端自由の柱の座屈モードにおける 1/4 波長を基本変形として考えるほうが理解しやすいので，本書では一貫して一端固定・他端自由の柱の座屈荷重を基準として種々の柱の座屈荷重を求めている．

ただし，図 11.3(c) の**一端固定・他端回転自由**の柱については，柱全体の変形を一端固定・他端自由の柱の変形モードの整数倍として表すことができず，座屈荷重を数値的に求める必要がある．本書では結果のみを示すが，全体の柱の長さに対して $0.3495l \fallingdotseq 0.35l$ の部分が近似的に一端固定・他端自由の変形モードに対応するとみなせるので，この柱の座屈荷重は以下のように表される[2]．

一端固定・他端回転自由の柱の座屈荷重：$P_{\mathrm{c}} \fallingdotseq \dfrac{\pi^2 EI}{4(0.35l)^2}$ (11.17)

ところで，ここまでの手順により求められた座屈荷重は，完全に真直な柱において座屈が発生する場合の臨界荷重である．しかしながら実際の柱においては，荷重の偏芯や形状の不整といったさまざまな要因により，オイラーの座屈公式で与えられる荷重よりも小さな値で座屈が発生することも少なくない．

[2] 詳細は **JSME テキストシリーズ材料力学** (122〜123 頁) 等を参照されたい．

図 11.5 は柱に作用する圧縮荷重と柱のたわみ w の関係を模式的に示したものである．不整のない真直な柱において，荷重を徐々に増加させてゆくと，座屈荷重に達するまではたわみは発生せず，座屈荷重 P_c に達した直後に不安定な変形が生じ，たわみが急激に増加して破損に至る．

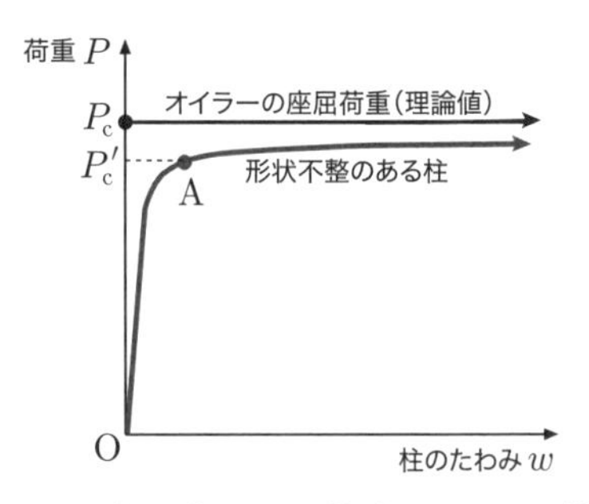

図 11.5 柱に作用する荷重とたわみの関係

一方，形状不整を有する柱では，荷重が増加するにつれて，徐々に曲げ変形が支配的となる．図 11.5 の点 A において曲げ応力が降伏応力に達したのち，塑性変形が急激に進行してたわみが不安定的に増加する挙動を示す．すなわち，柱が形状不整を有している，もしくは偏荷重が作用するといった場合には，オイラーの座屈公式で求められた荷重 (P_c) よりも小さな荷重 (P_c') で柱が座屈し，破損する場合があることに注意して頂きたい．

11.4　座屈応力と座屈条件

(1) 座屈させないための柱の設計

柱の設計においては，要求される圧縮荷重の最大値 $P_{\max}$ よりも座屈荷重が大きくなるように柱の形状を決定することが重要である．ここでは，座屈を生じさせないために柱が満たすべき条件について考える．断面積 A の柱に圧縮荷重 P が作用している場合，座屈が生じる前の状態であれば，柱の断面には $\sigma = P/A$ の圧縮応力が生じている．この応力が柱の降伏応力 (圧縮強度) を超えると柱は破損してしまうので，柱に作用する最大荷重 $P_{\max}$ と降伏応力 σ_y とのあいだに，

$$\sigma_y > \frac{P_{\max}}{A} \tag{11.18}$$

の関係が成立しなければならない．柱の断面が直径 D の円であるとして，上式から直径 D の条件を求めると以下のようになる．

$$D > \sqrt{\frac{4P_{\max}}{\pi\sigma_y}} \tag{11.19}$$

すなわち，上式は直径 D の円形断面を有する柱が最大荷重 P_{max} で圧縮破壊しないための条件である．

さらに，直径 D，長さ l の柱が座屈しないための条件を考える．オイラーの座屈荷重の式 (11.15) より，座屈荷重 P_{c} は，

$$P_{\mathrm{c}} = \frac{n^2\pi^2 EI}{l^2} = \frac{n^2\pi^3 ED^4}{64l^2} \tag{11.20}$$

上記 P_{c} が必要とされる荷重の最大値 P_{max} よりも大きくなればよいので，

$$\frac{n^2\pi^3 ED^4}{64l^2} > P_{\mathrm{max}} \tag{11.21}$$

上式を直径 D の条件式として書き換えると，

$$D > \left(\frac{64l^2 P_{\mathrm{max}}}{n^2\pi^3 E}\right)^{1/4} \tag{11.22}$$

よって，式 (11.19) と併せて式 (11.22) を満たすように直径 D を決めればよい．ちなみに，一般的な柱を想定すれば，式 (11.22) を満足させるように直径 D を決めれば，ほとんどの場合，式 (11.19) の条件は同時に満たされる．

(2) 断面二次半径と細長比

断面積 A と断面二次モーメント I で定義されるパラメータとして，次式で定義される**断面二次半径** (radius of gyration of area) を導入する．

$$\text{断面二次半径：} k = \sqrt{\frac{I}{A}} \tag{11.23}$$

さらに，次式で表される**細長比** (slenderness ratio) を新たに定義する．

$$\text{細長比：} \frac{l}{k} = \sqrt{\frac{A}{I}}\, l \tag{11.24}$$

円形断面の柱における細長比を直径 D を用いて表すと，以下のようになる．

$$\frac{l}{k} = l\sqrt{\frac{A}{I}} = l\sqrt{\frac{\pi D^2/4}{\pi D^4/64}} = \frac{4l}{D} \tag{11.25}$$

$(l/k)^2 = Al^2/I$ を用いて式 (11.16) のオイラーの座屈応力を書き換えると，

$$\sigma_{\mathrm{c}} = \frac{n^2\pi^2 EI}{Al^2} = n^2\pi^2 E\left(\frac{l}{k}\right)^{-2} \tag{11.26}$$

上式より，細長比が大きいほど，すなわち柱が細長くなるほど座屈応力は小さくなることが確かめられる．

例題 11.1　両端回転自由の柱の座屈荷重

長さ 1000 mm，ヤング率 70 GPa，長方形断面 (10 mm × 20 mm) を有する柱の座屈について考える．下端は水平方向と上下方向の変位が固定されており，上端は水平方向の変位のみが拘束されている．上下端ともに回転は自由である．柱の上端に下向きの荷重を加えるとき，以下の問いに答えよ．

(1) 座屈荷重と座屈応力を求めよ．

(2) この柱を 3 kN の圧縮荷重にまで耐えるように断面形状を変更したい．断面の高さ $h\,(=10\,\mathrm{mm})$ を変更する場合，h をいくらにすればよいか．

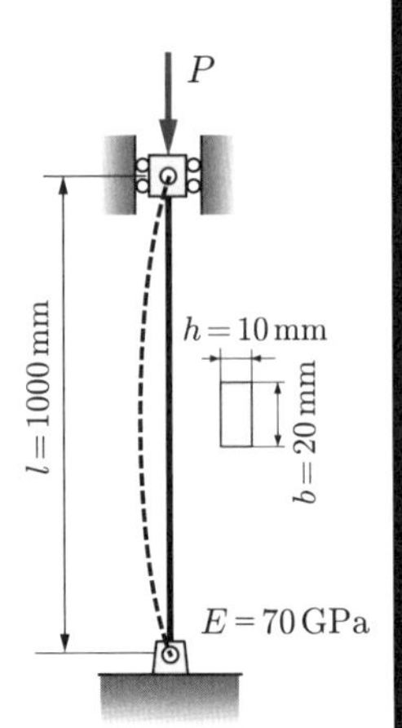

解答例

(1) 一端固定・他端自由の柱の座屈荷重の公式より，座屈荷重と座屈応力は，

$$P_\mathrm{c} = \frac{\pi^2 EI}{4l^2} = \frac{\pi^2 Ebh^3}{48l^2}, \quad \sigma_\mathrm{c} = \frac{P_\mathrm{c}}{bh} = \frac{\pi^2 Eh^2}{48l^2} \tag{a}$$

両端回転自由の座屈は，柱の 1/2 の部分が一端固定・他端自由の柱における 1 次の座屈モードに相当する．よって，$l = 500\,\mathrm{mm}$ とすればよく，断面二次モーメントが小さくなる側に曲げ変形が生じて座屈するので，断面の高さ h を 10 mm, 幅 b を 20 mm として座屈荷重を計算する．

$$P_\mathrm{c} = \frac{\pi^2 \times (70 \times 10^9) \times (20 \times 10^{-3}) \times (10 \times 10^{-3})^3}{48 \times (500 \times 10^{-3})^2}$$

$$= 1.151 \cdots \times 10^3 \fallingdotseq 1.15\,\mathrm{kN} \quad \cdots (答)$$

$$\sigma_\mathrm{c} = \frac{P_\mathrm{c}}{bh} = \frac{\pi^2 Eh^2}{48l^2} = \frac{\pi^2 \times (70 \times 10^9) \times (10 \times 10^{-3})^2}{48 \times (500 \times 10^{-3})^2}$$

$$= 5.757 \cdots \times 10^6 \fallingdotseq 5.76\,\mathrm{MPa} \quad \cdots (答)$$

(2) $P_\mathrm{max} = 3\,\mathrm{kN}$ で座屈させないようにするためには，座屈荷重の式 (a) より，

$$P_\mathrm{c} = \frac{\pi^2 Ebh^3}{48l^2} > P_\mathrm{max} \tag{b}$$

よって，以下の条件を満たすよう，高さ h を決定すればよい．

$$h > \left(\frac{48l^2 P_\mathrm{max}}{\pi^2 Eb}\right)^{1/3} = \left\{\frac{48 \times (500 \times 10^{-3})^2 \times (3 \times 10^3)}{\pi^2 \times (70 \times 10^9) \times (20 \times 10^{-3})}\right\}^{1/3}$$

$$\therefore\ h > 13.8\,\mathrm{mm} \quad \cdots (答)$$

例題 11.2　両端の回転が拘束された柱の座屈

図のように長さ l の柱がある．柱の上端は水平方向の変位と回転が拘束されており，鉛直方向には自由に動くことができる．柱の下端は鉛直方向の変位と回転が拘束されており，紙面の左右方向には自由に動くことができる．この柱のヤング率は E であり，柱の断面は直径が D の円形である．以下の問に答えよ．

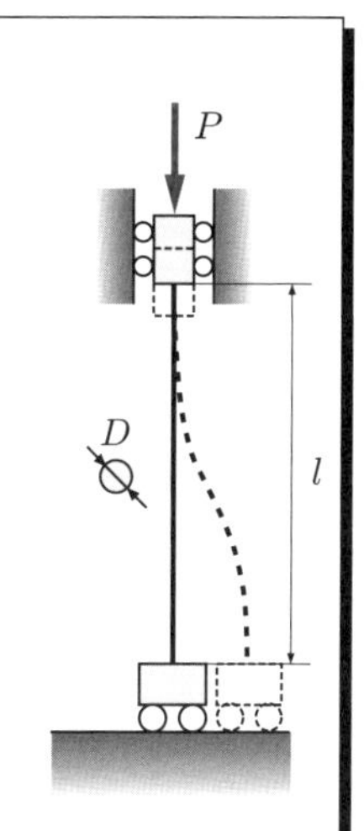

(1) 座屈荷重 P_{c} を与えられた記号を用いて表せ．

(2) 座屈応力 σ_{c} を与えられた記号を用いて表せ．

(3) この柱の材料の降伏応力が σ_{y} であるとき，降伏応力よりも座屈応力が大きくなるように設計したい．この場合の細長比に関する条件を示せ．

解答例

(1) この柱の変形図を描くと，柱の長さの 1/2 が一端固定・他端自由の座屈モードに対応していることが確かめられる．すなわち，一端固定・他端自由の柱の座屈荷重の公式 $P_{\mathrm{c}} = \pi^2 EI/4l^2$ の l を $l/2$ で置き換えればよい．

$$P_{\mathrm{c}} = \frac{\pi^2 EI}{4(l/2)^2} = \frac{\pi^2 E}{l^2} \times \frac{\pi D^4}{64} = \frac{\pi^3 ED^4}{64 l^2} \quad \cdots \text{(答)}$$

(2) 得られた座屈荷重を丸棒の断面積 $A = \pi D^2/4$ で割れば，座屈応力は以下のようになる．

$$\sigma_{\mathrm{c}} = \frac{P_{\mathrm{c}}}{A} = \frac{\pi^3 ED^4}{64 l^2} \cdot \frac{4}{\pi D^2} = \frac{\pi^2 ED^2}{16 l^2} \quad \cdots \text{(答)}$$

(3) 座屈応力が降伏応力よりも高くなればよいので，

$$\sigma_{\mathrm{y}} < \sigma_{\mathrm{c}} = \frac{\pi^2 ED^2}{16 l^2}, \quad \therefore \quad \frac{l}{D} < \sqrt{\frac{\pi^2 E}{16 \sigma_{\mathrm{y}}}} \tag{a}$$

断面二次半径は $k = \sqrt{I/A} = D/4$ であるから，細長比は，

$$\frac{l}{k} = \frac{l}{(D/4)} = \frac{4l}{D} \tag{b}$$

式 (a), (b) より，細長比に関する条件が，以下のように求められる．

$$\frac{l}{k} < \pi \sqrt{\frac{E}{\sigma_{\mathrm{y}}}} \quad \cdots \text{(答)}$$

演習問題 11.1：円形断面の柱の座屈

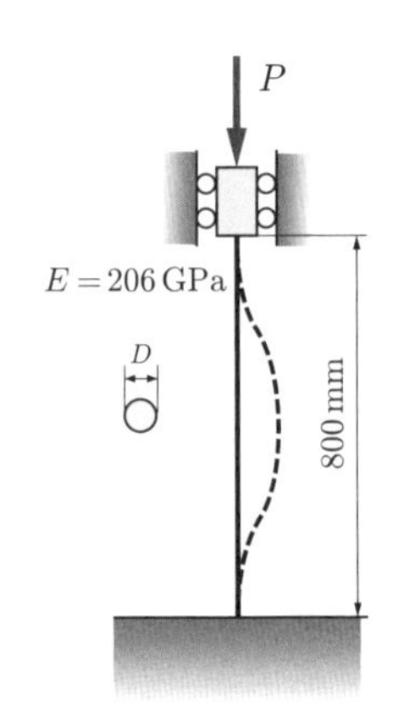

長さ 800 mm の柱があり，上端に圧縮荷重が作用している場合について考える．柱の上端は水平方向の変位と回転が拘束されており，鉛直方向には自由に動くことができる．柱の下端は回転と変位がともに拘束されている．この柱のヤング率は 206 GPa であり，材料の降伏応力は 280 MPa，断面は円形である．この柱が 10 kN の圧縮荷重を受けても座屈しないようにこの柱の直径を決めたい．直径をいくらにすればよいか考えよ．ただし，安全率は 3 として計算すること．

演習問題 11.2：中央の変位が拘束された柱の座屈

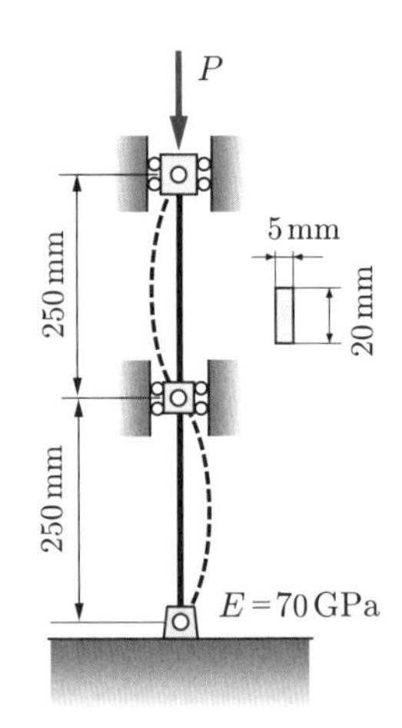

下端の変位が固定され，上端および中央は水平方向の変位のみが拘束された柱がある．いずれの点においても回転は拘束されていない．この柱の上端に圧縮荷重を作用させた．この柱の座屈荷重と座屈応力を求めよ．ただし，柱の断面は 20 mm × 5 mm の長方形であり，ヤング率は 70 GPa，長さは 500 mm である．なお，柱の中央の水平方向変位を拘束しない場合と比べて，座屈荷重がどの程度大きくなるか考察せよ．

演習問題 11.3：椅子の設計

4 本の脚をもつ木製の椅子を設計する．耐荷重として 100 kgf = 981 N の体重を支えられるよう設計するものとし，安全率は 6 とする[3]．椅子の脚の長さは 400 mm，ヤング率は 15 GPa, 圧縮強度は 30 MPa，椅子の脚は円柱であるものとして，座屈荷重と圧縮強度を考慮して脚の直径を決めよ．なお，椅子の脚は座面と床に対して垂直であり，一端固定・他端自由の柱であるとみなしてよい．

[3]椅子の脚に常に均等な荷重がかかるわけではないので，安全率は大きめに設定する必要がある．

第12章　ひずみエネルギー

棒やはりなどの弾性体に荷重を加えて変形させると，外から加えられた仕事に相当するエネルギーが構造の内部に蓄えられる．このように，弾性変形により構造の内部に蓄えられるエネルギーがひずみエネルギーである．本章では，ばねに蓄えられる弾性エネルギーの概念から出発して，材料力学で取り扱われるさまざまな構造物に蓄えられるひずみエネルギーから構造物の変形を求める方法について解説する．

12.1　ひずみエネルギーの考え方

はじめに，ばねに蓄えられる弾性エネルギーについて考える．ばね定数 k のばねに荷重 f が作用するとき，荷重 f と伸び x の関係は，以下のフックの法則を満足する．

$$f = kx \tag{12.1}$$

バネの伸びが 0 の状態から x に達するまでに外力がなす仕事は，荷重 f と微小変位 $d\xi$ の積として定義される微小仕事 $dW = fd\xi$ の総和，すなわち荷重 f の積分を考えることにより求められる．

$$J(x) = \int_0^x k\xi d\xi = \left[\frac{1}{2}k\xi^2\right]_0^x = \frac{1}{2}kx^2 \tag{12.2}$$

すなわち，ばねの変形が弾性変形の範囲であれば，外力がばねになす仕事は，ばねに蓄えられる弾性エネルギー U に等しい．

$$U(x) = \frac{1}{2}kx^2 \tag{12.3}$$

同様の考え方を用いて，長さ l，断面積 A の棒に荷重 P を作用させる場合について，棒に蓄えられる弾性エネルギーを求めてみる．棒に生じる応力 σ とひずみ ε には，弾性体のフックの法則：$\sigma = E\varepsilon$ が成り立つものとする．

荷重 P に対する棒の伸び λ は，

$$\lambda = \varepsilon l = \frac{\sigma l}{E} = \frac{Pl}{AE} \tag{12.4}$$

となる．ここで A は棒の断面積である．荷重 P を伸び λ で表すと，

$$P(\lambda) = \frac{AE\lambda}{l} \tag{12.5}$$

となるので，棒に作用する荷重を 0 から P に増加させた場合に，外力が棒に対してなす仕事の総和 W は以下のように求められる．

$$\begin{aligned} W &= \int P(\lambda)d\lambda = \int_0^\lambda P(x)dx \\ &= \int_0^\lambda \frac{AEx}{l}dx = \left[\frac{AEx^2}{2l}\right]_0^\lambda = \frac{AE\lambda^2}{2l} = \frac{P^2 l}{2AE} \end{aligned} \tag{12.6}$$

この外力が棒に対してなした仕事が，棒に蓄えられる弾性エネルギー，すなわち**ひずみエネルギー** (strain energy) となる．

$$U = \frac{P^2 l}{2AE} \tag{12.7}$$

ひずみエネルギー U を棒の体積 Al で割ると，単位体積あたりのひずみエネルギーが得られる．

$$\bar{U} = \frac{U}{Al} = \frac{P^2}{2A^2E} = \left(\frac{P}{A}\right)^2 \frac{1}{2E} = \frac{\sigma^2}{2E} \tag{12.8}$$

この $\bar{U}$ を，**ひずみエネルギー密度** (strain energy density) と呼ぶ．フックの法則により，ひずみエネルギー密度は次式のように様々な形で表せる．

$$\bar{U} = \frac{\sigma^2}{2E} = \frac{1}{2}\sigma\varepsilon = \frac{1}{2}E\varepsilon^2 \tag{12.9}$$

なお，図 12.1 に示すように，応力 σ をひずみ ε で積分することによって求めた結果も，式 (12.9) と一致することが確かめられる．

$$\bar{U} = \int \sigma d\varepsilon = \int E\varepsilon d\varepsilon = \frac{1}{2}E\varepsilon^2 \tag{12.10}$$

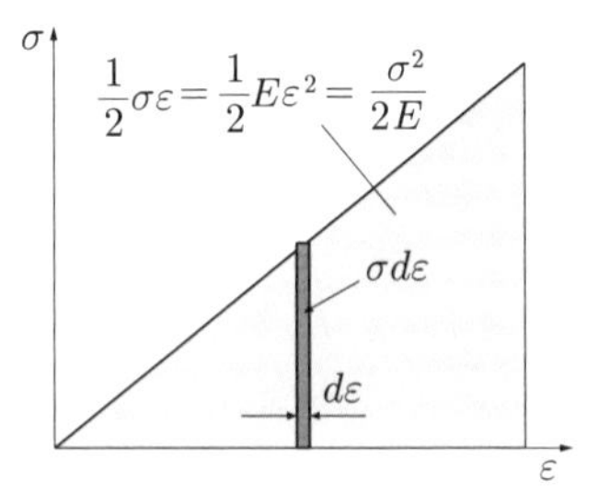

図 12.1　ひずみエネルギー

12.2　カスティリアノの定理

フックの法則を用いて，荷重 P が作用する場合の棒の伸び λ を求めると，

$$\lambda = \varepsilon l = \frac{\sigma}{E}l = \frac{Pl}{AE} \tag{12.11}$$

一方，式 (12.7) のひずみエネルギー U を荷重 P で微分すれば，

$$\frac{dU}{dP} = \frac{Pl}{AE} = \lambda \tag{12.12}$$

すなわち，棒に蓄えられたひずみエネルギーを荷重 P で微分することにより，荷重 P により棒に生じる伸び＝変位が求まることがわかる．これを**カスティリアノの定理** (Castigliano's theorem) と呼ぶ．弾性体に複数の荷重が作用する場合も含めて，カスティリアノの定理をここで一般化して示しておく．

カスティリアノの定理

弾性体にいくつかの荷重が作用して静的なつり合い状態にある場合には，弾性体のひずみエネルギーを荷重の関数として表示し，その中の一つの荷重によってひずみエネルギーを偏微分すれば，その荷重によって荷重方向に生じる変位となる．これを**カスティリアノの定理**と呼ぶ．

次の例題に示されるように，カスティリアノの定理を用いれば，構造物に蓄えられるひずみエネルギーを考え，それを荷重で偏微分することによって，荷重の作用点における変位を比較的容易に求めることができる．

例題 12.1　トラスの変形

両端が回転自由に結合された 2 本の部材からなるトラスについて考える．2 本の部材の断面積は A，長さは l，ヤング率は E である．図の点 C に鉛直下向きに荷重 P_V を，水平方向右向きに荷重 P_H を加えるとき，点 C の水平方向変位 δ_H および鉛直方向変位 δ_V を求めよ．

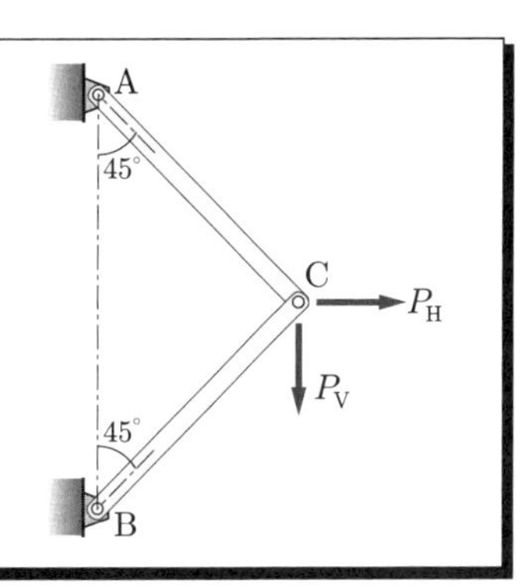

解答例

部材 AC，部材 BC に作用する軸力 (引張方向を正とする) を P_1，P_2 とすれば，点 C における水平方向と鉛直方向の力のつり合いより，

$$\frac{P_1 + P_2}{\sqrt{2}} = P_H, \quad \frac{P_1 - P_2}{\sqrt{2}} = P_V \tag{a}$$

上式より荷重 P_1，P_2 を求めれば，

$$P_1 = \frac{P_H + P_V}{\sqrt{2}}, \quad P_2 = \frac{P_H - P_V}{\sqrt{2}} \tag{b}$$

よって，式 (12.7) を用いると，2 つの部材に蓄えられるひずみエネルギーの和は次式のようになる．

$$\begin{aligned} U &= \frac{P_1^2 l}{2AE} + \frac{P_2^2 l}{2AE} \\ &= \frac{l}{2AE}\left\{\left(\frac{P_\mathrm{H}+P_\mathrm{V}}{\sqrt{2}}\right)^2 + \left(\frac{P_\mathrm{H}-P_\mathrm{V}}{\sqrt{2}}\right)^2\right\} = \frac{l}{2AE}(P_\mathrm{H}^2 + P_\mathrm{V}^2) \end{aligned} \quad \text{(c)}$$

カスティリアノの定理に従い，ひずみエネルギーを荷重 P_V，P_H で偏微分すれば，点 C の鉛直方向変位 δ_V，水平方向変位 δ_H がそれぞれ求められる．

$$\delta_\mathrm{V} = \frac{\partial U}{\partial P_\mathrm{V}} = \frac{P_\mathrm{V} l}{AE}, \quad \delta_\mathrm{H} = \frac{\partial U}{\partial P_\mathrm{H}} = \frac{P_\mathrm{H} l}{AE} \quad \cdots \text{(答)}$$

12.3 軸のねじりにおけるひずみエネルギー

図 12.2 に示されるように，丸軸にねじりモーメント T を加えれば，横断面にはせん断応力 τ が生じる．せん断応力 τ とせん断ひずみ γ により生じるひずみエネルギー密度 $\bar{U}$ は，次式により表される．

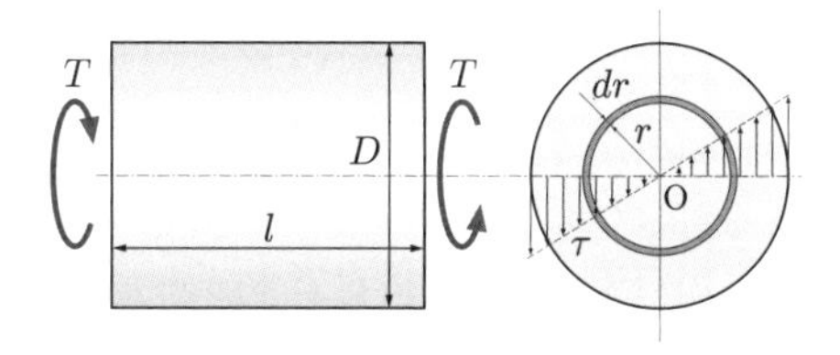

図 12.2 丸軸のねじり

$$\bar{U} = \frac{1}{2}\tau\gamma \tag{12.13}$$

ここで，横断面に生じるせん断ひずみの分布は，軸線からの距離 r および比ねじれ角 θ を用いて，

$$\gamma = r\theta \tag{12.14}$$

と表されるから，単位長さあたりのひずみエネルギー $\hat{U}$ は，式 (12.13) のひずみエネルギー密度 $\bar{U}$ を半径方向に積分することにより求められる．

$$\hat{U} = \int_0^{D/2} \frac{1}{2}\tau\gamma(2\pi r dr) \tag{12.15}$$

ここで，式 (12.14) と以下のねじりモーメントとせん断応力の関係式，

$$T = \int_0^{D/2} \tau r(2\pi r dr) \tag{12.16}$$

を用いると，式 (12.15) は以下のように書き換えられる．

$$\hat{U} = \frac{\theta}{2}\int_0^{D/2} (\tau \cdot 2\pi r dr)r = \frac{1}{2}\theta T \tag{12.17}$$

さらに，せん断弾性係数 G，軸の断面二次極モーメント I_p を用いると，$T = GI_p\theta$ が成り立つので，**軸のねじり問題における単位長さあたりのひずみエネルギー**として以下の式を得る．

$$\hat{U} = \frac{1}{2}\theta T = \frac{1}{2}GI_p\theta^2 = \frac{T^2}{2GI_p} \tag{12.18}$$

直径が一様で，長さ l の丸軸に蓄えられるひずみエネルギーは，

$$U = \hat{U} \times l = \frac{l}{2}\theta T = \frac{T^2 l}{2GI_p} \tag{12.19}$$

となるので，式 (12.19) をねじりモーメント T で微分すれば，

$$\frac{dU}{dT} = \frac{Tl}{GI_p} \tag{12.20}$$

となり，これはねじりモーメント T が作用する軸のねじれ角である．すなわち，軸に蓄えられるひずみエネルギー U を外力のモーメント T で微分すれば，カスティリアノの定理によってねじりモーメント T の作用点におけるねじれ角が求められることがわかる．

12.4　はりの曲げにおけるひずみエネルギー

曲げモーメントが作用するはりにおいては，図 12.3 に示されるように，はりの横断面に一次関数状に分布する曲げひずみと曲げ応力が生じる．すなわち，はりの断面に対して，曲げ応力 σ_x により生じるひずみエネルギーの総和を求めれば，はりの単位長さあたりに蓄えられるひずみエネルギー $\hat{U}$ が求まる．

$$\hat{U} = \int_A \frac{1}{2}\sigma_x \varepsilon_x dA \tag{12.21}$$

中立面の曲率を $\kappa = 1/r$ とすれば，

$$\varepsilon_x = \kappa z \tag{12.22}$$

であり，曲げモーメントの定義より，

$$\int_A \sigma_x z dA = M \tag{12.23}$$

式 (12.21)～(12.23) より，結果的に以下の関係式を得る．

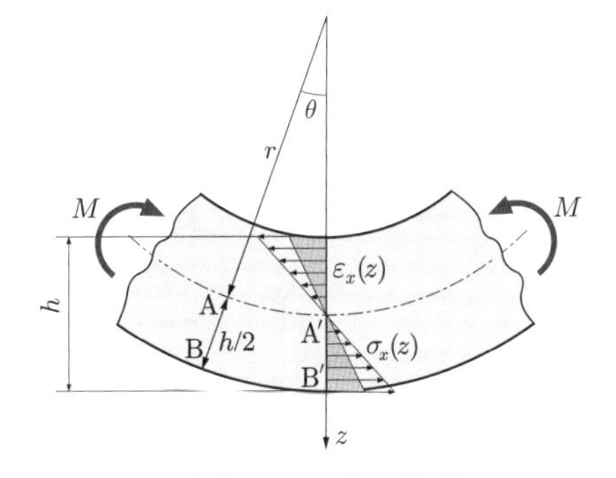

図 12.3　はりの曲げ

$$\hat{U} = \frac{1}{2}\int_A \sigma_x \kappa z dA = \frac{1}{2}\kappa M \tag{12.24}$$

はりの曲率 κ は，ヤング率 E と断面二次モーメント I を用いて

$$\kappa = -\frac{d^2w}{dx^2} = \frac{M}{EI} \tag{12.25}$$

と表されるので，式 (12.25) を式 (12.24) に代入することにより，**はりに生じる単位長さあたりのひずみエネルギー** $\hat{U}$ を以下のように得る．

$$\hat{U} = \frac{M^2}{2EI} \tag{12.26}$$

上式により表される単位長さあたりのひずみエネルギーをはりの長手方向に積分することにより，はりに蓄えられるひずみエネルギーが求められる．

例えば，図12.4に示されるような片持はりについて考えると，はりの先端 (荷重点) からの距離を x として，はりに作用する曲げモーメント $M(x)$ を求めると，$M(x) = -Px$ となるから，はりの単位長さあたりのひずみエネルギーは，

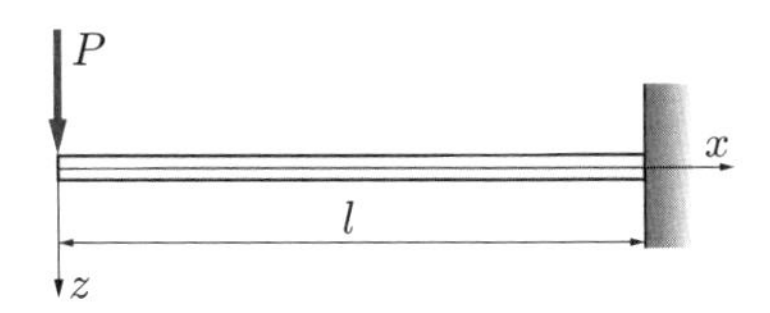

図 12.4 片持はりの曲げ

$$\hat{U}(x) = \frac{M^2}{2EI} = \frac{P^2x^2}{2EI} \tag{12.27}$$

となる．はり全体のひずみエネルギーの総和は，上式の $\hat{U}$ をはり全体にわたって積分することにより求められる．

$$U = \int_0^l \hat{U}(x)dx = \int_0^l \frac{P^2x^2}{2EI}dx = \frac{P^2l^3}{6EI} \tag{12.28}$$

カスティリアノの定理より，荷重点のたわみはひずみエネルギーを荷重 P で微分することにより得られる．

$$w(x)|_{x=0} = \frac{dU}{dP} = \frac{Pl^3}{3EI} \tag{12.29}$$

12.5 カスティリアノの定理の応用

ここまで述べてきたように，カスティリアノの定理によって求められるのは，あくまで荷重が作用している点の変位 (もしくはねじりモーメントが作用している点のねじれ角) である．すなわち，荷重点以外の場所の変位をカスティリアノの定理によって求めようとすれば，何らかの工夫が必要となる．ここでは，仮想的な荷重 (**試験荷重**: test load) を用いることによって，任意の位置における変位を求める方法について考察する．

図 12.5 のように，長さ l，ヤング率 E，断面二次モーメント I の片持はりの先端に，横荷重 P が作用している．このはりの任意の座標におけるたわみを，カスティリアノの定理を用いて求めることを考える．

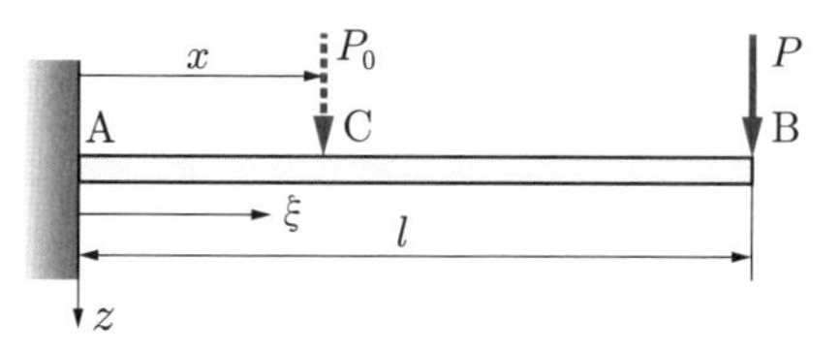

図 12.5 試験荷重を用いたたわみの計算

はりの中間部に点 C (座標 x) をとり，点 C に仮想的な荷重 (試験荷重)P_0 を作用させる．はりを C 点で分けて，AC 間と CB 間についてひずみエネルギーを計算する．左端から右向きに座標 ξ をとって曲げモーメント $M(\xi)$ を考えると，

$$M(\xi) = \begin{cases} -P(l-\xi) - P_0(x-\xi) & (0 \leq \xi \leq x) \\ -P(l-\xi) & (x \leq \xi \leq l) \end{cases} \tag{12.30}$$

AC 間，CB 間に分けてはりに蓄えられるひずみエネルギーを計算すると，

$$\begin{aligned} U &= U_{\mathrm{AC}} + U_{\mathrm{CB}} \\ &= \frac{1}{2EI}\int_0^x \{-P(l-\xi) - P_0(x-\xi)\}^2 d\xi + \frac{1}{2EI}\int_x^l \{-P(l-\xi)\}^2 d\xi \\ &= \frac{1}{2EI}\left\{\frac{1}{3}x^3P_0^2 + \left(Plx^2 - \frac{1}{3}Px^3\right)P_0 + \frac{1}{3}P^2l^3\right\} \end{aligned} \tag{12.31}$$

上式で与えられるひずみエネルギー U を荷重 P_0 で偏微分することにより，点 C におけるたわみ $w(x)$ が荷重 P_0 の関数として得られる．

$$w(x) = \frac{\partial U}{\partial P_0} = \frac{1}{2EI}\left(\frac{2}{3}x^3P_0 + Plx^2 - \frac{1}{3}Px^3\right) \tag{12.32}$$

実際には，P_0 は仮想的な試験荷重であるから，上式における P_0 を 0 とおくことで，最終的に座標 x の位置 (点 C) におけるたわみが求められる．

$$w(x) = \frac{P}{6EI}(3lx^2 - x^3) \tag{12.33}$$

以上のように，ひずみエネルギーは仮想的に与えられた荷重に対しても演算を行うことができる．つまり，反力やモーメントが未知量の場合にも，それらの未知量 (不静定量) によってひずみエネルギーを表し，カスティリアノの定理を適用することによって問題を解くことができる．次に，典型的な不静定問題である以下のトラスの例題を，カスティリアノの定理を使って解いてみることにしたい．

例題 12.2　不静定トラスの変形

3本の部材からなる不静定トラスがある．部材の断面は直径 D の円形であり，ヤング率は E，長さは l である．全ての部材は点Oにおいて互いに回転自由に結合されており，各部材のなす角は θ である．点Oに鉛直下向きの荷重 P が作用するとき，荷重点の鉛直下向きの変位 δ_V を求めよ．

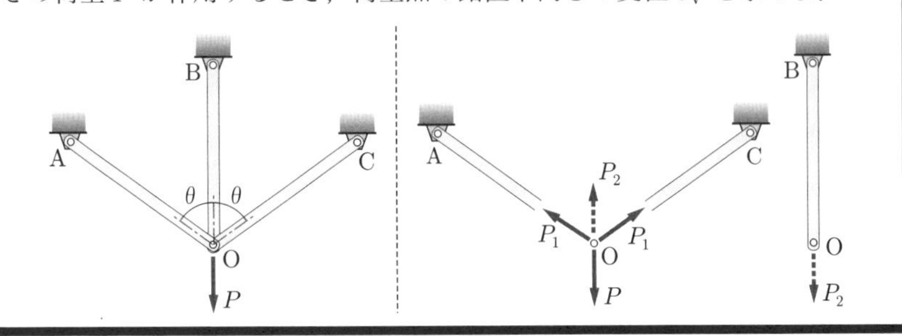

解答例

部材OA, OCからなる静定トラスと，部材OBのみからなる棒の変形に分けて問題を考える．部材OA，部材OCに作用する軸力を P_1，部材OBに作用する軸力を P_2 とすると，トラスの結合点Oにおける力のつり合いは次のように表される．

$$2P_1\cos\theta + P_2 = P \tag{a}$$

部材OA，OCからなる静定トラスに蓄えられるひずみエネルギーは，

$$U_1 = U_{OA} + U_{OC} = 2\times\frac{P_1^2 l}{2AE} = \frac{4P_1^2 l}{E\pi D^2} = \frac{(P-P_2)^2 l}{E\pi D^2\cos^2\theta} \tag{b}$$

ただし，式(a)を用いて P_1 を P_2 を用いて表した．ひずみエネルギーを外力 P で偏微分して，荷重方向への変位 δ_1 を求めれば，

$$\delta_1 = \frac{\partial U_1}{\partial P} = \frac{2(P-P_2)l}{E\pi D^2\cos^2\theta} \tag{c}$$

一方，部材OBに蓄えられるひずみエネルギー U_2 を考えれば，

$$U_2 = \frac{P_2^2 l}{2AE} = \frac{2P_2^2 l}{E\pi D^2} \tag{d}$$

部材OBには外力 P_2 が働いているとみなせるので，U_2 を P_2 で微分して部材OBの荷重方向の変位 δ_2 を求めると，

$$\delta_2 = \frac{dU_2}{dP_2} = \frac{4P_2 l}{E\pi D^2} \tag{e}$$

ここで，部材OA，OCの鉛直方向変位 δ_1 と部材OBの変位 δ_2 は等しいので，

$$\frac{2(P-P_2)l}{E\pi D^2\cos^2\theta} = \frac{4P_2 l}{E\pi D^2} \tag{f}$$

式 (a), (f) より P_1, P_2 を求めると,

$$P_1 = \frac{P\cos\theta}{1+2\cos^2\theta}, \quad P_2 = \frac{P}{1+2\cos^2\theta} \tag{g}$$

式 (e) に上式の P_2 を代入すれば, 点 O の鉛直方向変位 δ_V が以下のように求まる.

$$\delta_V = \delta_2 = \frac{4Pl}{E\pi D^2(1+2\cos^2\theta)} \quad \cdots \text{(答)}$$

12.6 最小仕事の原理と仮想仕事の原理

あらためて, 例題 12.2 に示す不静定トラスについて考える. 系全体に蓄えられるひずみエネルギー U は, 外力 P と部材 OB に作用する荷重 P_2 を用いて次式ように表される.

$$U = U_1 + U_2 = \frac{(P-P_2)^2 l}{E\pi D^2\cos^2\theta} + \frac{2P_2^2 l}{E\pi D^2} \tag{12.34}$$

ここで, P_2 は不静定量である. このひずみエネルギー U を不静定量 P_2 で偏微分すると,

$$\frac{\partial U}{\partial P_2} = \frac{\partial U_1}{\partial P_2} + \frac{\partial U_1}{\partial P_2} = \frac{2(-P+P_2)l}{E\pi D^2\cos^2\theta} + \frac{4P_2 l}{E\pi D^2} \tag{12.35}$$

となる. ここで上式の結果を 0 とおけば,

$$\frac{2(-P+P_2)l}{E\pi D^2\cos^2\theta} + \frac{4P_2 l}{E\pi D^2} = 0 \tag{12.36}$$

上式より, 不静定量 P_2 が以下のように求まる.

$$P_2 = \frac{P}{1+2\cos^2\theta} \tag{12.37}$$

上記の結果は, 先の例題 12.2 の結果に一致することが確かめられる.

すなわち, 外力を受けてつり合いの状態にある不静定問題において, 系全体に蓄えられるひずみエネルギーを不静定量の関数として表したのち, 系のひずみエネルギーを不静定量で偏微分した結果を 0 とおくことによって不静定量が求まることがわかる. つまり, 不静定問題においては, 系に蓄えられる全ひずみエネルギーが不静定量に対して極値 (最小値) をとる条件において, 不静定量が決定されることを意味している. これを**最小仕事の原理** (principle of least work) という.

さて, 長さ l のはりの先端に荷重 P が作用する片持はり (図 12.4) についてあらためて考える. 外力 P がなす仮想仕事は次式で定義される.

$$W = Pw \tag{12.38}$$

ここで，w は荷重点におけるはりのたわみである．仮想仕事 W とひずみエネルギー U を用いて次式で表されるエネルギー K を新たに定義する．

$$K = U - W \tag{12.39}$$

このエネルギー K を弾性体の**ポテンシャルエネルギー** (potential energy) と呼ぶ．つり合い状態においては，弾性体がもつポテンシャルエネルギーは極小値をとる．これがいわゆる**仮想仕事の原理** (principle of virtual work) である[1]．

片持はりにおけるポテンシャルエネルギー K は，

$$K = \frac{P^2 l^3}{6EI} - Pw \tag{12.40}$$

であるから，上式を荷重 P で微分すると，

$$\frac{dK}{dP} = \frac{Pl^3}{3EI} - w \tag{12.41}$$

となり，さらにこの結果を 0 とおけば，

$$w = \frac{Pl^3}{3EI} \tag{12.42}$$

すなわち，ポテンシャルエネルギーが極小値をとる条件より，片持はり先端のたわみが求められることが確かめられる．

例題 12.3 仮想仕事の原理を用いたたわみの計算

両端を単純支持された長さ l のはりにおいて，左端から a，右端から b の点 C に荷重 P が作用している．この状態におけるはりのポテンシャルエネルギーを計算し，ポテンシャルエネルギーを微分することによって荷重点のたわみを求めよ．はりの長さは l，ヤング率は E，断面二次モーメントは I である．

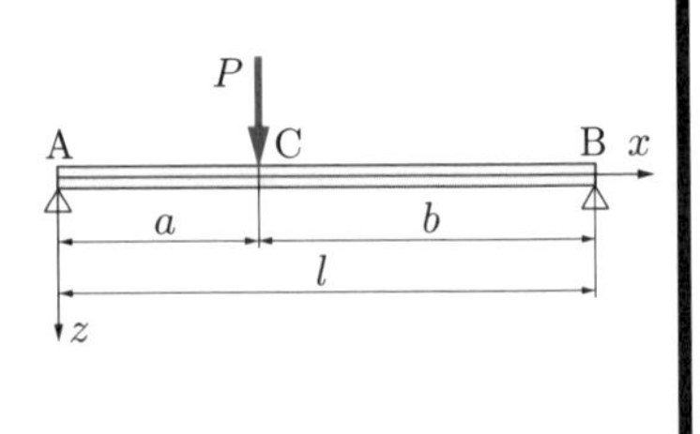

[1]正確には，つり合い状態において外力のなす微小な仮想仕事がひずみエネルギーの増加に等しくなることが仮想仕事の原理の定義である．

（解答例）

AC 間および CB 間における曲げモーメントは以下のようになる．

$$M(x) = \begin{cases} \dfrac{Pbx}{l} & (0 \leq x \leq a) \\ \dfrac{Pa(l-x)}{l} & (a \leq x \leq l) \end{cases} \tag{a}$$

したがって，このはりに蓄えられるひずみエネルギーは次式で求められる．

$$U = \int_0^l \frac{M^2}{2EI}dx = \int_0^a \frac{1}{2EI}\left(\frac{Pbx}{l}\right)^2 dx + \int_a^l \frac{1}{2EI}\left\{\frac{Pa(l-x)}{l}\right\}^2 dx$$

$$= \frac{P^2b^2}{2EIl^2}\int_0^a x^2 dx + \frac{P^2a^2}{2EIl^2}\int_a^l (l-x)^2 dx = \frac{P^2a^2b^2}{6EIl} \tag{b}$$

また，荷重 P による仮想仕事は，はりのたわみを w とすると，$W = Pw$ で与えられるから，このはりのつり合い状態におけるポテンシャルエネルギー K は次のように表される．

$$K = U - W = \frac{P^2a^2b^2}{6EIl} - Pw \tag{c}$$

上式で表されるポテンシャルエネルギー K を荷重 P で微分すると，

$$\frac{dK}{dP} = \frac{Pa^2b^2}{3EIl} - w \tag{d}$$

ポテンシャルエネルギーが極小になる条件を求めるために，上式の結果を 0 とおけば，荷重点におけるたわみ w が以下のように求められる．

$$w = \frac{Pa^2b^2}{3EIl} \quad \cdots \text{(答)}$$

演習問題 12.1：段付き丸棒の変形

ヤング率 E の段付き丸棒があり，段部 C に紙面右向きの荷重 P が作用している．各部の長さと直径は図に示すとおりである．AC 間に作用する軸力を不静定量として段付き棒に蓄えられるひずみエネルギーを求めることにより，荷重点 C における変位を求めよ．

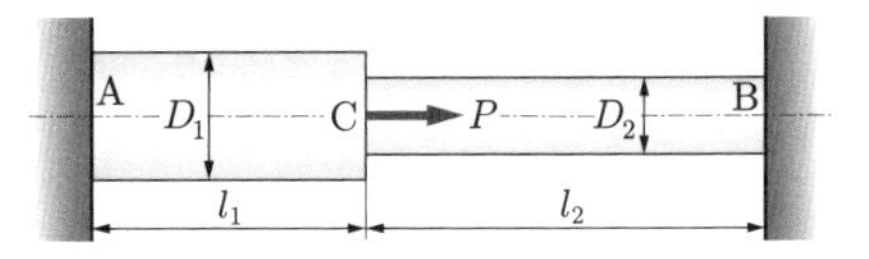

ヒント：ひずみエネルギーを不静定量で微分して極小値をとる条件から不静定量を決定せよ．

演習問題 12.2：コイルばねの伸び

コイル部の直径が $2r$，巻き数が N，線材の径が D のコイルばねがある．材料のせん断弾性係数は G である．このコイルばねの両端に引張荷重 F が作用しているとき，このばねの両端に生じる伸びを求めよ．なお，直径 $2r$ に比べて線径 D は非常に小さく，コイル部はピッチが小さく極めて密に巻かれており，ばねの線材にはねじり変形のみが生じると考えてよい．

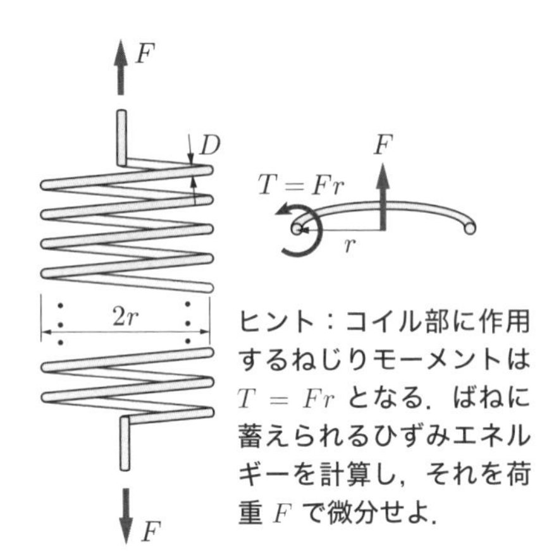

ヒント：コイル部に作用するねじりモーメントは $T = Fr$ となる．ばねに蓄えられるひずみエネルギーを計算し，それを荷重 F で微分せよ．

演習問題 12.3：集中モーメントが作用する両端回転自由のはり

両端が回転自由に支持され，左端から a，右端から b の位置に大きさ M_0 の集中モーメントが作用しているはりがある．はりに蓄えられるひずみエネルギーを M_0 で表したのち，モーメントの作用点における回転角 (たわみ角) を求めよ．はりの長さは l，ヤング率は E，断面二次モーメントは I である．

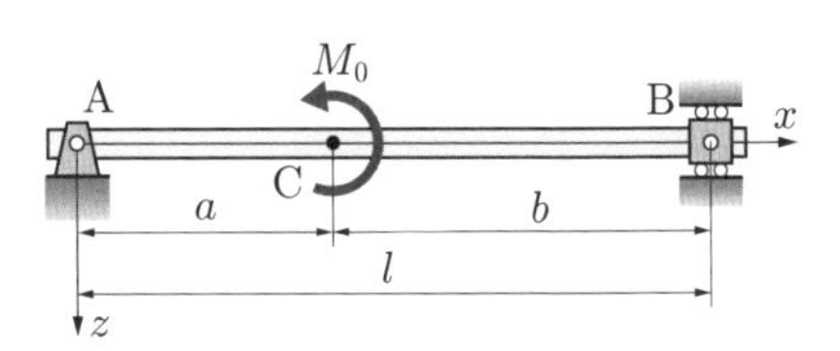

ヒント：M_0 の関数として表されたひずみエネルギーを M_0 で微分せよ．

演習問題 12.4：ばねにより支持されたはりの曲げ

先端をばね定数 k のばねにより支持され，一様な分布荷重 q が作用する片持はりを考える．はりの長さは l，ヤング率は E，断面二次モーメントは I である．はり先端のたわみをカスティリアノの定理もしくは最小仕事の原理を用いて求めよ．ただし，$q = 0$ であるとき，ばねからの反力 R は 0 である．

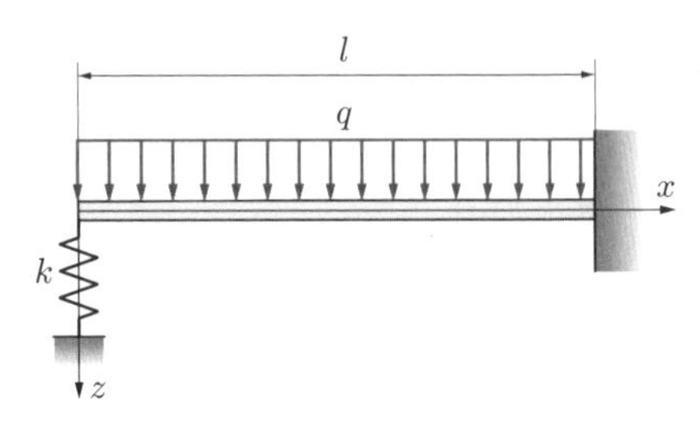

第13章　組合せ応力

一般に弾性体には，三次元の各座標方向に対して垂直応力やせん断応力が作用している．本章では弾性体に対して複数の方向に応力が作用する状態，すなわち組合せ応力状態について考える．二次元の応力状態における応力とひずみの関係式や，任意の角度の面に作用する垂直応力とせん断応力の求め方について解説する．

13.1　弾性体に作用する応力

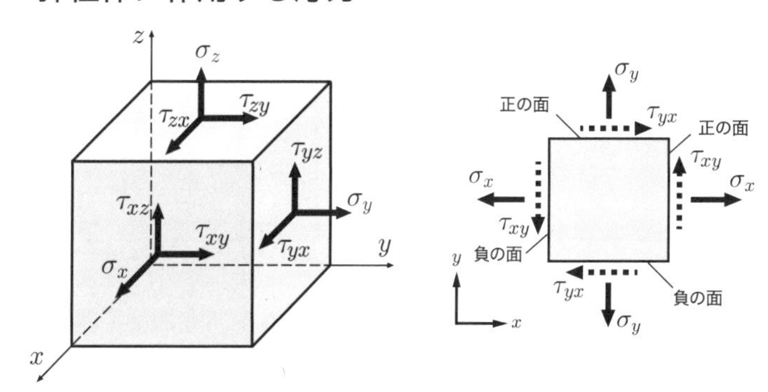

図 13.1 弾性微小要素に作用する応力　　図 13.2 正の応力の定義

弾性体内の応力は，x，y，z 軸方向の三次元的な応力成分により記述することができる[1]．図 13.1 に示されるような x-y-z 座標空間内の一点における応力成分について考える．着目点まわりに大きさ無限小の立方体を考え，x，y，z の各軸に垂直な面に作用する垂直応力を σ_x，σ_y，σ_z と定義する．また，x 軸に垂直な面に作用するせん断応力を τ_{xy}，τ_{xz} と定義する．同様に，y 軸に垂直な面に作用するせん断応力を τ_{yx}，τ_{yz}，z 軸に垂直な面に作用するせん断応力を τ_{zx}，τ_{zy}

[1]本来，σ_x，σ_y，τ_{xy} などは応力テンソルの成分 (応力成分) であるが，本書では応力と応力成分の表記を特に区別せずに用いる．

と定義する．せん断応力の添字は，前の添字が作用面を，後ろの添字が作用方向を表す．ここで，図 13.2 に示されるように，法線ベクトルが各座標軸の正の向きである面を**正の面**，各座標軸の負の向きである面を**負の面**と呼ぶ．

立方体の対向する面，例えば x 軸の正の面と x 軸の負の面には同じ大きさの応力が逆向きに作用する．応力の正負に関しては，それぞれの座標軸の正の面において座標軸の正の向きに作用する応力を**正の応力**として定義する．他方，各座標軸の負の面において座標軸の負の向きに作用する応力も正の応力となる．また，立方体の中心に関するモーメントのつり合いより，作用方向が直交する対称 (共役) なせん断応力成分の大きさは等しい．すなわち，$\tau_{yx} = \tau_{xy}$，$\tau_{zy} = \tau_{yz}$，$\tau_{xz} = \tau_{zx}$ である．

13.2 垂直ひずみとせん断ひずみ

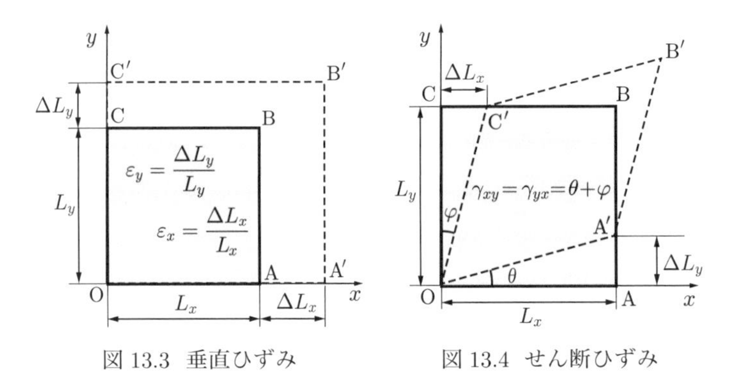

図 13.3 垂直ひずみ　図 13.4 せん断ひずみ

ここでは，弾性体に生じる垂直ひずみとせん断ひずみについてあらためて考える．図 13.3 は弾性体の x-y 面内における垂直ひずみについて模式的に示したものである．無負荷の状態で x 軸方向に L_x，y 軸方向に L_y の長さをもつ矩形の領域がそれぞれの軸方向に ΔL_x，ΔL_y だけ伸びた状態を考える．この変形過程における x 軸方向の垂直ひずみ ε_x と y 軸方向の垂直ひずみ ε_y は，

$$\varepsilon_x = \frac{\Delta L_x}{L_x}, \quad \varepsilon_y = \frac{\Delta L_y}{L_y} \tag{13.1}$$

となる．z 軸方向のひずみも同様に，基準長さを L_z，伸びを ΔL_z として，

$$\varepsilon_z = \frac{\Delta L_z}{L_z} \tag{13.2}$$

と定義できる．

次に，図 13.4 に示されるように，x-y 平面内におけるせん断ひずみについて考える．x 軸方向に L_x，y 軸方向に L_y の長さを持つ矩形領域において，x 軸の正の面のせん断変形量を ΔL_y，y 軸の正の面のせん断変形量を ΔL_x とする．第 1 章において，せん断ひずみは，ある方向の基準長さと，それに直交する方向のせん断変形量の比で定義できると述べた．これは L_x と ΔL_y の比を考えることに相当するが，それと直交する方向，すなわち L_y と ΔL_x の比としてもせん断ひずみを定義することができる．すなわち，以下の 2 つのせん断ひずみ，

$$\theta \fallingdotseq \tan\theta = \frac{\Delta L_y}{L_x}, \quad \varphi \fallingdotseq \tan\varphi = \frac{\Delta L_x}{L_y} \tag{13.3}$$

が生じる．ここで，$\angle \mathrm{OAB} \to \angle \mathrm{OA'B'}$ の変形過程における角度の増加量は $\theta+\varphi$ であるから，これをせん断ひずみ γ_{xy} と定義する．

$$\gamma_{xy} = \theta + \varphi \fallingdotseq \frac{\Delta L_y}{L_x} + \frac{\Delta L_x}{L_y} \tag{13.4}$$

せん断ひずみ γ_{xy} は座標 x，y に対して対称性 (共役性) を有するので，

$$\gamma_{xy} = \gamma_{yx} \tag{13.5}$$

となることが確かめられる．ここでは x-y 平面におけるせん断ひずみについて述べたが，y-z 平面，z-x 平面においても同様の議論が成り立つ．

13.3　応力とひずみの関係式

ヤング率 E，ポアソン比 ν の等方弾性体に対して垂直応力 σ_x，σ_y，σ_z が作用している場合に x 軸方向に生じるひずみ ε_x について考える．σ_x により生じるひずみはフックの法則により σ_x/E であり，σ_y，σ_z によって生じるひずみはそれぞれポアソン比の定義により $-\nu\sigma_y/E$，$-\nu\sigma_z/E$ となる．線形弾性体であれば**重ね合わせの原理**が成立するので，これら 3 つのひずみの和を考えて，

$$\varepsilon_x = \frac{1}{E}\sigma_x - \frac{\nu}{E}\sigma_y - \frac{\nu}{E}\sigma_z \tag{13.6}$$

となる．ちなみに，x 軸方向の応力のみが作用する場合には，右辺第一項のみが残り，ここまでの章で用いてきた一軸引張・圧縮問題におけるフックの法則 $\sigma_x = E\varepsilon_x$ が得られる[2]．

[2]すなわち，多軸応力問題では，一般に ε_x から σ_x を，もしくは σ_x から ε_x を一意に決定することができない．

同様に，y 軸方向の垂直ひずみ ε_y，z 軸方向の垂直ひずみ ε_z と応力 σ_x，σ_y，σ_z の関係式は以下のようになる．

$$\varepsilon_y = -\frac{\nu}{E}\sigma_x + \frac{1}{E}\sigma_y - \frac{\nu}{E}\sigma_z \tag{13.7}$$

$$\varepsilon_z = -\frac{\nu}{E}\sigma_x - \frac{\nu}{E}\sigma_y + \frac{1}{E}\sigma_z \tag{13.8}$$

せん断応力とせん断ひずみの関係も，せん断弾性係数 G を用いて以下のように書き表せる．

$$\gamma_{yz} = \frac{\tau_{yz}}{G},\quad \gamma_{zx} = \frac{\tau_{zx}}{G},\quad \gamma_{xy} = \frac{\tau_{xy}}{G} \tag{13.9}$$

13.4　平面応力と平面ひずみ

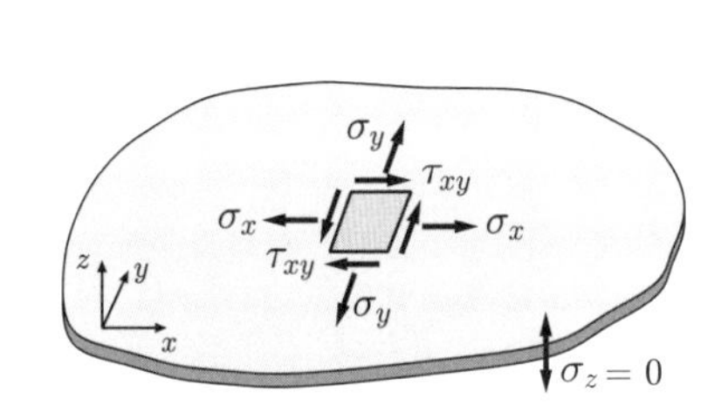

図 13.5　平面応力

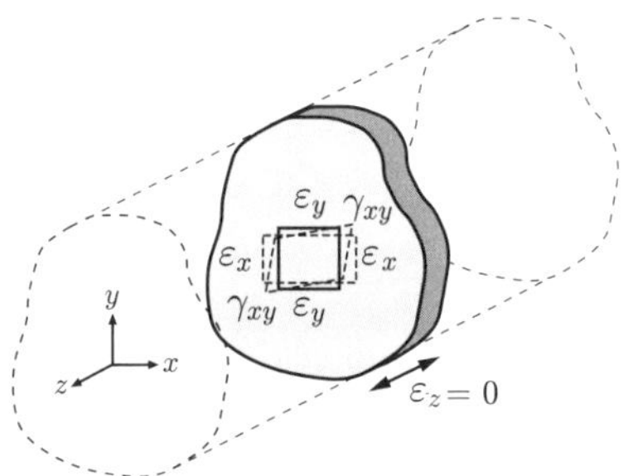

図 13.6　平面ひずみ

(1) 平面応力

z 軸方向の応力成分がすべて 0 であるとき，すなわち，$\sigma_z = 0, \tau_{xz} = 0, \tau_{yz} = 0$ の場合について考える．せん断応力の対称性 (共役性) より，$\tau_{zx} = \tau_{xz} = 0$，$\tau_{zy} = \tau_{yz} = 0$ であるから，0 でない応力成分は σ_x，σ_y，τ_{xy} のみとなる．このような応力状態を**平面応力** (plane stress) と呼ぶ．例えば，図 13.5 のような薄い平板の面内にのみ垂直応力とせん断応力が作用する場合は，板厚方向の応力 σ_z が 0 となると考えて，解析対象の弾性体を近似的に x-y 平面内での平面応力状態として取り扱うことができる．

応力 σ_x，σ_y が作用する場合のひずみ ε_x，ε_y を考えると，平面応力状態においては式 (13.6)，(13.7) における応力 σ_z が 0 の場合を考えればよいので，

$$\varepsilon_x = \frac{1}{E}\sigma_x - \frac{\nu}{E}\sigma_y,\quad \varepsilon_y = -\frac{\nu}{E}\sigma_x + \frac{1}{E}\sigma_y \tag{13.10}$$

式 (13.10) を行列を用いて表記すれば次式となる．

$$\begin{pmatrix} \varepsilon_x \\ \varepsilon_y \end{pmatrix} = \frac{1}{E} \begin{pmatrix} 1 & -\nu \\ -\nu & 1 \end{pmatrix} \begin{pmatrix} \sigma_x \\ \sigma_y \end{pmatrix} \tag{13.11}$$

ひずみ ε_z は式 (13.8) において $\sigma_z = 0$ として次式で表される．

$$\varepsilon_z = -\frac{\nu}{E}(\sigma_x + \sigma_y) \tag{13.12}$$

式 (13.11) 右辺の係数行列の逆行列を求め，両辺の左側から乗じれば，結果的に以下のような平面応力状態の垂直応力と垂直ひずみの関係式を得る．

$$\begin{pmatrix} \sigma_x \\ \sigma_y \end{pmatrix} = \frac{E}{1-\nu^2} \begin{pmatrix} 1 & \nu \\ \nu & 1 \end{pmatrix} \begin{pmatrix} \varepsilon_x \\ \varepsilon_y \end{pmatrix} \tag{13.13}$$

x-y 平面内のせん断応力とせん断ひずみの関係は次式で表される．

$$\tau_{xy} = G\gamma_{xy} \tag{13.14}$$

(2) 平面ひずみ

次に，図 13.6 に示されるように，z 軸方向に無限に長い弾性体の変形について考える．この場合は弾性体の z 軸方向への変形は拘束されているので，z 軸方向に関するひずみ ε_z，γ_{yz}，γ_{zx} は 0 となる．このような状態を，**平面ひずみ** (plane strain) と呼ぶ．式 (13.8) において $\varepsilon_z = 0$ とすれば，

$$-\frac{\nu}{E}\sigma_x - \frac{\nu}{E}\sigma_y + \frac{1}{E}\sigma_z = 0, \quad \therefore \ \sigma_z = \nu(\sigma_x + \sigma_y) \tag{13.15}$$

式 (13.15) を式 (13.6)，(13.7) に代入すると，

$$\varepsilon_x = \frac{1}{E}\sigma_x - \frac{\nu}{E}\sigma_y - \frac{\nu^2}{E}(\sigma_x + \sigma_y) = \frac{1-\nu^2}{E}\sigma_x - \frac{\nu+\nu^2}{E}\sigma_y \tag{13.16}$$

$$\varepsilon_y = -\frac{\nu}{E}\sigma_x + \frac{1}{E}\sigma_y - \frac{\nu^2}{E}(\sigma_x + \sigma_y) = -\frac{\nu+\nu^2}{E}\sigma_x + \frac{1-\nu^2}{E}\sigma_y \tag{13.17}$$

式 (13.16)，(13.17) を行列を用いて表記すると以下のようになる．

$$\begin{pmatrix} \varepsilon_x \\ \varepsilon_y \end{pmatrix} = \frac{1+\nu}{E} \begin{pmatrix} 1-\nu & -\nu \\ -\nu & 1-\nu \end{pmatrix} \begin{pmatrix} \sigma_x \\ \sigma_y \end{pmatrix} \tag{13.18}$$

上式右辺の係数行列の逆行列を両辺の左側から乗じれば，次式のように平面ひずみ状態における垂直応力と垂直ひずみの関係式を得る．

$$\begin{pmatrix} \sigma_x \\ \sigma_y \end{pmatrix} = \frac{E}{(1+\nu)(1-2\nu)} \begin{pmatrix} 1-\nu & \nu \\ \nu & 1-\nu \end{pmatrix} \begin{pmatrix} \varepsilon_x \\ \varepsilon_y \end{pmatrix} \tag{13.19}$$

せん断応力とせん断ひずみの関係は平面応力と同様に式 (13.14) で表される．

13.5 斜面上の応力

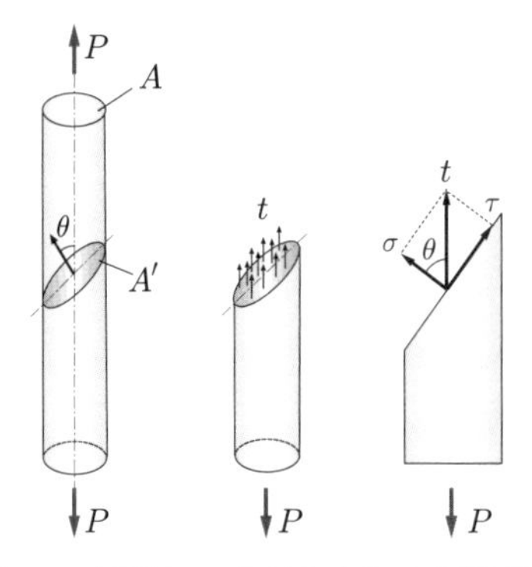

図 13.7 斜面上の垂直応力とせん断応力

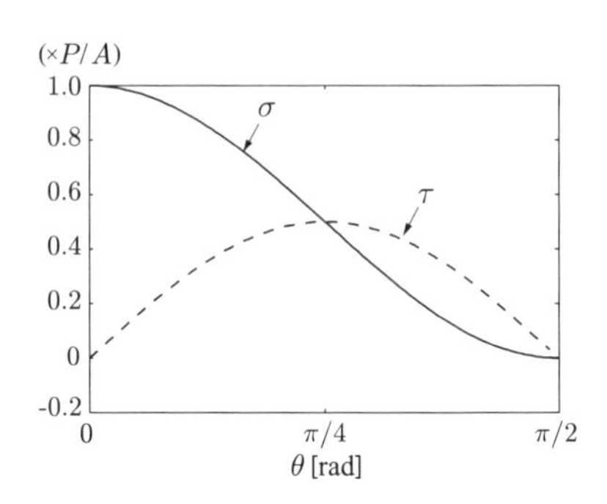

図 13.8 斜面上の σ, τ と角度 θ の関係

図 13.7 に示されるように，断面積 A の丸棒に引張荷重 P が作用している状態において，棒を斜めに切断した場合の断面，すなわち棒の軸線に対して角度 θ だけ傾いた斜面に作用する応力について考える．この斜面は面積 $A' = A/\cos\theta$ の楕円であり，軸力 P とつり合うように棒の長手方向への単位面積あたりの力 t が斜面上に作用する[3]．外力 P との力のつり合いを考えると，

$$P = A't = \frac{At}{\cos\theta}, \quad \therefore \ t = \frac{P\cos\theta}{A} \tag{13.20}$$

ここで，上式の t を斜面の法線方向成分である垂直応力 σ と斜面に平行な成分のせん断応力 τ に分解すると以下のようになる．

$$\sigma = t\cos\theta = \frac{P}{A}\cos^2\theta = \frac{P}{2A}(1+\cos 2\theta) \tag{13.21}$$

$$\tau = t\sin\theta = \frac{P}{A}\cos\theta\sin\theta = \frac{P}{2A}\sin 2\theta \tag{13.22}$$

すなわち，図 13.8 に示されるように，弾性体に作用する垂直応力とせん断応力の大きさは着目面の角度に対して正弦波状に変化することが確かめられる．

式 (13.21) より，垂直応力 σ は $\theta = 0^\circ$ において以下の最大値をとる．

$$\sigma_{\max} = \frac{P}{A} \tag{13.23}$$

一方，式 (13.22) より，せん断応力 τ は $\theta = 45^\circ$ において以下の最大値をとる．

$$\tau_{\max} = \frac{1}{2}\sigma_{\max} = \frac{P}{2A} \tag{13.24}$$

[3]この単位面積当たりの力 t は，表面力ないしは応力ベクトルと呼ばれることもある．

13.6 応力成分の座標変換

図 13.9 に示されるように，弾性体内に単位厚さの長方形領域を考えて，x-y 平面内に作用する応力成分について議論する．この長方形領域に，一様な垂直応力 σ_x, σ_y，せん断応力 $\tau_{xy}(=\tau_{yx})$ が作用しているものとする．長方形領域内の一点 O を通る斜面 AB に生じる応力を求めるために，図のような三角形要素 ABC を考えて，この三角形の各辺に作用する応力のつり合いについて考える．

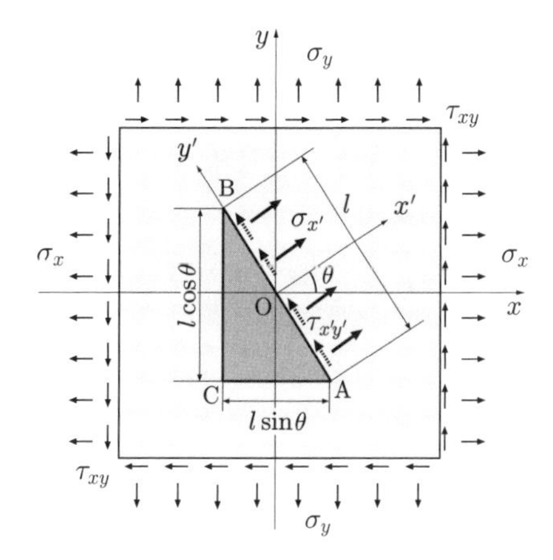

図 13.9 応力成分の座標変換

長さ l の斜面 AB に対して垂直な方向に x' 軸を，斜面 AB に対して平行な方向に y' 軸を新たに定義する．x 軸と x' 軸のなす角を θ として，x' 軸方向の力のつり合いを考えると，

$$\overline{\mathrm{AB}}\,\sigma_{x'} = \overline{\mathrm{BC}}\,\sigma_x\cos\theta + \overline{\mathrm{AC}}\,\sigma_y\sin\theta + \overline{\mathrm{BC}}\,\tau_{xy}\sin\theta + \overline{\mathrm{AC}}\,\tau_{xy}\cos\theta \tag{13.25}$$

同様に，y' 軸方向の力のつり合いより，

$$\overline{\mathrm{AB}}\,\tau_{x'y'} = -\overline{\mathrm{BC}}\,\sigma_x\sin\theta + \overline{\mathrm{AC}}\,\sigma_y\cos\theta + \overline{\mathrm{BC}}\,\tau_{xy}\cos\theta - \overline{\mathrm{AC}}\,\tau_{xy}\sin\theta \tag{13.26}$$

$\overline{\mathrm{AB}} = l$，$\overline{\mathrm{BC}} = l\cos\theta$，$\overline{\mathrm{AC}} = l\sin\theta$ であることより，斜面 AB 上に作用する垂直応力 $\sigma_{x'}$ およびせん断応力 $\tau_{x'y'}$ が以下のように求められる．

$$\sigma_{x'} = \sigma_x\cos^2\theta + \sigma_y\sin^2\theta + \tau_{xy}\sin 2\theta \tag{13.27}$$

$$\tau_{x'y'} = \frac{1}{2}(\sigma_y - \sigma_x)\sin 2\theta + \tau_{xy}\cos 2\theta \tag{13.28}$$

さらに，式 (13.27) における θ を $\theta + \pi/2$ で置き換えることにより，y' 軸に垂直な面に作用する垂直応力 $\sigma_{y'}$ が以下のように求められる．

$$\sigma_{y'} = \sigma_x\sin^2\theta + \sigma_y\cos^2\theta - \tau_{xy}\sin 2\theta \tag{13.29}$$

結果的に，式 (13.27), (13.28), (13.29) は，x-y 座標系の応力成分を x'-y' 座標系に変換するための計算式となることがわかる．

演習問題 13.1：圧縮負荷を受ける角棒

z 軸方向に無限の長さをもつ角棒がある．角棒のヤング率は 206 GPa，ポアソン比は 0.3 であり，角棒の断面は一辺の長さが 20 mm の正方形である．この角棒に対して x 軸方向に 30 MPa，y 軸方向に 20 MPa の圧縮応力が作用している．この角棒に生じるひずみ ε_x，ε_y，応力 σ_z を求めよ．ただし，$\varepsilon_z = 0$ であり，角棒の変形は平面ひずみ状態を満足するものとする．

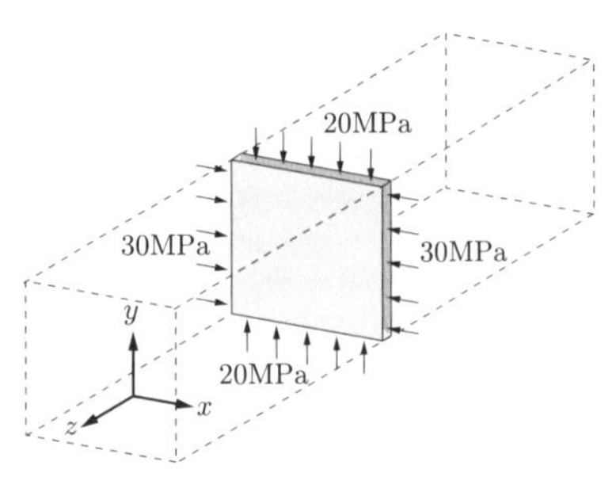

演習問題 13.2：応力成分の座標変換 (1)

y 軸方向に一様な垂直応力 100 MPa が作用している帯板がある．x 軸を角度 θ だけ回転させた x' 軸に垂直な面に作用する垂直応力 $\sigma_{x'}$，せん断応力 $\tau_{x'y'}$ について考えるものとする．$\theta = 30°$ および $\theta = 45°$ のとき，この面に作用する垂直応力とせん断応力をそれぞれ求めよ．

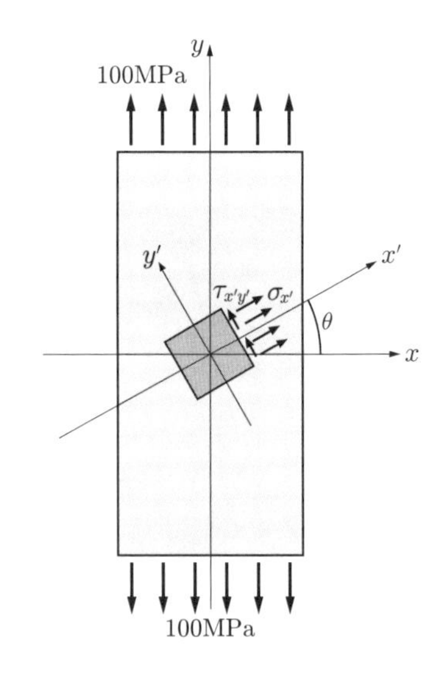

演習問題 13.3：応力成分の座標変換 (2)

弾性体内のある点に，せん断応力 $\tau_{xy} = \tau_{yx} = 20$ MPa が作用している．x 軸を角度 θ だけ回転させた x' 軸に垂直な面に作用する応力について考える．$\theta = 30°$ および $\theta = 45°$ のとき，この面に作用する垂直応力とせん断応力をそれぞれ求めよ．

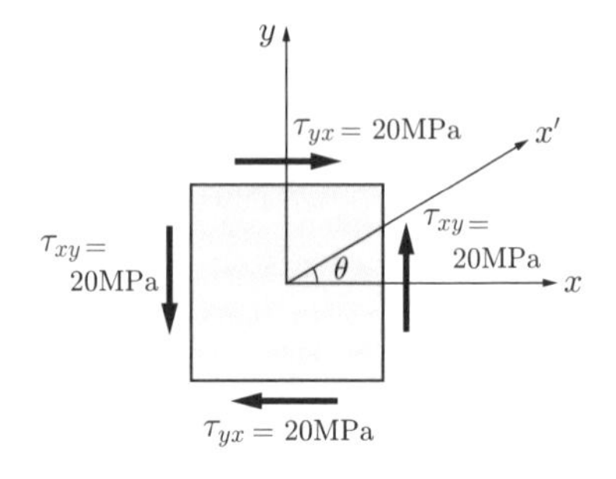

第14章　主応力

材料や構造物の破損や破壊を議論する場合には，垂直応力やせん断応力の最大値である主応力や主せん断応力を考えることが重要である．本章では弾性体内に生じる垂直応力やせん断応力の最大値を求めるための主応力の概念について説明するとともに，主応力を図式的な解法によって簡便に求めるためのモールの応力円について詳しく解説する．

14.1　主応力

前章において，斜面上の応力や応力成分の座標変換について述べたように，ある座標系では引張応力のみが作用する場合でも，もとの座標を回転させた別の座標系ではせん断応力が現れ，垂直応力の値も変化する．金属材料や樹脂材料はさまざまな変形と破損・破壊の特性を示すが，それらを適切に議論するためには材料や構造物に作用する垂直応力やせん断応力の最大値と作用方向を適切に評価することが重要である．そこで本章では，垂直応力やせん断応力の最大値の求め方について考えることにする．

式 (13.27) で表される $\sigma_{x'}$ を三角関数の半角公式を用いて変形すると，

$$\sigma_{x'} = \frac{\sigma_x + \sigma_y}{2} + \frac{\sigma_x - \sigma_y}{2}\cos 2\theta + \tau_{xy}\sin 2\theta \tag{14.1}$$

垂直応力の最大値と最小値を求めるために，上式を θ で微分して 0 とおくと，

$$\frac{d\sigma_{x'}}{d\theta} = -(\sigma_x - \sigma_y)\sin 2\theta + 2\tau_{xy}\cos 2\theta = 0$$

$$\therefore\quad \tan 2\theta = \frac{2\tau_{xy}}{\sigma_x - \sigma_y} \tag{14.2}$$

上式を満足する θ $(0 \leq \theta \leq \pi)$ は 2 つ存在し，その小さい側の角度を θ_1 とすれば，もう一方は $\theta_2 = \theta_1 + \pi/2$ となる．すなわち，垂直応力の最大値と最小値が生じる 2 つの面は互いに直交する．

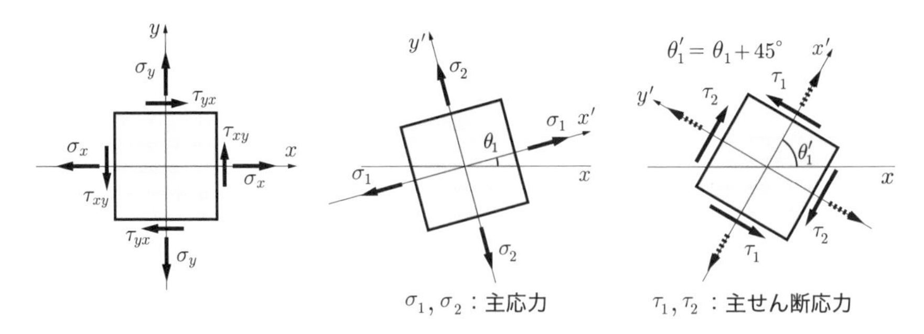

図 14.1 主応力・主せん断応力

以上のように求められる垂直応力の最大値 σ_1 および最小値 σ_2 を**主応力** (principal stress) と呼ぶ．平面応力問題もしくは平面ひずみ問題では，求められる 2 つの主応力のうち，大きいものを**最大主応力** (maximum principal stress)，小さいものを**最小主応力** (minimum principal stress) と呼ぶ．また，主応力が作用する面を**主応力面** (principal stress plane)，主応力の作用する方向，すなわち主応力面の方向を**主応力軸** (principal stress axis) と呼び，2 つの主応力軸は図 14.1 に示されるように必ず直交する．式 (14.2) より $\cos 2\theta$，$\sin 2\theta$ を求めると，

$$\frac{1}{\cos^2 2\theta} = 1 + \tan^2 2\theta = \frac{(\sigma_x - \sigma_y)^2 + 4\tau_{xy}^2}{(\sigma_x - \sigma_y)^2}$$

$$\therefore \quad \cos 2\theta = \pm \frac{\sigma_x - \sigma_y}{\sqrt{(\sigma_x - \sigma_y)^2 + 4\tau_{xy}^2}} \tag{14.3}$$

$$\sin 2\theta = \pm \frac{2\tau_{xy}}{\sqrt{(\sigma_x - \sigma_y)^2 + 4\tau_{xy}^2}} \tag{14.4}$$

式 (14.3)，式 (14.4) を式 (13.28) に代入すると，

$$\tau_{x'y'} = \pm \frac{1}{2}(\sigma_y - \sigma_x) \frac{2\tau_{xy}}{\sqrt{(\sigma_x - \sigma_y)^2 + 4\tau_{xy}^2}} \pm \tau_{xy} \frac{\sigma_x - \sigma_y}{\sqrt{(\sigma_x - \sigma_y)^2 + 4\tau_{xy}^2}} = 0 \tag{14.5}$$

となるので，2 つの主応力面におけるせん断応力は 0 となることがわかる．

式 (14.1) に式 (14.3)，(14.4) を代入して整理すれば，主応力 σ_1，σ_2 が次式のように求められる．

$$(\sigma_1,\ \sigma_2) = \frac{\sigma_x + \sigma_y}{2} \pm \sqrt{\left(\frac{\sigma_x - \sigma_y}{2}\right)^2 + \tau_{xy}^2} \tag{14.6}$$

式 (14.2) より，以下の角度 θ_1，θ_2 の面で主応力は生じる．

$$\left.\begin{aligned} \theta_1 &= \frac{1}{2}\tan^{-1}\frac{2\tau_{xy}}{\sigma_x - \sigma_y} & &\left(-\frac{\pi}{4} \leq \theta_1 \leq \frac{\pi}{4}\right) \\ \theta_2 &= \frac{1}{2}\tan^{-1}\frac{2\tau_{xy}}{\sigma_x - \sigma_y} + \frac{\pi}{2} & &\left(\frac{\pi}{4} \leq \theta_2 \leq \frac{3\pi}{4}\right) \end{aligned}\right\} \tag{14.7}$$

なお，$\sigma_x > \sigma_y$ の場合，θ_1 が最大主応力が生じる面を，θ_2 が最小主応力が生じる面を表す．他方，$\sigma_x < \sigma_y$ の場合，θ_2 が最大主応力が生じる面を，θ_1 が最小主応力が生じる面を表す．

14.2 主せん断応力

主応力と同様に，せん断応力の最大値と最小値を**主せん断応力** (principal shear stress) と呼び，せん断応力が最大・最小となる面を**主せん断応力面** (principal shear stress plane) と呼ぶ．主せん断応力を求めるために，せん断応力の座標変換式 (13.28) を θ で微分し，その結果を 0 とおくと，

$$\begin{aligned} &\frac{d\tau_{x'y'}}{d\theta} = (\sigma_y - \sigma_x)\cos 2\theta - 2\tau_{xy}\sin 2\theta = 0 \\ &\therefore \quad \tan 2\theta = -\frac{\sigma_x - \sigma_y}{2\tau_{xy}} \end{aligned} \tag{14.8}$$

この結果より，$\cos 2\theta$ および $\sin 2\theta$ が，

$$\cos 2\theta = \pm\frac{2\tau_{xy}}{\sqrt{(\sigma_x - \sigma_y)^2 + 4\tau_{xy}^2}} \tag{14.9}$$

$$\sin 2\theta = \pm\frac{\sigma_x - \sigma_y}{\sqrt{(\sigma_x - \sigma_y)^2 + 4\tau_{xy}^2}} \tag{14.10}$$

のときに，以下の主せん断応力が生じることがわかる．

$$(\tau_1,\ \tau_2) = \pm\sqrt{\left(\frac{\sigma_x - \sigma_y}{2}\right)^2 + \tau_{xy}^2} \tag{14.11}$$

なお，式 (14.6)，(14.11) より，主せん断応力の大きさは主応力差の 1/2 となることがわかる．

$$(\tau_1,\ \tau_2) = \pm\frac{1}{2}(\sigma_1 - \sigma_2) \tag{14.12}$$

主応力が生じる面の角度 θ と主せん断応力が生じる面の角度 φ は，

$$\tan 2\theta = \frac{2\tau_{xy}}{\sigma_x - \sigma_y},\quad \tan 2\varphi = -\frac{\sigma_x - \sigma_y}{2\tau_{xy}} \tag{14.13}$$

これらの2式より，

$$\tan 2\theta \cdot \tan 2\varphi = -1 \tag{14.14}$$

すなわち，2θ と 2φ は直交するから，主応力面と主せん断応力面は $\pi/4$ の角度をなす．すなわち，以下の角度の面において主せん断応力が生じる．

$$\left.\begin{aligned} \varphi_1 &= \frac{1}{2}\tan^{-1}\frac{2\tau_{xy}}{\sigma_x-\sigma_y}-\frac{\pi}{4} \quad \left(-\frac{\pi}{2} \le \varphi_1 \le 0\right) \\ \varphi_2 &= \frac{1}{2}\tan^{-1}\frac{2\tau_{xy}}{\sigma_x-\sigma_y}+\frac{\pi}{4} \quad \left(0 \le \varphi_2 \le \frac{\pi}{2}\right) \end{aligned}\right\} \tag{14.15}$$

例題 14.1　2軸の垂直応力を受ける長方形板

長方形板の x 軸に垂直な面に引張応力 $\sigma_x = 40\,\mathrm{MPa}$ が，y 軸に垂直な面に引張応力 $\sigma_y = 20\,\mathrm{MPa}$ が作用している．この板における主せん断応力の大きさと，主せん断応力が作用する面の角度 (その面の法線ベクトルが x 軸となす角度) を求めよ．

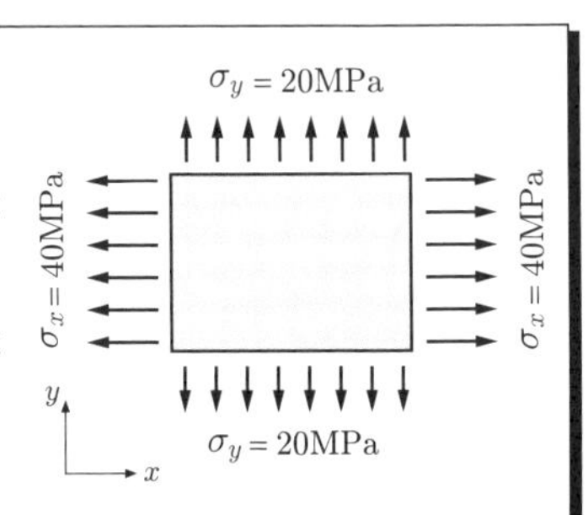

解答例

主せん断応力は，

$$(\tau_1,\ \tau_2) = \pm\sqrt{\left(\frac{\sigma_x-\sigma_y}{2}\right)^2+\tau_{xy}^2} = \pm\sqrt{\left(\frac{40-20}{2}\right)^2} = \pm\ 10\,\mathrm{MPa}$$

主せん断応力が生じる面の角度は，

$$\tan 2\theta = -\frac{\sigma_x-\sigma_y}{2\tau_{xy}} = -\infty$$

すなわち，$\theta_1 = -45^\circ$，$\theta_2 = 45^\circ$ の面において，主せん断応力 $\tau_1 = 10\,\mathrm{MPa}$，$\tau_2 = -10\,\mathrm{MPa}$ が生じる．

14.3　モールの応力円

式 (14.1) で与えられる垂直応力 $\sigma_{x'}$ に，以下の余弦関数の合成則：

$$a\cos\theta + b\sin\theta = \sqrt{a^2+b^2}\cos(\theta-\beta), \quad \tan\beta = b/a$$

を適用すると，

$$\sigma_{x'} = \frac{\sigma_x+\sigma_y}{2} + \sqrt{\left(\frac{\sigma_x-\sigma_y}{2}\right)^2+\tau_{xy}^2}\ \cos\Big(2\theta-\beta\Big) \tag{14.16}$$

となる．同様に，せん断応力の座標変換式 (13.28) に正弦関数の合成則：

$$a\sin\theta - b\cos\theta = \sqrt{a^2+b^2}\sin(\theta-\beta),\quad \tan\beta = b/a$$

を適用することにより，以下の式を得る．

$$\tau_{x'y'} = -\sqrt{\left(\frac{\sigma_x-\sigma_y}{2}\right)^2+\tau_{xy}^2}\ \sin\Bigl(2\theta-\beta\Bigr) \tag{14.17}$$

ただし，式 (14.16)，(14.17) の β は以下の式を満足する角度である．

$$\tan\beta = \frac{2\tau_{xy}}{\sigma_x-\sigma_y} \tag{14.18}$$

式 (14.16)，(14.17) より，角度 θ を変化させた場合の点 $(\sigma_{x'}, \tau_{x'y'})$ の軌跡は垂直応力を水平軸に，せん断応力を垂直軸 (下向きを正) とした座標平面において，中心を水平軸上に $(\sigma_x+\sigma_y)/2$ だけ平行移動した半径 $\sqrt{\left\{(\sigma_x-\sigma_y)/2\right\}^2+\tau_{xy}^2}$ の円となることがわかる．この円を**モールの応力円** (Mohr's stress circle) と呼ぶ．

水平軸 (σ 軸) から $-\beta$ だけ回転させた位置 (図 14.2 の点 A) が当初の与えられた応力 σ_x，τ_{xy} を表す点である．この点 A において角度 2θ は 0 となり，回転角 2θ は反時計回りを正と定義する．σ_y，τ_{yx} を表す点は，点 A を $2\theta=\pi(180^\circ)$ 回転させた点 A$'$ となる．

なお，本書におけるモールの応力円の作図法では，着目面における $\tau_{x'y'}$ の符号とせん断応力軸の符号を一致させているため，せん断応力軸は下向きを正と定義している．せん断応力軸を上向き正と定義する作図法を用いてもよいが，その場合はせん断応力の符号を反転させるか，角度 2θ の回転方向を逆向き (時計回り) に定義する必要がある．

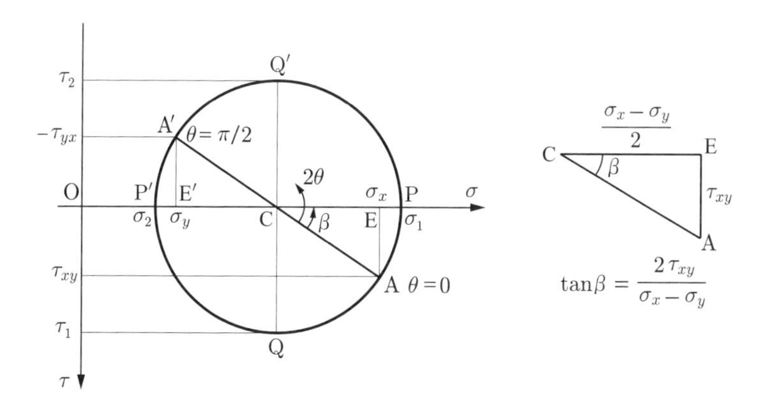

図 14.2 モールの応力円の作図

垂直応力の最大値と最小値，すなわち最大主応力 σ_1 と最小主応力 σ_2 は式(14.16) より次式で与えられる．

$$(\sigma_1,\ \sigma_2) = \overline{\mathrm{OC}} \pm \overline{\mathrm{CP}} = \frac{\sigma_x + \sigma_y}{2} \pm \sqrt{\left(\frac{\sigma_x - \sigma_y}{2}\right)^2 + \tau_{xy}^2} \tag{14.19}$$

主応力は，図 14.2 のモールの応力円が水平軸と交わる点で示され，垂直応力の最大値が最大主応力 (点 P)，最小値が最小主応力 (点 P′) である．

同様に，主せん断応力 τ_1，τ_2 は式 (14.17) より次式で与えられる．

$$(\tau_1,\ \tau_2) = \pm\overline{\mathrm{CP}} = \pm\sqrt{\left(\frac{\sigma_x - \sigma_y}{2}\right)^2 + \tau_{xy}^2} \tag{14.20}$$

主せん断応力は図 14.2 のモールの応力円上でせん断応力の絶対値が最大となる点 Q，Q′ で与えられる．

以上述べてきたように，モールの応力円を用いれば，主応力面や主せん断応力面の角度，主応力の大きさなどを，図式的な手法で，明快かつ簡便な手順により求めることができる．最後に，モールの応力円を用いた主応力の求め方の手順を以下にまとめておく．

1. σ-τ 平面 (τ 軸は下向きが正) を描き，与えられた応力 (σ_x, τ_{xy}) および (σ_y, $-\tau_{yx}$) をプロットする．なお，せん断応力 τ_{yx} は，着目面における $\tau_{x'y'}$ に対して逆向きに定義されるため，σ-τ 座標軸上では負となる．
2. 上記の 2 点を結ぶ線分を直径とするモールの応力円を描く．ちなみに，円の中心は必ず水平軸 (σ 軸) 上にとられることに注意すること．
3. 主応力はモールの応力円が水平軸と交わる 2 点において与えられる．垂直応力が最大となる点が最大主応力，最小となる点が最小主応力となる．また 2 つの主応力面は直交する．
4. 主せん断応力はせん断応力の絶対値が最大となるモールの応力円上の 2 点で与えられる．主せん断応力は，主応力面に対して $\pi/4$ の角度をなす面で生じる．

なお，主応力面では必ずせん断応力が 0 となるが，主せん断応力面における垂直応力は一般に 0 にはならず，2 軸方向に作用する垂直応力の平均値で与えられる等方的な垂直応力が生じることに注意したい．また，モールの応力円における回転角は 2θ であり，実際の応力作用面の回転角はその 1/2 となることにも注意して欲しい．

例題 14.2 モールの応力円

平面応力状態にある弾性体内のある点において，垂直応力 $\sigma_x = 120\,\mathrm{MPa}$，せん断応力 $\tau_{xy} = \tau_{yx} = 103.9\,\mathrm{MPa}$ が作用している．この点における主応力，主せん断応力の大きさと，主応力，主せん断応力が作用する面の法線が x 軸となす角度を求めよ．

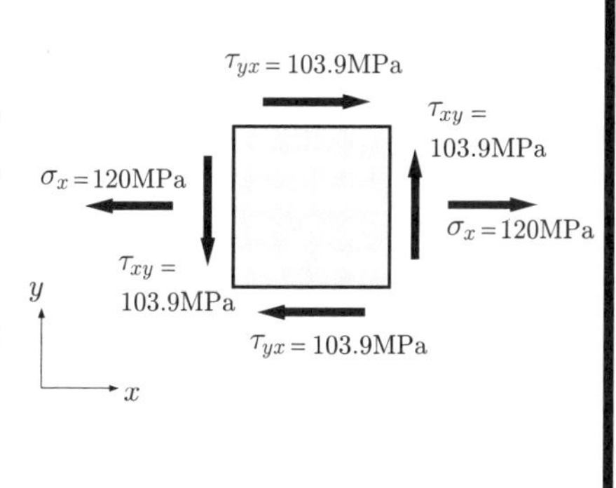

解答例

σ-τ 平面上に，A : $(\sigma_x, \tau_{xy}) = (120, 103.9)$[MPa]，A$'$: $(\sigma_y, -\tau_{yx}) = (0, -103.9)$[MPa] の 2 点をとる．これらの 2 点を結ぶ線分を直径とするモールの応力円を描くと下図のようになる．主応力はモールの応力円が水平軸 (σ 軸) と交わる点 P，P$'$ の 2 点で表される．

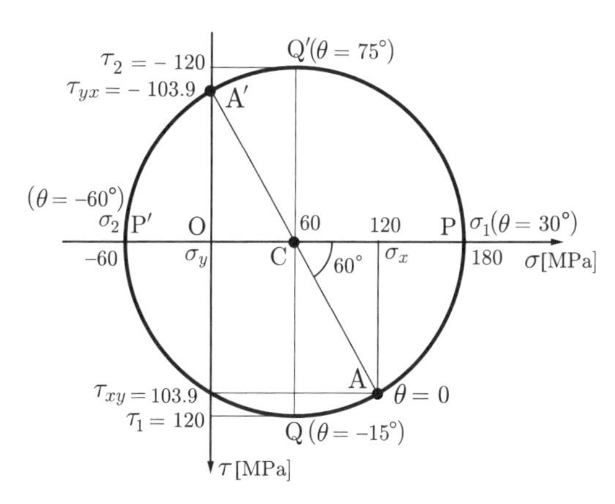

主応力の大きさと，主応力面の角度は，

$$\left.\begin{array}{llll} \sigma_1 = 180\,\mathrm{MPa}, & \theta = 30° & (\text{最大主応力}) \\ \sigma_2 = -60\,\mathrm{MPa}, & \theta = -60° & (\text{最小主応力}) \end{array}\right\} \cdots (\text{答})$$

主せん断応力は，モールの応力円上で主応力に対して $2\theta = 90°$ 回転させた点 Q, Q$'$ の 2 点で与えられる．主せん断応力の大きさと，主せん断応力が生じる面の角度は，

$$\left.\begin{array}{ll} \tau_1 = 120\,\mathrm{MPa}, & \theta = -15° \\ \tau_2 = -120\,\mathrm{MPa}, & \theta = 75° \end{array}\right\} \cdots (\text{答})$$

演習問題 14.1：垂直応力を受ける長方形板

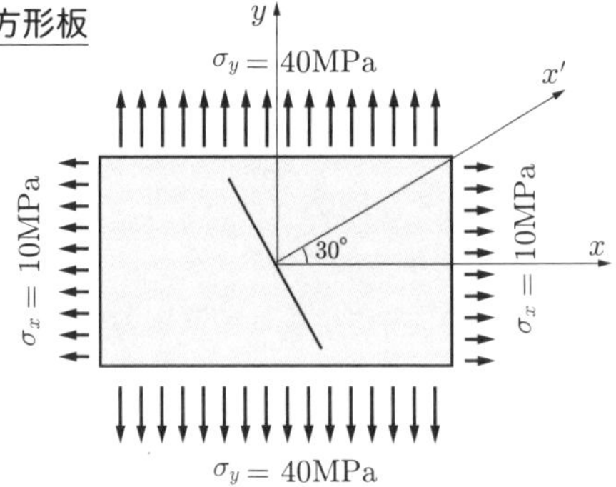

右図のように平面応力状態にある長方形板に $\sigma_x = 10\,\text{MPa}$，$\sigma_y = 40\,\text{MPa}$ が作用している．x 軸と 30° の角度をなす x' 軸に垂直な面において作用する垂直応力とせん断応力をモールの応力円を用いて求めよ．

演習問題 14.2：モールの応力円

以下の 3 通りの二次元応力状態についてモールの応力円を描き，主応力と主せん断応力を求めよ．

(1) $\sigma_x = \sigma_0$，$\sigma_y = -\sigma_0$，$\tau_{xy} = \tau_{yx} = 0$

(2) $\sigma_x = \sigma_y = \sigma_0$，$\tau_{xy} = \tau_{yx} = 0$

(3) $\sigma_x = \sigma_0$，$\sigma_y = 0$，$\tau_{xy} = \tau_{yx} = 0$

演習問題 14.3：主応力と主せん断応力 (1)

x-y 座標系において平面応力状態にある弾性体に，垂直応力 $\sigma_x = 40\,\text{MPa}$，$\sigma_y = 20\,\text{MPa}$，せん断応力 $\tau_{xy} = \tau_{yx} = 10\,\text{MPa}$ が作用している．この応力状態において，主応力および主せん断応力の大きさと，主応力，主せん断応力が生じる面の角度をモールの応力円を用いて求めよ．

演習問題 14.4：主応力と主せん断応力 (2)

x-y 座標系において，垂直応力 $\sigma_x = 30\,\text{MPa}$，$\sigma_y = -10\,\text{MPa}$，せん断応力 $\tau_{xy} = \tau_{yx} = 40\,\text{MPa}$ が作用している．弾性体が平面応力状態にあるものとして，主応力および主せん断応力の大きさと，主応力，主せん断応力が生じる面の角度をモールの応力円を用いて求めよ．

第15章　殻構造・複合応力問題

本書ではこれまでに，引張と圧縮，ねじり，曲げなど，主に一次元構造物の変形と応力の求め方について考えてきた．最終章となる本章では，さらに発展的ないくつかの問題を取り上げたい．内圧を受ける球殻や円筒殻，荷重とモーメントが複合的に作用する丸軸や円筒殻，曲げ変形とねじり変形が同時に生じるL型はりなどの問題について，その解き方を解説する．

15.1　内圧を受ける薄肉円筒殻の応力

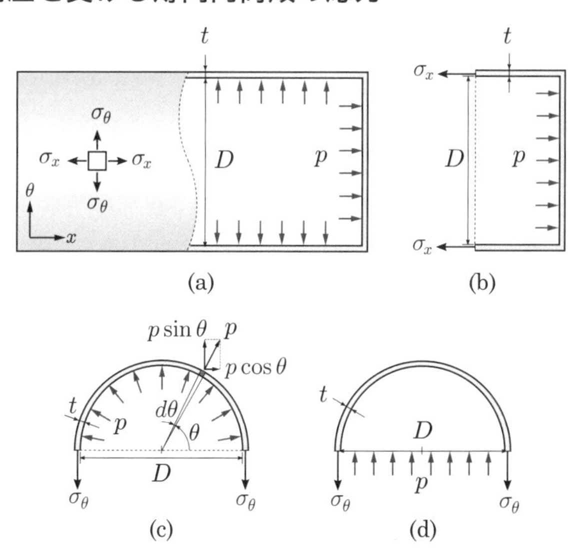

図 15.1 内圧を受ける薄肉円筒殻

円筒状や球状の構造物について，直径 D に対して肉厚 t が十分に小さい場合を**薄肉構造物** (thin wall structure) という．ここでは，図 15.1(a) に示すような直径 D，肉厚 t の**薄肉円筒殻** (thin-walled circular cylindrical shell) に内圧 p が作用する場合を考える．

このような円筒殻の壁面には，**軸応力** (axial stress) σ_x，**円周応力** (circumferential stress, hoop stress) σ_θ，および**半径応力** (radial stress) σ_r が作用するが，肉厚方向には応力やひずみの変化が小さく，壁面の肉厚方向に一様に分布するとみなすことができる．また，軸応力や円周応力と比べて半径応力は極めて小さいことから無視できるものとすると，これらが作用する面ではせん断応力が生じないことから，軸応力と円周応力を主応力とする平面応力状態と仮定することができる．

図 15.1(b) に示すように，円筒殻を中心軸に直交する断面で切断し，力のつり合いを考えると，軸力 (軸応力) は底部に作用する内圧によるものであり，その合力は，$p\pi D^2/4$ である．また，円筒殻の壁面に作用する軸荷重は近似的に，$\pi Dt\sigma_x$ で与えられる．これらの荷重がつり合うことから，

$$\pi Dt\sigma_x = \frac{p\pi D^2}{4} \tag{15.1}$$

となり，上式を変形することにより，軸応力 σ_x は以下のようになる．

$$\sigma_x = \frac{pD}{4t} \tag{15.2}$$

次に，円周応力 σ_θ を求める．図 15.1(c) に示すように，円筒殻を中心軸を通る平行な面で切断し，単位幅の半円における力のつり合いを考える．内圧 p により生じる力を考えると，切断面からのなす角が θ の位置における微小要素に作用する力は $pDd\theta/2$ である．これを上下方向および左右方向の力に分解すると，左右方向の力は半円において対称に分布し打ち消しあうため，上下方向の合力を考えればよく，その値は，

$$\int_0^\pi \frac{pD}{2}\sin\theta d\theta = pD \tag{15.3}$$

となる．すなわち，図 15.1(d) に示すように，円筒殻の直径 D，単位幅の長方形断面に内圧 p によって作用する力と等価であることがわかる．また，円筒殻壁面に作用する力は $2t\sigma_\theta$ で与えられ，これが上記の合力とつり合うことから，

$$2t\sigma_\theta = pD \tag{15.4}$$

となることから，円周応力 σ_θ は次のように求まる．

$$\sigma_\theta = \frac{pD}{2t} \tag{15.5}$$

以上の結果より，内圧を受ける薄肉円筒殻において，円周応力 σ_θ は軸応力 σ_x の 2 倍となることがわかる．

15.2　内圧を受ける薄肉球殻の応力

次に，球状の薄肉構造物である**薄肉球殻** (thin-walled spherical shell) について考える．図 15.2(a) に示すように，直径 D，肉厚 t の薄肉球殻に内圧 p が作用する場合の応力について考える．薄肉円筒の場合と同様に，壁面の肉厚方向に関しては応力やひずみの変化が小さいことから，球殻壁面においては応力やひずみが一様に分布しているとみなすことができ，また半径応力 σ_r は極めて小さいことから無視できるものとする．ここで，薄肉球殻の場合は球殻の中心を通るあらゆる断面において，その対称性から円周応力 σ_θ を主応力とする平面応力状態となる．円周応力 σ_θ を求めるために，図 15.2(b) に示すような半球殻の断面に作用する力のつり合いを考える．内圧 p により球殻壁面に作用する力の上下方向成分は $p\sin\theta$ であり，これが直径 $D\cos\theta$，幅 $Dd\theta/2$ の微小円輪に作用すると考えると，内圧 p により壁面に生じる上下方向合力は次のように求まる．

$$\int_0^{\frac{\pi}{2}} \frac{1}{2}p\sin\theta\pi D^2\cos\theta d\theta = \frac{\pi D^2}{4}p \tag{15.6}$$

これは，図 15.2(c) に示すように球殻中央を通る断面 $\pi D^2/4$ に作用する圧力 p による合力と等しいことがわかる．この合力と球殻壁面に作用する荷重 $\pi Dt\sigma_\theta$ がつり合うことから，円周応力 σ_θ は以下のようになる．

$$\sigma_\theta = \frac{pD}{4t} \tag{15.7}$$

すなわち，球殻の円周応力 σ_θ は円筒殻の場合の 1/2 となることがわかる．

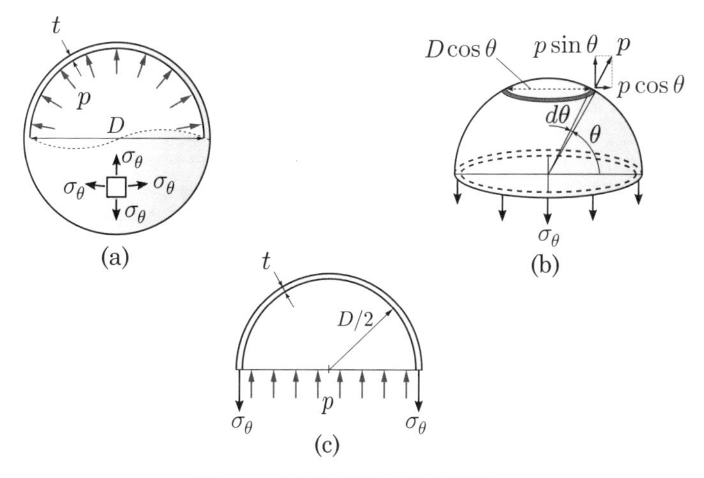

図 15.2 内圧を受ける薄肉球殻

例題 15.1　内圧を受ける薄肉球殻の応力

5 MPa の内圧を受ける直径 2 m の薄肉球殻について考える．材料の降伏応力を 400 MPa，安全率を 3 とすると，肉厚 t はいくら以上にすればよいか考えよ．

解答例

球殻の直径を D，肉厚を t，内圧を p とすると，壁面に作用する円周応力 σ_θ は，

$$\sigma_\theta = \frac{pD}{4t} \tag{a}$$

で与えられる．これが，安全率を α としたときの設計基準強度 (降伏応力) σ_{y} を超えないようにすればよいので，

$$\frac{\sigma_{\mathrm{y}}}{\alpha} \geq \frac{pD}{4t} \tag{b}$$

となる．上式を肉厚 t について整理すると，

$$t \geq \frac{\alpha pD}{4\sigma_{\mathrm{y}}} = \frac{3 \times (5 \times 10^6) \times 2}{4 \times (400 \times 10^6)} = 0.01875\,\mathrm{m} \fallingdotseq 18.8\,\mathrm{mm} \quad \cdots \text{(答)}$$

すなわち，肉厚を 18.8 mm 以上にすればよいことがわかる．

15.3　軸力・曲げ・ねじりによる複合応力を受ける丸軸

一般の構造物の設計では，単に軸力や曲げモーメント，ねじりモーメントが個々に作用する場合だけでなく，それらが複合的に作用する場合の応力や変形を考慮する必要がある．ここでは，曲げモーメントとねじりモーメントを同時に受ける丸軸において生じる応力について考える．

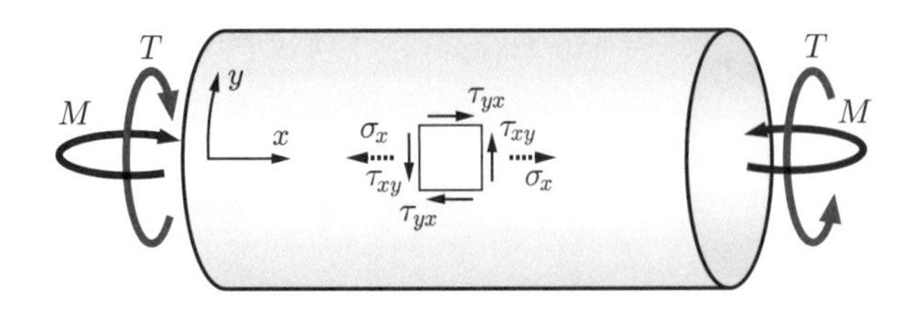

図 15.3　曲げモーメントとねじりモーメントを受ける丸軸

図 15.3 のように，直径 D の丸軸に，曲げモーメント M とねじりモーメント T が作用している．曲げ応力 σ_b は丸軸表面において最大となり，その値は曲げモーメント M を断面係数 $Z = \pi D^3/32$ で除すことで求まる．したがって，丸軸の軸方向応力 σ_x の最大値が以下のように求められる．

$$\sigma_x = \sigma_b = \frac{32M}{\pi D^3} \tag{15.8}$$

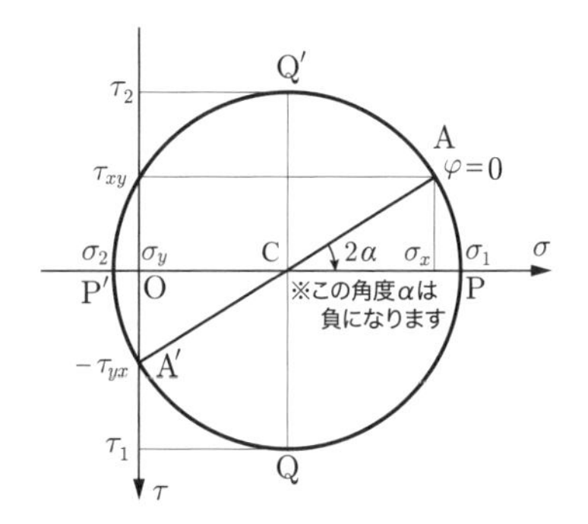

図 15.4 モールの応力円

また，ねじりモーメント T を極断面係数 $Z_p = \pi D^3/16$ で除せば，丸軸の表面に生じるせん断応力 τ_{xy} が得られる (負になることに注意).

$$\tau_{xy} = -\frac{16T}{\pi D^3} \tag{15.9}$$

なお，ここでは軸表面において，長手方向に x 軸を，円周方向に y 軸をとる．y 軸はねじりの正方向と逆向きなので，τ_{xy} は負となることに注意されたい．

垂直応力 σ_x，せん断応力 $\tau_{xy}(\tau_{yx})$ が作用する状態についてモールの応力円を描くと，図 15.4 のようになる．

最大主応力が生じる面の法線が x 軸となす角は，

$$\tan 2\alpha = \frac{\tau_{xy}}{(\sigma_x/2)} = -\frac{T}{M}, \quad \therefore \ \alpha = -\frac{1}{2}\tan^{-1}\frac{T}{M} \tag{15.10}$$

最大主応力は $\varphi = \alpha$ の位置で，最小主応力は $\varphi = \alpha + \pi/2$ の位置でそれぞれ生じる．ただし，角度 φ は x 軸を $\varphi = 0$ として反時計まわりに定義する．

2 つの主応力を求めると以下のようになる．

$$\sigma_1 = \frac{\sigma_x}{2} + \sqrt{\left(\frac{\sigma_x}{2}\right)^2 + \tau_{xy}^2} \quad (\varphi = -\alpha) \tag{15.11}$$

$$\sigma_2 = \frac{\sigma_x}{2} - \sqrt{\left(\frac{\sigma_x}{2}\right)^2 + \tau_{xy}^2} \quad \left(\varphi = -\alpha + \frac{\pi}{2}\right) \tag{15.12}$$

また，主せん断応力 τ_1，τ_2 と主せん断応力面の角度は以下のようになる．

$$\tau_1 = \sqrt{\left(\frac{\sigma_x}{2}\right)^2 + \tau_{xy}^2} \quad \left(\varphi = -\alpha - \frac{\pi}{4}\right) \tag{15.13}$$

$$\tau_2 = -\sqrt{\left(\frac{\sigma_x}{2}\right)^2 + \tau_{xy}^2} \quad \left(\varphi = -\alpha + \frac{\pi}{4}\right) \tag{15.14}$$

最終的に，σ_x，τ_{xy} を代入して主応力と主せん断応力を計算すれば以下のようになる．

$$\sigma_1 = \frac{16M}{\pi D^3} + \sqrt{\left(\frac{16M}{\pi D^3}\right)^2 + \left(\frac{16T}{\pi D^3}\right)^2} = \frac{16(M + \sqrt{M^2 + T^2})}{\pi D^3} \tag{15.15}$$

$$\sigma_2 = \frac{16M}{\pi D^3} - \sqrt{\left(\frac{16M}{\pi D^3}\right)^2 + \left(\frac{16T}{\pi D^3}\right)^2} = \frac{16(M - \sqrt{M^2 + T^2})}{\pi D^3} \tag{15.16}$$

$$\tau_1 = \sqrt{\left(\frac{16M}{\pi D^3}\right)^2 + \left(\frac{16T}{\pi D^3}\right)^2} = \frac{16\sqrt{M^2 + T^2}}{\pi D^3} \tag{15.17}$$

$$\tau_2 = -\sqrt{\left(\frac{16M}{\pi D^3}\right)^2 + \left(\frac{16T}{\pi D^3}\right)^2} = -\frac{16\sqrt{M^2 + T^2}}{\pi D^3} \tag{15.18}$$

例題 15.2　引張荷重とねじりモーメントを受ける中空円筒

外径 $D_1 = 100\,\mathrm{mm}$, 内径 $D_2 = 90\,\mathrm{mm}$ の中空円筒に, 引張荷重 $P = 30\,\mathrm{kN}$, ねじりモーメント $T = 1.0\,\mathrm{kN{\cdot}m}$ が作用している．このときの円筒表面に生じる主応力および主せん断応力の値と，それぞれの主応力面，主せん断応力面の角度を求めよ．

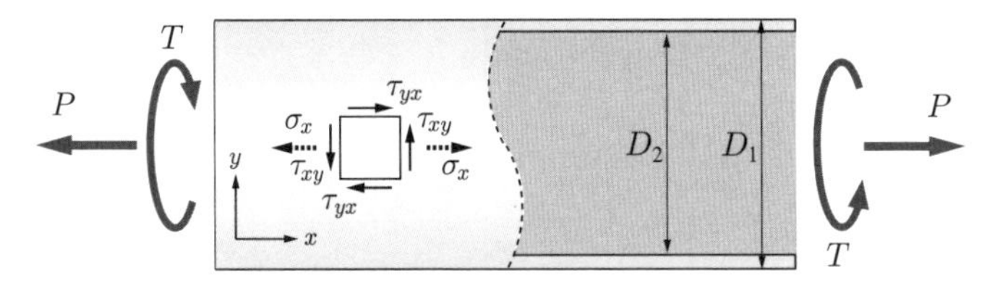

解答例

この中空円筒には，軸荷重による引張応力 σ_x とねじりモーメントによるせん断応力 τ_{xy} が生じる．まず，引張応力 σ_x については，

$$\sigma_x = \frac{P}{A} = \frac{4P}{\pi(D_1^2 - D_2^2)} = \frac{4 \times 30000}{\pi \times (0.10^2 - 0.09^2)} \fallingdotseq 20.1\,\mathrm{MPa} \tag{a}$$

また，ねじり変形により中空丸軸表面に生じるせん断応力は[1]，

$$\tau_{xy} = -\frac{T}{Z_p} = -\frac{D_1 T}{2I_p} = -\frac{16 D_1 T}{\pi(D_1^4 - D_2^4)}$$

$$= -\frac{16 \times 0.10 \times 1000}{\pi \times (0.10^4 - 0.09^4)} \fallingdotseq -14.8\,\mathrm{MPa} \tag{b}$$

[1]先の 15.3 節の丸軸のねじりと同様に，τ_{xy} は負になることに注意すること．

座標軸の向きに注意してモールの応力円を描き，主応力の大きさと主応力面の角度を求める．なお，角度 φ は x 軸 (モールの応力円における CA) に対するなす角として定義する．

$$\sigma_1 = \frac{\sigma_x}{2} + \sqrt{\left(\frac{\sigma_x}{2}\right)^2 + \tau_{xy}^2} = 28.0\,\mathrm{MPa}, \quad \varphi = -27.9^\circ \text{ (点 P)} \ \cdots \text{ (答)}$$

$$\sigma_2 = \frac{\sigma_x}{2} - \sqrt{\left(\frac{\sigma_x}{2}\right)^2 + \tau_{xy}^2} = -7.85\,\mathrm{MPa}, \quad \varphi = 62.1^\circ \text{ (点 P}'\text{)} \ \cdots \text{ (答)}$$

また，主せん断応力の大きさと，主せん断応力面の角度は次のように求まる．

$$\tau_1 = \sqrt{\left(\frac{\sigma_x}{2}\right)^2 + \tau_{xy}^2} = 17.9\,\mathrm{MPa},$$

$$\varphi = -72.9^\circ \text{ (点 Q)} \ \cdots \text{ (答)}$$

$$\tau_2 = -\sqrt{\left(\frac{\sigma_x}{2}\right)^2 + \tau_{xy}^2} = -17.9\,\mathrm{MPa},$$

$$\varphi = 17.1^\circ \text{ (点 Q}'\text{)} \ \cdots \text{ (答)}$$

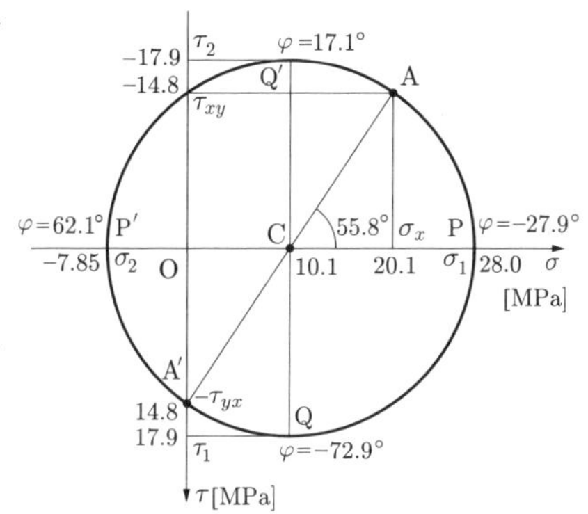

15.4 L 型はりの曲げとねじり

図 15.5 に示すような集中荷重を受ける L 型はりの面内曲げについて考える．このはりは x 軸に平行な区間 (AB) と，y 軸に平行な区間 (BC) からなり，AB 間および BC 間の長さはそれぞれ a, b である．はりは点 A において壁に固定されており，自由端 C において x 軸の負方向に集中荷重 P が作用している．はりは直径 D の丸棒であり，ヤング率は E である．

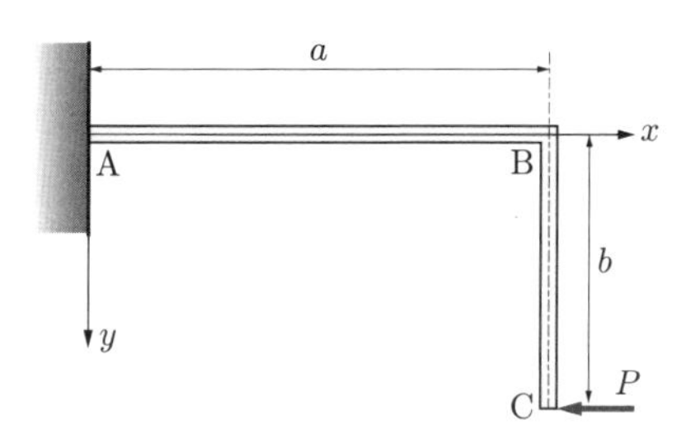

図 15.5 L 型はりの面内曲げ

各区間の変形について考えると，AB 間は曲げモーメント $M = Pb$ による曲げ変形と軸荷重 P による圧縮変形が，BC 間では集中荷重 P による曲げ変形が生じるが，曲げ変形に対して軸荷重による変形は微小であり無視できるものとする．ここで，各部材は点 B において剛に接合されていることから，BC 間に作用する曲げモーメントが点 B において AB 間にも伝達される．このように，各部材が剛強に接合されている構造を**ラーメン** (rahmen) 構造という．本書では取り扱いが比較的容易な静定ラーメンのみを取り扱う．

AB 間，BC 間それぞれの曲げ変形を考えることで，それらを重ね合わせることによって L 型はりの点 C におけるたわみを求める．AB 間に作用する曲げモーメント $M_1(x)$ は，

$$M_1(x) = -Pb \tag{15.19}$$

であるので，AB 間におけるたわみの一般解は，

$$w_1(x) = \frac{32Pb}{E\pi D^4}(x^2 + C_1 x + C_0) \tag{15.20}$$

となる．ここで，境界条件から $x = 0$ においてたわみとたわみ角がともに 0 であるから，$C_1 = 0$，$C_0 = 0$ であり，

$$w_1(x) = \frac{32Pb}{E\pi D^4}x^2 \tag{15.21}$$

となる．また，BC 間における曲げモーメント $M_2(y)$ は，

$$M_2(y) = -P(b - y) \tag{15.22}$$

であり，たわみの一般解は[2]，

$$w_2(y) = -\frac{32P}{3E\pi D^4}(y^3 - 3by^2 + D_1 y + D_0) \tag{15.23}$$

式 (15.21) と式 (15.23) を座標 x, y でそれぞれ微分して点 B ($x = a$，$y = 0$) におけるたわみ角を求めると，それら 2 つのたわみ角は等しいので，

$$\frac{64Pab}{E\pi D^4} = -\frac{32P}{3E\pi D^4}D_1, \quad \therefore\ D_1 = -6ab \tag{15.24}$$

となる．また，BC 間のたわみ w_2 は点 B において 0 となるので，

$$-\frac{32P}{3E\pi D^4}D_0 = 0, \quad \therefore\ D_0 = 0 \tag{15.25}$$

以上の結果より，BC 間のたわみ $w_2(y)$ が以下のように求められる．

$$w_2(y) = -\frac{32P}{3E\pi D^4}\left(y^3 - 3by^2 - 6aby\right) \tag{15.26}$$

最終的に，点 C ($y = b$) の荷重方向のたわみは以下のようになる．

$$w_C = w_2(y)\big|_{y=b} = \frac{64Pb^2}{3E\pi D^4}(3a + b) \tag{15.27}$$

---

[2] 解析を容易にするために，BC 間におけるたわみの正方向を x 軸の負の方向 (荷重 P が作用する方向) とした．

例題 15.3 曲げ変形とねじり変形が同時に生じる L 型はり

図に示されるような直径 D の丸棒からなる L 型はりについて考える．このはりは x 軸に平行な区間 AB (長さ a) と，y 軸に平行な区間 BC (長さ b) からなり，点 A において剛体壁に垂直に固定され，先端の点 C において z 軸正の向きに荷重 P が作用している．部材のヤング率は E，せん断弾性係数は G である．AB 間，BC 間の変形を求めることによって，最終的に荷重点 C におけるたわみを求めよ．

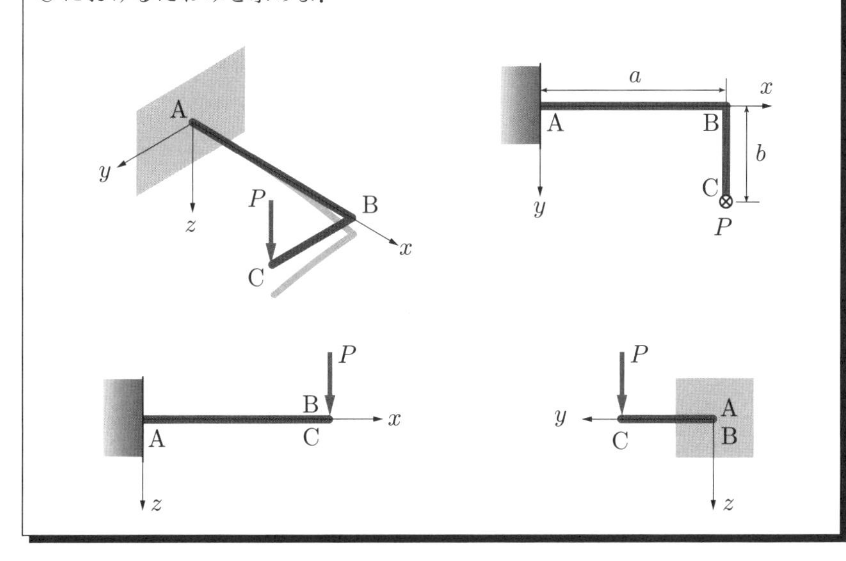

【解き方のヒント】AB 間に関しては，ねじりモーメント $T = Pb$ によるねじり変形と集中荷重 P による曲げ変形が同時に生じる．一方，BC 間においては集中荷重 P による曲げ変形のみが生じる．はりの結合条件 (境界条件) に注意して，両区間のはりの変形を計算すること．

(解答例)

まず，AB 間に生じる曲げ変形について考える．点 B において各区間は接合されており，力のつり合いから点 B に集中荷重 P が作用すると考えると，AB 間の曲げ変形は，先端の点 B に荷重 P が作用する場合の片持はりと同様であると考えることができる．よって，AB 間においてはりに生じる曲げモーメント $M_1(x)$ は次式のようになる．

$$M_1(x) = -P(a - x) \tag{a}$$

AB 間のたわみを $w_1(x)$ とすれば，たわみ w_1 は座標 x の関数として以下のように与えられる．

$$w_1(x) = -\frac{32P}{3E\pi D^4}(x^3 - 3ax^2 + C_1x + C_0) \tag{b}$$

境界条件について考えると，$x = 0$ においてたわみおよびたわみ角が 0 となることから，$C_1 = 0$，$C_0 = 0$ となる．すなわち，

$$w_1(x) = -\frac{32P}{3E\pi D^4}(x^3 - 3ax^2) \tag{c}$$

したがって，点 B におけるたわみが以下のように求められる．

$$w_{\mathrm{B}} = w_1(x)|_{x=a} = \frac{64Pa^3}{3E\pi D^4} \tag{d}$$

次に，AB 間のねじり変形について考える．点 B にねじりモーメント $T = Pb$ が作用することから，点 B のねじれ角 φ_{B} は以下のようになる．

$$\varphi_{\mathrm{B}} = \theta_{\mathrm{AB}} \times a = \frac{32Pab}{G\pi D^4} \tag{e}$$

次に，BC 間のたわみ w_2 を求める．点 C に集中荷重 P が作用していることから，BC 間の曲げモーメント M_2 を座標 y の関数として表すと，

$$M_2(y) = -P(b - y) \tag{f}$$

したがって，BC 間のたわみに関する一般解 $w_2(y)$ は以下のようになる．

$$w_2(y) = -\frac{32P}{3E\pi D^4}(y^3 - 3by^2 + D_1y + D_0) \tag{g}$$

2 つの区間は連結されているので，結合点 B におけるたわみ w_1 と w_2 は等しい．式 (g) に $y = 0$ を代入した結果と式 (d) より，

$$-\frac{32P}{3E\pi D^4}D_0 = \frac{64Pa^3}{3E\pi D^4}, \quad \therefore\ D_0 = -2a^3 \tag{h}$$

たわみ w_2 の点 B におけるたわみ角は，AB 間のはりの点 B におけるねじれ角と等しくなるので，式 (g) を座標 y で微分して $y = 0$ を代入した結果と式 (e) より，

$$-\frac{32P}{3E\pi D^4}D_1 = \frac{32Pab}{G\pi D^4}, \quad \therefore\ D_1 = -\frac{3Eab}{G} \tag{i}$$

以上の結果より，BC 間におけるたわみ $w_2(y)$ は次式で表される．

$$w_2(y) = -\frac{32P}{3E\pi D^4}\left(y^3 - 3by^2 - 2a^3\right) + \frac{32Paby}{G\pi D^4} \tag{j}$$

最終的に，点 C $(y = b)$ におけるたわみが以下のように求められる．

$$w_{\mathrm{C}} = w_2(y)|_{y=b} = \frac{64P(a^3 + b^3)}{3E\pi D^4} + \frac{32Pab^2}{G\pi D^4} \ \cdots\ (\text{答})$$

演習問題 15.1：内圧を受ける薄肉円筒のフランジ部の応力

図のように，2 つの薄肉半円筒をフランジ部においてボルト締結する場合を考える．それぞれの薄肉半円筒はいずれも内径 $D = 100\,\mathrm{mm}$ であり，内圧 $p = 5\,\mathrm{MPa}$ が作用している．また，ボルトの材料は炭素鋼であり，引張強さは $\sigma_\mathrm{B} = 400\,\mathrm{MPa}$ である．この薄肉半円筒を 4 本のボルトで締結する場合に，安全率を 3 とすると，ボルトの直径はいくら以上にすればよいか．

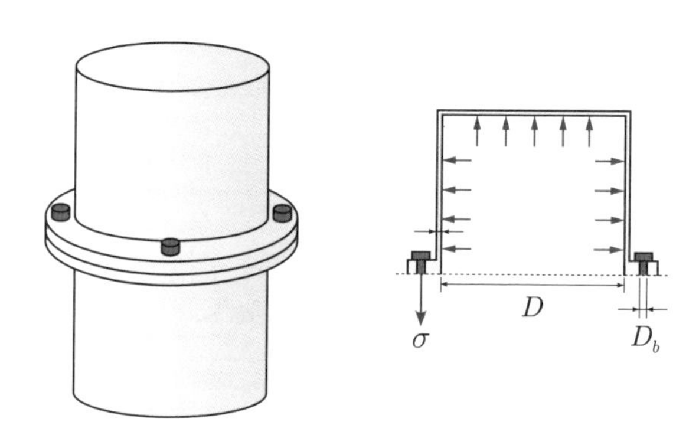

演習問題 15.2：引張・ねじり・曲げ変形を受ける中実丸軸の応力

直径 $D = 20\,\mathrm{mm}$ の中実丸軸があり，引張荷重 $P = 10\,\mathrm{kN}$，ねじりモーメント $T = 50\,\mathrm{N{\cdot}m}$，曲げモーメント $M = 20\,\mathrm{N{\cdot}m}$ が作用している．この丸軸において，軸方向の垂直応力 σ_x，せん断応力 τ_{xy}(の絶対値) の最大値を求めよ．また，軸表面における主応力 σ_1，σ_2 と主せん断応力 τ_1，τ_2 の最大値を求めよ．

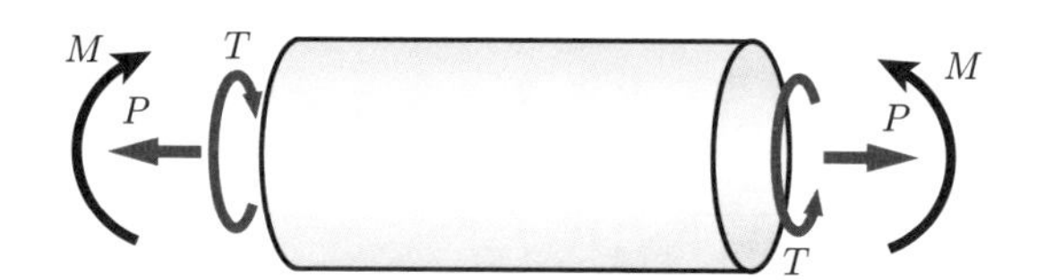

演習問題 15.3：集中モーメントを受ける L 型はりの変形

図に示されるようなヤング率 E の L 型はりについて考える．点 A においてはりは剛体壁に垂直に固定されており，AB 間の長さは a，BC 間の長さは b，断面は直径 D の円形であり，点 B において部材 AB と部材 BC は直角に接合されている．この L 型はり先端の点 C に集中モーメント M_0 を作用させた際の，点 C における x 軸方向および y 軸方向の変位 (たわみ) を求めよ．

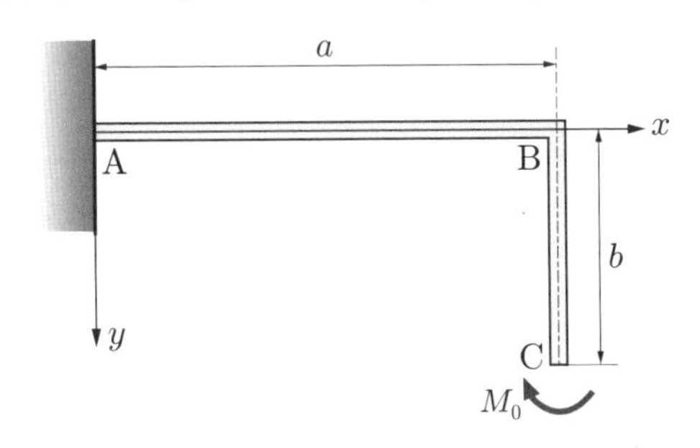

演習問題 15.4：分布荷重を受ける L 型はりの変形

図に示されるような L 型はりについて考える．このはりは x 軸に平行な区間 AB と，y 軸に平行な区間 BC からなり，AB 間および BC 間の長さはそれぞれ a，b である．このはりは点 A において剛体壁に垂直に固定されており，BC 間において鉛直方向 (z 軸方向) に等分布荷重 q が作用している．また，はりの各区間は直径 D の丸棒であり，ヤング率は E，せん断弾性係数は G である．このはりの点 C におけるたわみを求めよ．

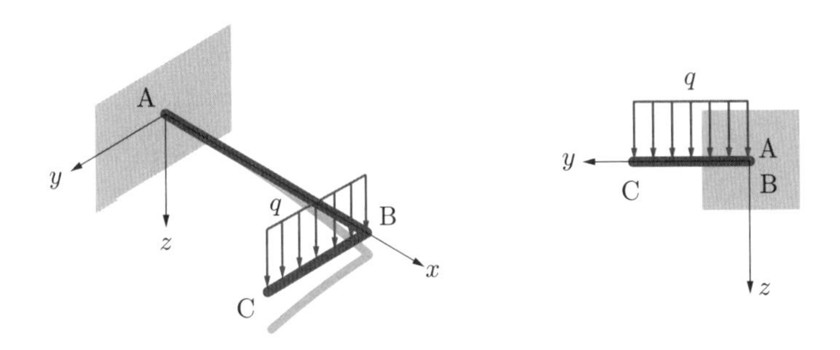

重要事項の整理

各章の重要事項，覚えておくべき重要な公式等をまとめました．
本書の復習や，試験の直前対策などにお役立てください．

第１章　応力とひずみ

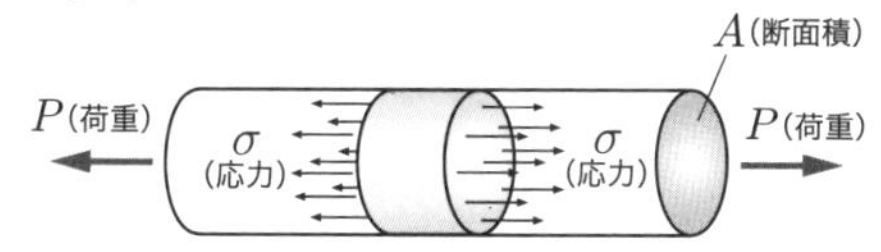

(1) 応力：着目面に垂直に働く単位面積あたりの力

$$\sigma = \frac{P}{A} \quad \left(\begin{array}{l} \sigma : \text{引張応力 [+] は引張, [−] は圧縮} \\ A : \text{棒の断面積, } P : \text{荷重} \end{array} \right)$$

(2) ひずみ：伸び÷基準長さ

$$\varepsilon = \frac{L - L_0}{L_0} = \frac{\Delta L}{L_0} \quad \left(\begin{array}{l} L : \text{荷重が作用している状態での棒の長さ} \\ L_0 : \text{棒の初期長さ, } \Delta L : \text{棒の伸び} \end{array} \right)$$

(3) フックの法則：応力 σ とひずみ ε の線形関係式

$$\sigma = E\varepsilon \quad (E : \text{ヤング率})$$

(4) ポアソン比：荷重が作用している方向と直交な方向のひずみの比

$$\nu = -\frac{\varepsilon_y}{\varepsilon_x} \quad (\nu : \text{ポアソン比}, \varepsilon_x : \text{荷重方向のひずみ}, \varepsilon_y : \text{直交方向のひずみ})$$

(4) せん断変形のフック則：

$$\tau = G\gamma \quad (G : \text{せん断弾性定数}, \tau : \text{せん断応力}, \gamma : \text{せん断ひずみ})$$

第２章　材料の応力–ひずみ線図

(1) 荷重–伸び線図：材料に加えた荷重と伸びの関係を表した線図

(2) 応力–ひずみ線図：上記荷重–伸び線図における荷重を断面積，伸びをもとの長さで除して応力とひずみの関係を求めたもの

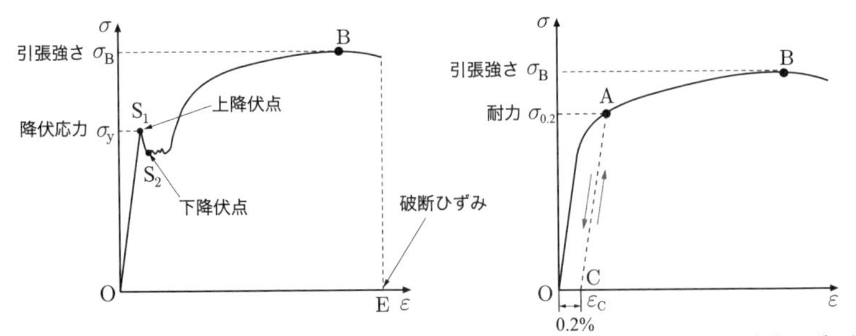

(a) 降伏点を示す材料の応力ひずみ線図　(b) 一般の延性材料における応力ひずみ線図

比例限度	応力とひずみが比例する限界応力
弾性限度	材料に塑性変形が生じない限界応力
降伏応力	材料が (不安定的な) 塑性変形を開始する応力
耐力	材料の塑性ひずみが 0.2% となる応力
引張強さ	応力–ひずみ線図における公称応力の最大値
破断ひずみ	材料が破断した際のひずみ

(3) 許容応力

安全率を考慮したうえでその材料が耐えられる限界応力を定義したもの

(4) 安全率

安全率＝基準強さ÷許容応力として定義される，強度余裕を考慮するための係数

(5) 真応力：荷重 (応力) が作用している状態の断面積で荷重を除して求めた応力

$$\hat{\sigma} = \frac{P}{\hat{A}} \quad (\hat{A} : \text{棒の真の断面積})$$

(6) 真ひずみ (対数ひずみ)：変形が大きいときに用いられるひずみ

$$\hat{\varepsilon} = \ln \frac{L}{L_0} = \ln(1 + \varepsilon)$$

第 3 章　引張と圧縮

(1) 静定問題の解き方の流れ

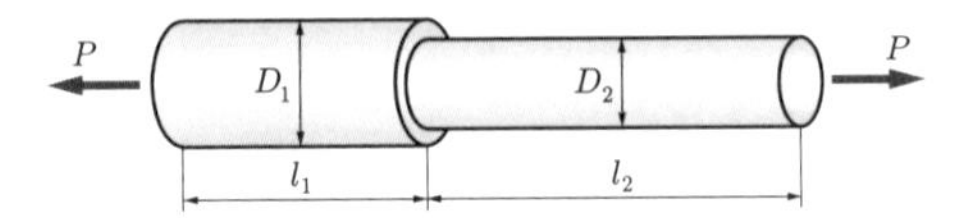

力のつり合いから部材 (棒) に作用する荷重を求め，荷重を断面積で除して応力を，さらにヤング率で除してひずみを求める．ひずみに棒の長さを乗じる（もしくはひずみを積分する）ことによって部材の伸びを求める．

(2) 不静定問題の解き方の流れ

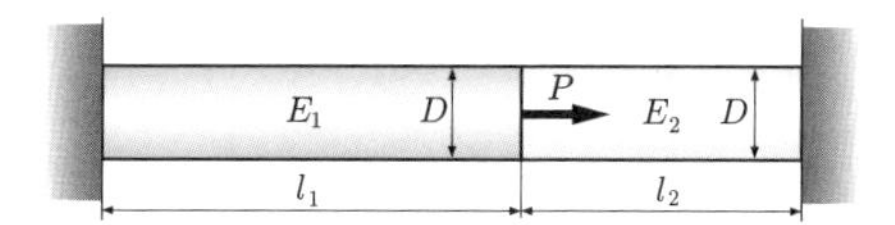

未知の不静定量を残したまま，不静定量を用いて部材 (棒) に作用する荷重を表したのち，荷重から応力を，応力からひずみを求める．ひずみに棒の長さを乗じる (もしくはひずみを積分する) ことによって部材の伸びを求める．この段階では不静定量が未知のままであるので，変形に関する条件を与えることによって不静定量を求め，最終的に各部に生じる応力，ひずみ，伸びを求める．

第 4 章　熱応力

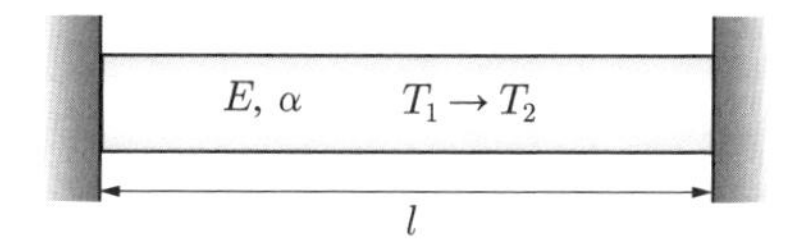

(1) 線膨張係数：温度が 1K 上昇した際のひずみの増加量

(2) 熱ひずみ：$\bar{\varepsilon} = \alpha \Delta T$
(α：線膨張係数，ΔT：温度変化量)

(3) 物体に生じるひずみ (総ひずみ) と熱ひずみ，弾性ひずみの関係

$$\varepsilon(\text{総ひずみ}) = \tilde{\varepsilon}(\text{弾性ひずみ}) + \bar{\varepsilon}(\text{熱ひずみ})$$

(4) 熱ひずみを考慮した場合のフックの法則

$$\sigma = E\tilde{\varepsilon} = E(\varepsilon - \bar{\varepsilon})$$

第 5 章　トラス

(1) 静定問題の解き方の流れ

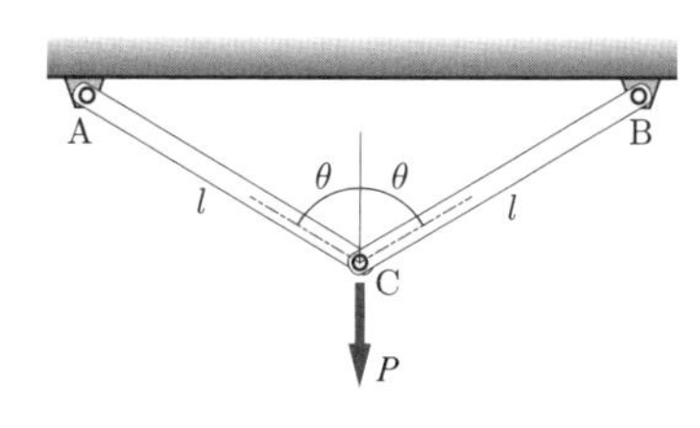

2 方向 (x, y) の力のつり合いから部材 (棒) に作用する荷重を求め，荷重から応力を，応力からひずみ，ひずみから伸びを求める．部材の伸びに関する幾何学的な関係から荷重点の変位を求める．

(2) 不静定問題の解き方の流れ

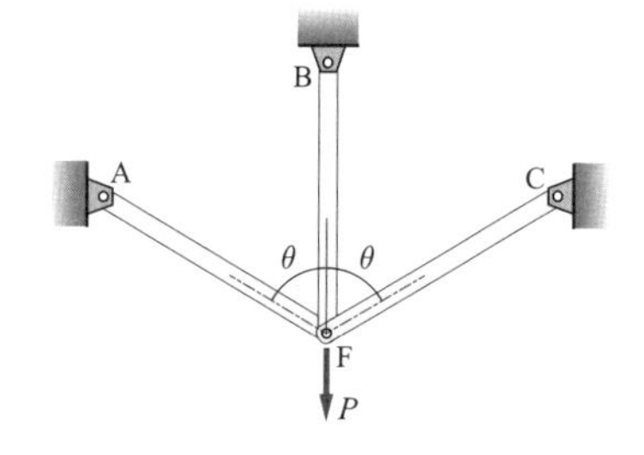

不静定量を含んだ形で 2 方向 (x, y) の力のつり合いの式より，各部材に作用する荷重を不静定量を含んだ形で表す．さらに応力，ひずみ，伸びを不静定量によって表す．変位に関する条件式から不静定量を決定したのち，最終的に変位や応力を求める．

第6章 軸のねじり

(1) 軸のねじり問題の基礎式

$$T = GI_p\theta$$

T : ねじりモーメント, G : せん断弾性係数, I_p : 断面二次極モーメント
θ : 比ねじれ角

(2) 軸全体のねじれ角 (L : 軸の長さ)

$$\varphi = \theta L \ (\theta\text{が一定の場合})\quad \text{もしくは}\quad \varphi = \int_0^L \theta dx \ (\theta\text{が}\ x\ \text{の関数となる場合})$$

(3) 丸軸の断面二次極モーメント

$$I_p = \frac{\pi D^4}{32} \quad (D : \text{丸軸の直径})$$

(4) 中空丸軸の断面二次極モーメント

$$I_p = \frac{\pi(D_2^4 - D_1^4)}{32} \quad (D_1 : \text{軸の内径}, D_2 : \text{軸の外径})$$

(5) 軸表面のせん断応力, 極断面係数

$$\tau_0 = \frac{T}{Z_p} \quad \text{ただし}, Z_p = \frac{I_p}{(D/2)} \quad (Z_p : \text{極断面係数})$$

$$\text{丸軸の場合} \Rightarrow Z_p = \frac{\pi D^3}{16}$$

第7章 はりのせん断力と曲げモーメント

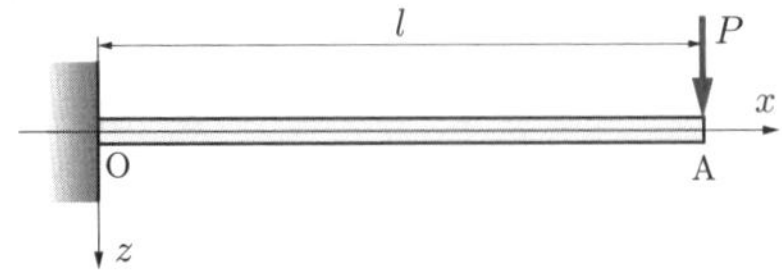

(1) せん断力図 (SFD) と曲げモーメント図 (BMD)

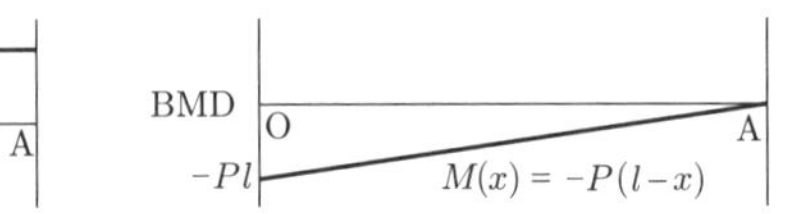

(2) せん断力と曲げモーメントの符号

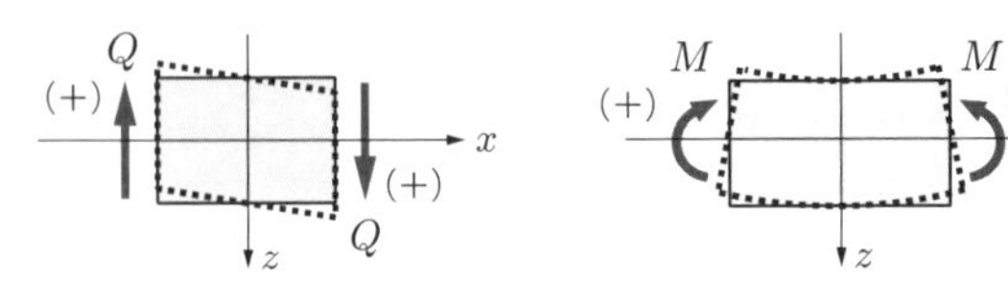

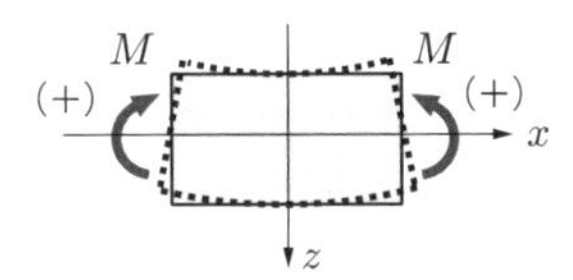

第 8 章　はりの曲げ応力

(1) 断面二次モーメント (中立面からの距離の 2 乗を断面内で積分したもの)

$$I = \int_A z^2 dA$$

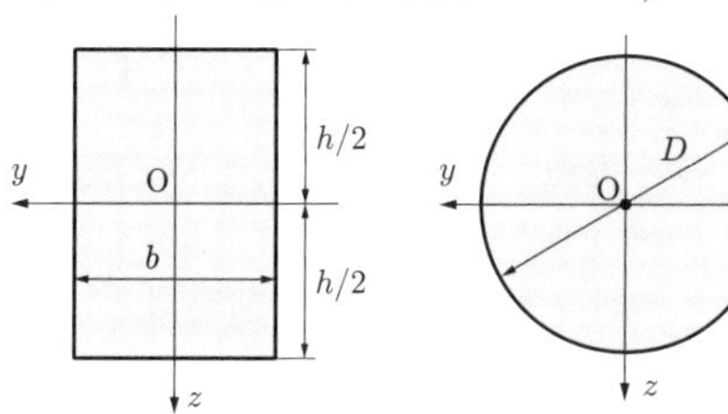

長方形断面 ： $I = \dfrac{bh^3}{12}$

円形断面 ： $I = \dfrac{\pi D^4}{64}$

(2) 曲げ応力と曲げモーメントの関係式

$\sigma_x = z\dfrac{M}{I}$ (σ_x : 曲げ応力, z : 厚さ方向の座標, M : 曲げモーメント)

(3) 曲げひずみと曲げモーメントの関係式

$\varepsilon_x = z\dfrac{M}{EI}$ (ε_x : 曲げひずみ, E : ヤング率)

(4) 曲げモーメントと曲率の関係式

$M = \dfrac{EI}{r} = EI\kappa$ (r : 曲率半径, κ: 曲率)

(5) 断面係数と最大応力

$\sigma_{max} = \dfrac{M}{Z}$ (Z : 断面係数 $= I/h_0$, $h_0 =$ 中立面からの最大距離)

(6) 長方形断面と円形断面の断面係数

長方形断面 : $Z = \dfrac{bh^2}{6}$, 円形断面 : $Z = \dfrac{\pi D^3}{32}$

第 9 章　静定はりのたわみ

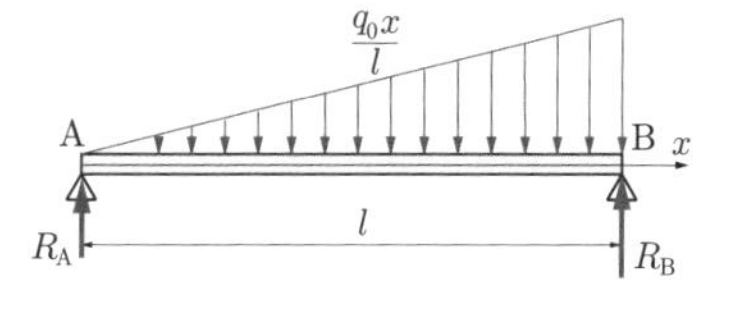

(1) はりのたわみの求め方

たわみの微分方程式 : $EI\dfrac{d^2w}{dx^2} = -M(x)$

(w : たわみ, E : ヤング率, I : 断面二次モーメント, $M(x)$: 曲げモーメント)

1. はりに垂直な方向 (上下方向) の力のつり合いを考える.
2. 特定の点に関して, モーメントのつり合いを考える.
3. 上記の 2 式より, はりの両端の点における反力と曲げモーメントを求める.
4. 曲げモーメントの分布 $M(x)$ を求める.
5. $M(x)$ をたわみの微分方程式に代入し, 座標 x で 2 回積分し, たわみの一般解を求める.
6. はりの両端の**たわみ**, もしくは**たわみ角**の条件より, 2 つの積分定数を決定し, たわみの分布を座標 x の関数として求める.

(2) はりを分割する場合のたわみの求め方

1. はりに垂直な方向の力のつり合いを考える．
2. 特定の点に関して，モーメントのつり合いを考える．
3. 得られた 2 つの式より，はり両端における反力と曲げモーメントを求める．
4. **集中荷重**もしくは**集中モーメント**の作用点において，はりを分割する．
5. 分割された 2 つのはりのそれぞれについて，微分方程式を解く．
6. 4 つの積分定数を，はり両端の境界条件と，はりの連続条件 (たわみとたわみ角が連続) により決定する．

第 10 章　不静定はりのたわみ

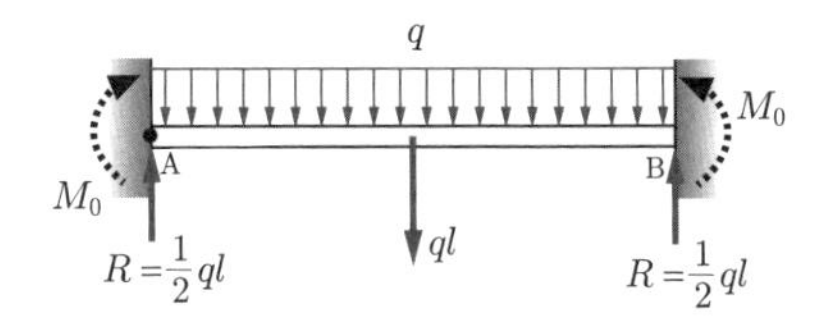

はりの両端における曲げモーメント，支持反力のうち，**3 つ以上が未知となる問題**では，力のつり合いとモーメントのつり合いからすべての未知反力とモーメントを決めることができない．

このような不静定問題のはりでは，微分方程式を解いたあとにすべての未知量が決定される．未知の不静定量を残したまま，支持反力や曲げモーメントの分布を不静定量で表すことによって以下のように解析を進める．

1. はりに垂直な方向の力のつり合いを考える．
2. 特定の点に関して，モーメントのつり合いを考える．
3. 支持部における未知のモーメントのうち，1 つ (ないしは 2 つ) を不静定量とし，残りの諸量をはりに関する力のつり合い式と曲げモーメントのつり合い式より求める (不静定量を含んだ形で表す)．
4. 曲げモーメントの分布を不静定量を用いて表し，たわみの微分方程式を積分して一般解を不静定量を含んだ形で求める．
5. 境界条件により，積分定数とともに不静定量を決定する．

第 11 章　柱の座屈

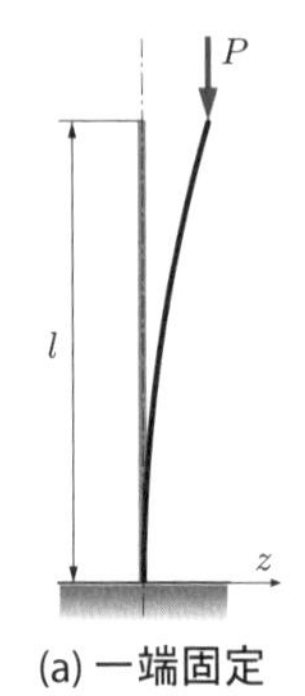

(a) 一端固定

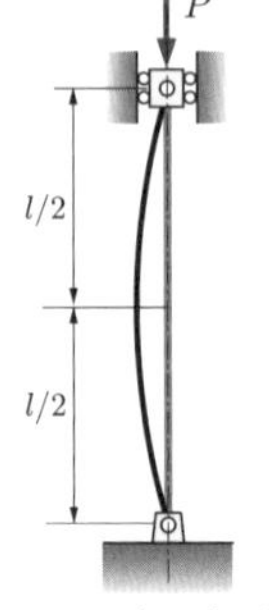

(b) 両端回転自由

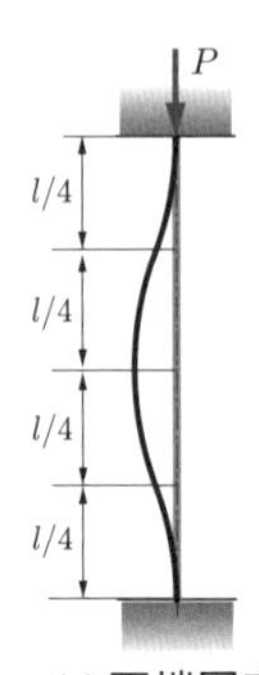

(c) 両端固定

(a) 一端固定他端自由の長柱の座屈荷重

$$P_{\mathrm{c}} = \frac{\pi^2 EI}{4l^2}$$ (E：ヤング率，I：断面二次モーメント，l：柱の長さ)

(b) 両端回転自由の座屈荷重

(一端固定他端自由の座屈荷重の式における l を $l/2$ に置き換える)

$$P_{\mathrm{c}} = \frac{\pi^2 EI}{l^2}$$

(c) 両端固定の座屈荷重

(一端固定他端自由の座屈荷重の式における l を $l/4$ に置き換える)

$$P_{\mathrm{c}} = \frac{4\pi^2 EI}{l^2}$$

(d) オイラーの座屈公式

$$P_{\mathrm{c}} = n^2 \frac{\pi^2 EI}{l^2}$$ (一端固定：$n = 1/2$，両端回転自由：$n = 1$，両端固定：$n = 2$)

(e) 座屈応力

$$\sigma_{\mathrm{c}} = \frac{P_{\mathrm{c}}}{A}$$ (A：柱の断面積)

(f) 断面二次半径と細長比

断面二次半径：$k = \sqrt{\dfrac{I}{A}}$，　細長比：$\dfrac{l}{k} = \sqrt{\dfrac{A}{I}}\,l$

第 12 章　ひずみエネルギー

1. 棒の引張／圧縮

(1) ひずみエネルギー密度 (単位体積あたりのひずみエネルギー)

$$\bar{U} = \frac{1}{2}\sigma\varepsilon = \frac{1}{2}E\varepsilon^2 = \frac{1}{2E}\sigma^2$$

(σ：応力，ε：ひずみ，E：ヤング率)

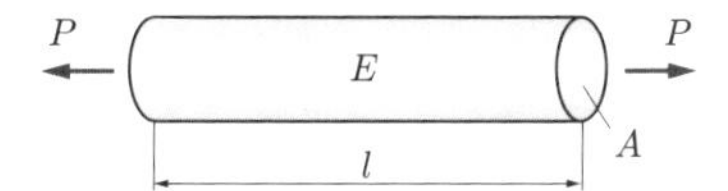

(2) 棒全体のひずみエネルギー (断面積 A が一様な場合)

$$U = \bar{U}Al = \frac{1}{2E}\sigma^2 Al = \frac{1}{2E}\left(\frac{P}{A}\right)^2 Al = \frac{P^2 l}{2EA}$$ (l：棒の長さ)

2. 軸のねじり

(1) 単位長さあたりのひずみエネルギー

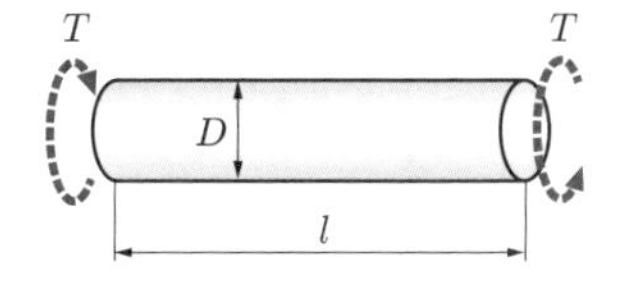

$$\hat{U} = \frac{1}{2}\theta T = \frac{1}{2}GI_p\theta^2 = \frac{T^2}{2GI_p}$$

(θ：比ねじれ角，T：ねじりモーメント，G：せん断弾性係数，
I_p：断面二次極モーメント)

(2) 軸全体のひずみエネルギー (軸の断面積 A が一様な場合)

$$U = \hat{U}l = \frac{T^2 l}{2GI_p}$$

丸軸の場合 $\Rightarrow I_p = \dfrac{\pi D^4}{32}, \quad \therefore \ U = \dfrac{16T^2 l}{G\pi D^4}$

3. はりの曲げ

(1) 単位長さあたりのひずみエネルギー

$$\hat{U}(x) = \frac{1}{2}\kappa M = \frac{1}{2}EI\kappa^2 = \frac{M^2}{2EI}$$

(κ : はりの曲率, M : 曲げモーメント,
E : ヤング率, I : 断面二次モーメント)

(2) はり全体のひずみエネルギー

$$U = \int dU = \int_0^l \hat{U}(x)dx = \int_0^l \frac{M^2}{2EI}dx$$

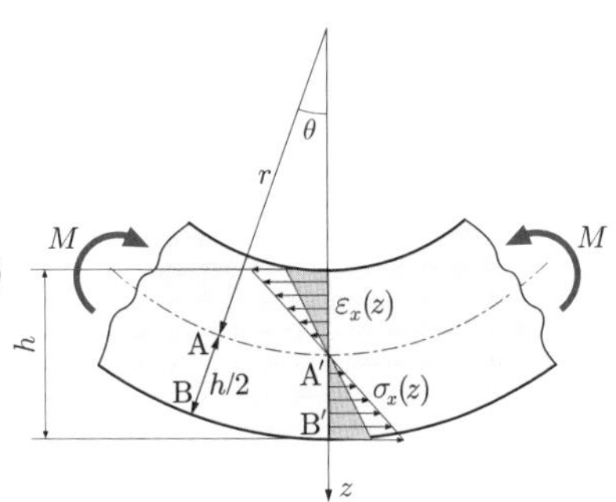

4. カスティリアノの定理

弾性体にいくつかの荷重が作用して静的なつりあい状態にある場合には，弾性体のひずみエネルギーを荷重の関数として表示し，その中の一つの荷重によってひずみエネルギーを微分すれば，その荷重によって荷重方向に生じる変位となる．これをカスティリアノの定理と呼ぶ．

第 13 章　組合せ応力

1. 応力とひずみの関係 (平面応力)

$$\begin{pmatrix} \sigma_x \\ \sigma_y \end{pmatrix} = \frac{E}{1-\nu^2}\begin{pmatrix} 1 & \nu \\ \nu & 1 \end{pmatrix}\begin{pmatrix} \varepsilon_x \\ \varepsilon_y \end{pmatrix}$$

$$\varepsilon_z = -\nu(\sigma_x + \sigma_y)/E, \quad \tau_{xy} = G\gamma_{xy}$$

2. 応力とひずみの関係 (平面ひずみ)

$$\begin{pmatrix} \sigma_x \\ \sigma_y \end{pmatrix} = \frac{E}{(1+\nu)(1-2\nu)}\begin{pmatrix} 1-\nu & \nu \\ \nu & 1-\nu \end{pmatrix}\begin{pmatrix} \varepsilon_x \\ \varepsilon_y \end{pmatrix}$$

$$\sigma_z = \nu(\sigma_x + \sigma_y), \quad \tau_{xy} = G\gamma_{xy}$$

3. 応力成分の座標変換

(1) 垂直応力の座標変換

$$\sigma_{x'} = \sigma_x \cos^2\theta + \sigma_y \sin^2\theta + \tau_{xy}\sin 2\theta$$

(2) せん断応力の座標変換

$$\tau_{x'y'} = \frac{1}{2}(\sigma_y - \sigma_x)\sin 2\theta + \tau_{xy}\cos 2\theta$$

第 14 章　主応力

1. 主応力と主せん断応力

(1) 主応力および主応力が生じる面の角度

$$(\sigma_1, \sigma_2) = \frac{\sigma_x + \sigma_y}{2} \pm \sqrt{\left(\frac{\sigma_x - \sigma_y}{2}\right)^2 + \tau_{xy}^2}$$

$$\theta_1 = \frac{1}{2}\tan^{-1}\frac{2\tau_{xy}}{\sigma_x - \sigma_y}, \quad \theta_2 = \frac{1}{2}\tan^{-1}\frac{2\tau_{xy}}{\sigma_x - \sigma_y} + \frac{\pi}{2} \quad (\sigma_x > \sigma_y)$$

$$\theta_1 = \frac{1}{2}\tan^{-1}\frac{2\tau_{xy}}{\sigma_x - \sigma_y} + \frac{\pi}{2}, \quad \theta_2 = \frac{1}{2}\tan^{-1}\frac{2\tau_{xy}}{\sigma_x - \sigma_y} \quad (\sigma_y > \sigma_x)$$

(2) 主せん断応力および主せん断応力が生じる面の角度

$$(\tau_1,\ \tau_2) = \pm\sqrt{\left(\frac{\sigma_x - \sigma_y}{2}\right)^2 + \tau_{xy}^2}$$

$$\varphi_1 = \frac{1}{2}\tan^{-1}\frac{2\tau_{xy}}{\sigma_x - \sigma_y} - \frac{\pi}{4}, \quad \varphi_2 = \frac{1}{2}\tan^{-1}\frac{2\tau_{xy}}{\sigma_x - \sigma_y} + \frac{\pi}{4} \quad (\sigma_x > \sigma_y)$$

$$\varphi_1 = \frac{1}{2}\tan^{-1}\frac{2\tau_{xy}}{\sigma_x - \sigma_y} + \frac{\pi}{4}, \quad \varphi_2 = \frac{1}{2}\tan^{-1}\frac{2\tau_{xy}}{\sigma_x - \sigma_y} - \frac{\pi}{4} \quad (\sigma_y > \sigma_x)$$

- **2 つの主応力面は直交する**
- **主応力面と主せん断応力面は 45° の角度をなす**

2. モールの応力円

横軸に垂直応力 σ, 縦軸にせん断応力 τ をとり, 原点 O から $(\sigma_1 + \sigma_2)/2$ だけ離れた点 C を中心とした半径 $(\sigma_1 - \sigma_2)/2$ の円を描き, σ 軸との交点を P, P′ とする. この円と横軸との交点が主応力となり, そこから $\theta = 45°(2\theta = 90°)$ だけ回転した Q, Q′ の位置において主せん断応力が発生する.

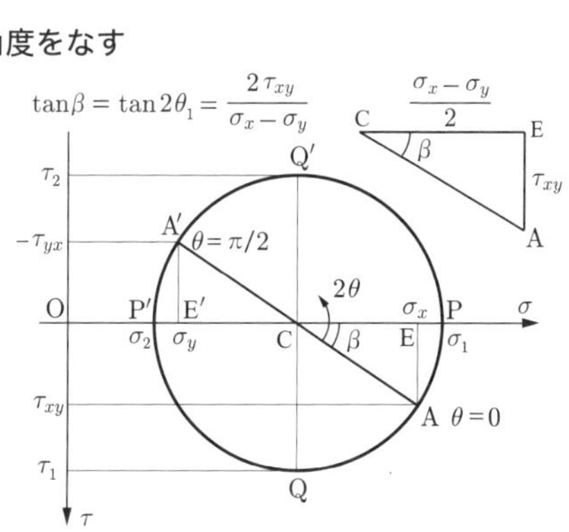

第 15 章　殻構造・複合構造

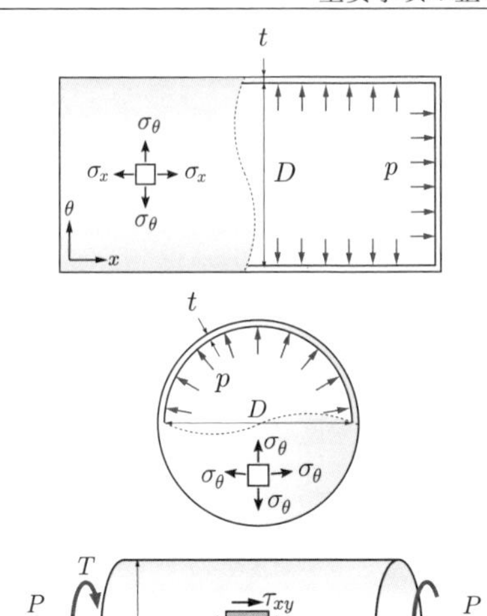

1. 薄肉円筒

軸応力：　$\sigma_x = \dfrac{pD}{4t}$

円周応力：$\sigma_\theta = \dfrac{pD}{2t}$

2. 薄肉球殻

円周応力：$\sigma_\theta = \dfrac{pD}{4t}$

3. 引張・ねじりを受ける丸軸の主応力

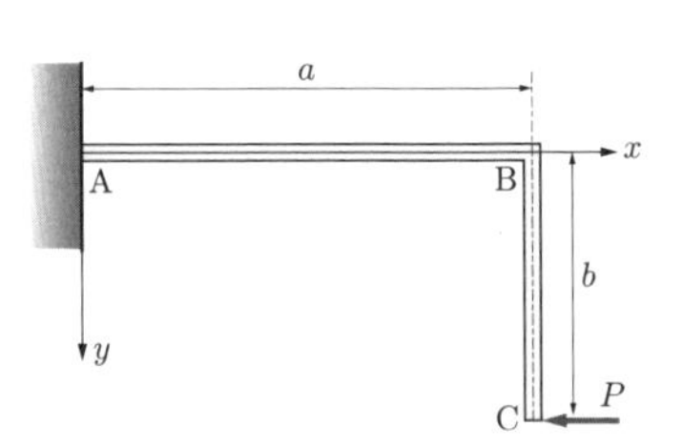

・主応力（丸軸表面）

$$\sigma_1 = \frac{\sigma_x}{2} + \sqrt{\left(\frac{\sigma_x}{2}\right)^2 + \tau_{xy}^2},\ \theta = \alpha$$

$$\sigma_2 = \frac{\sigma_x}{2} - \sqrt{\left(\frac{\sigma_x}{2}\right)^2 + \tau_{xy}^2},\ \theta = \alpha + \frac{\pi}{2}$$

・主せん断応力（丸軸表面）

$$\tau_1 = \sqrt{\left(\frac{\sigma_x}{2}\right)^2 + \tau_{xy}^2},\ \theta = \alpha - \frac{\pi}{4},\quad \tau_2 = -\sqrt{\left(\frac{\sigma_x}{2}\right)^2 + \tau_{xy}^2},\ \theta = \alpha + \frac{\pi}{4}$$

$$\left(\sigma_x = \frac{4P}{\pi D^2},\quad \tau_{xy} = -\frac{16T}{\pi D^3},\quad \alpha = \frac{1}{2}\tan^{-1}\frac{2\tau_{xy}}{\sigma_x} = -\frac{1}{2}\tan^{-1}\frac{8T}{PD}\right)$$

4. L 型はりの面内曲げ

2 つの区間において生じる曲げモーメントの分布を求め，各区間の曲げ変形を考える．2 つの区間のたわみを求める際に，接合部のたわみ角が等しいことを考慮すれば，各区間のたわみの微分方程式を解くことができる．

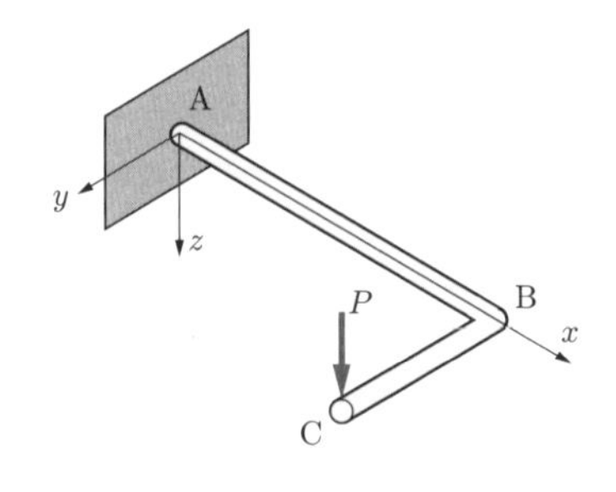

5. L 型はりの面外曲げ

曲げ変形とねじり変形が生じる区間 (はり AB) と，曲げ変形のみが生じる区間 (はり BC) に分けて考える．はり AB の先端 (点 B) におけるねじれ角とたわみを求めた後，

(1) 点 B におけるたわみが等しい

(2) 点 B においてはり AB のねじれ角とはり BC のたわみ角が等しい

これらの 2 つの条件を適用すれば，はり BC におけるたわみの分布が求められる．

演習問題解答

第1章

1.1 $\varepsilon = \dfrac{\sigma}{E} = \dfrac{P}{AE}$, $\lambda = \varepsilon l = \dfrac{Pl}{AE}$, $A = \dfrac{1}{4}\pi(D_2^2 - D_1^2)$, $\quad \therefore\ \lambda = \dfrac{4Pl}{\pi(D_2^2 - D_1^2)E}$

$$\lambda = \frac{4Pl}{\pi(D_2^2 - D_1^2)E} = \frac{4 \times 1000 \times 0.15}{\pi \times (0.03^2 - 0.026^2) \times 70 \times 10^9}$$
$$= 1.218 \times 10^{-5} \fallingdotseq 12.2\,\mu\text{m} \ \cdots\ (\text{答})$$
$$\sigma = \frac{P}{A} = \frac{4P}{\pi(D_2^2 - D_1^2)} = \frac{4 \times 1000}{\pi \times (0.03^2 - 0.026^2)}$$
$$= 5.6841 \times 10^6 \fallingdotseq 5.68\,\text{MPa} \ \cdots\ (\text{答})$$

1.2 $\sigma = E\varepsilon = (350 \times 10^9) \times 0.012 = 4.20 \times 10^9 = 4.20\,\text{GPa}$

$$P = A\sigma = \frac{1}{4}\pi D^2\sigma = \frac{1}{4} \times \pi \times (7.0 \times 10^{-6})^2 \times (350 \times 10^9) \times 0.012$$
$$\fallingdotseq 0.162\,\text{N} \ \cdots\ (\text{答})$$

1.3 $\sigma_x = \dfrac{P}{A} = \dfrac{4P}{\pi D^2} = \dfrac{4 \times 600}{\pi \times (5.0 \times 10^{-3})^2} = 3.0558 \times 10^7 \fallingdotseq 30.6\,\text{MPa} \ \cdots\ (\text{答})$

$$\lambda_x = \varepsilon_x l = \frac{\sigma_x l}{E} = \frac{4Pl}{E\pi D^2} = \frac{4 \times 600 \times 0.1}{190 \times 10^9 \times \pi \times (5.0 \times 10^{-3})^2}$$
$$= 1.6083 \times 10^{-5} \fallingdotseq 16.1\,\mu\text{m} \ \cdots\ (\text{答})$$
$$\varepsilon_y = -\nu\varepsilon_x = -\nu\frac{\sigma_x}{E} = -\nu\frac{4P}{E\pi D^2}$$
$$= -3.2 \times \frac{4 \times 600}{190 \times 10^9 \times \pi \times (5.0 \times 10^{-3})^2} \fallingdotseq -51.5 \times 10^{-6} \ \cdots\ (\text{答})$$

1.4 $\tau = \dfrac{4P}{\pi D^2} = \dfrac{4 \times 500}{\pi \times (4.0 \times 10^{-3})^2} = 3.9789 \times 10^7 \fallingdotseq 39.8\,\text{MPa} \ \cdots\ (\text{答})$

$$\gamma = \frac{\tau}{G} = \frac{4P}{G\pi D^2} = \frac{4 \times 500}{(78 \times 10^9) \times \pi \times (4.0 \times 10^{-3})^2} \fallingdotseq 510 \times 10^{-6} \ \cdots\ (\text{答})$$

第2章

2.1 $\sigma = \dfrac{P}{A} = \dfrac{4P}{\pi D^2} < \dfrac{\sigma_0}{\alpha}$

$$\therefore\ D > \sqrt{\frac{4P\alpha}{\sigma_0\pi}} = \sqrt{\frac{4 \times 80 \times 10^3 \times 4}{350 \times 10^6 \times \pi}} = 0.034119 \fallingdotseq 34.1\,\text{mm} \ \cdots\ (\text{答})$$

2.2 (1) 0.25 (2) 炭素含有量が 0.2% (3) フック (4) ヤング率 (5) 比例限度 (6) 弾性限度 (7) 焼なまし (8) 降伏点 (9) 耐力 (10) 引張強さ

2.3 (a) $\ln\dfrac{L_1}{L_0}$ (b) $\ln\dfrac{L_2}{L_1}$ (c) $\ln\dfrac{L_2}{L_0}$ (d) $\ln\dfrac{l_{i+1}}{l_i}$

(e) $\displaystyle\sum_{i=0}^{N-1}\ln\frac{l_{i+1}}{l_i} = \ln\frac{l_N}{l_0}$ (f) l_0 (g) l_N

2.4

公称応力－公称ひずみ線図，真応力－真ひずみ線図は右図のとおり．

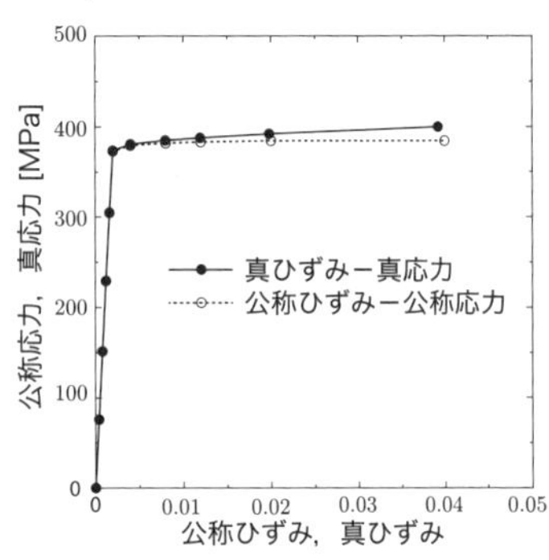

第 3 章

3.1 3 つの区間に作用する軸力をそれぞれ P_1, P_2, P_3 とおくと，各区間の伸びは，

$$\lambda_1 = \frac{4P_1 l_1}{E\pi D_1^2},\quad \lambda_2 = \frac{4P_2 l_2}{E\pi D_2^2},\quad \lambda_3 = \frac{4P_3 l_3}{E\pi D_3^2}$$

棒全体の伸びは 0 であるので，$\lambda_1 + \lambda_2 + \lambda_3 = 0$ となる．すなわち，

$$\frac{P_1 l_1}{D_1^2} + \frac{P_2 l_2}{D_2^2} + \frac{P_3 l_3}{D_3^2} = 0 \tag{a}$$

各区間の軸力と外力の関係は，

$$P_\mathrm{A} = P_1 - P_2,\quad P_\mathrm{B} = P_2 - P_3 \tag{b}$$

式 (b) の 2 式を式 (a) に代入して，P_1, P_3 を消去すれば，

$$\frac{(P_\mathrm{A} + P_2)l_1}{D_1^2} + \frac{P_2 l_2}{D_2^2} + \frac{(P_2 - P_\mathrm{B})l_3}{D_3^2} = 0 \tag{c}$$

$$\left(\frac{l_1}{D_1^2} + \frac{l_2}{D_2^2} + \frac{l_3}{D_3^2}\right)P_2 = -\frac{P_\mathrm{A} l_1}{D_1^2} + \frac{P_\mathrm{B} l_3}{D_3^2},\qquad \therefore\ P_2 = \frac{D_1^2 D_2^2 l_3 P_\mathrm{B} - D_2^2 D_3^2 l_1 P_\mathrm{A}}{D_2^2 D_3^2 l_1 + D_3^2 D_1^2 l_2 + D_1^2 D_2^2 l_3}$$

上式を式 (b) に代入すれば，

$$P_1 = \frac{(D_3^2 D_1^2 l_2 + D_1^2 D_2^2 l_3)P_\mathrm{A} + D_1^2 D_2^2 l_3 P_\mathrm{B}}{D_2^2 D_3^2 l_1 + D_3^2 D_1^2 l_2 + D_1^2 D_2^2 l_3},$$

$$P_3 = -\frac{D_2^2 D_3^2 l_1 P_\mathrm{A} + (D_2^2 D_3^2 l_1 + D_3^2 D_1^2 l_2)P_\mathrm{B}}{D_2^2 D_3^2 l_1 + D_3^2 D_1^2 l_2 + D_1^2 D_2^2 l_3}$$

よって，各区間の応力は以下のようになる．

$$\left.\begin{aligned}
\sigma_1 &= \frac{4P_1}{\pi D_1^2} = \frac{4}{\pi}\frac{(D_3^2 l_2 + D_2^2 l_3)P_\mathrm{A} + D_2^2 l_3 P_\mathrm{B}}{D_2^2 D_3^2 l_1 + D_3^2 D_1^2 l_2 + D_1^2 D_2^2 l_3}\\
\sigma_2 &= \frac{4P_2}{\pi D_2^2} = \frac{4}{\pi}\frac{D_1^2 l_3 P_\mathrm{B} - D_3^2 l_1 P_\mathrm{A}}{D_2^2 D_3^2 l_1 + D_3^2 D_1^2 l_2 + D_1^2 D_2^2 l_3}\\
\sigma_3 &= \frac{4P_3}{\pi D_3^2} = -\frac{4}{\pi}\frac{D_2^2 l_1 P_\mathrm{A} + (D_2^2 l_1 + D_1^2 l_2)P_\mathrm{B}}{D_2^2 D_1^3 l_1 + D_3^2 D_1^2 l_2 + D_1^2 D_2^2 l_3}
\end{aligned}\right\}\ \cdots\ (\text{答})$$

荷重点の変位は以下のように求められる．

$$\left.\begin{aligned}\lambda_{\mathrm{A}} &= \lambda_1 = \frac{4P_1 l_1}{E\pi D_1^2} = \frac{4l_1}{E\pi} \times \frac{(D_3^2 l_2 + D_2^2 l_3)P_{\mathrm{A}} + D_2^2 l_3 P_{\mathrm{B}}}{D_2^2 D_3^2 l_1 + D_3^2 D_1^2 l_2 + D_1^2 D_2^2 l_3} \\ \lambda_{\mathrm{B}} &= -\lambda_3 = -\frac{4P_3 l_3}{E\pi D_3^2} = \frac{4l_3}{E\pi} \times \frac{D_2^2 l_1 P_{\mathrm{A}} + (D_2^2 l_1 + D_1^2 l_2)P_{\mathrm{B}}}{D_2^2 D_3^2 l_1 + D_3^2 D_1^2 l_2 + D_1^2 D_2^2 l_3}\end{aligned}\right\} \cdots (答)$$

※段部 B の変位は，いちばん右側の棒の伸び λ_3 にマイナスをつけたものとなる．

3.2 円柱部に作用する荷重を P_1，円筒部に作用する荷重を P_2 とおく (ここではともに圧縮荷重とする)．円柱と円筒における圧縮の変形量は，

$$\delta_1 = \varepsilon_1 l = \frac{\sigma_1 l}{E_1} = \frac{P_1 l}{A_1 E_1} = \frac{4P_1 l}{\pi D_1^2 E_1}, \quad \delta_2 = \varepsilon_2 l = \frac{\sigma_2 l}{E_2} = \frac{P_2 l}{A_2 E_2} = \frac{4P_2 l}{\pi (D_2^2 - D_1^2) E_2}$$

圧縮変形量 δ_1 と δ_2 は等しいので，

$$\frac{P_1}{D_1^2 E_1} = \frac{P_2}{(D_2^2 - D_1^2) E_2} \tag{a}$$

荷重 P_1，P_2 と外力 P の関係は

$$P_1 + P_2 = P \tag{b}$$

であるから，式 (a) と式 (b) を連立させて P_1，P_2 を求めれば，

$$P_1 = \frac{D_1^2 E_1 P}{(D_2^2 - D_1^2)E_2 + D_1^2 E_1}, \quad P_2 = \frac{(D_2^2 - D_1^2)E_2 P}{(D_2^2 - D_1^2)E_2 + D_1^2 E_1}$$

よって，円柱と円筒に作用する応力は以下のとおり．

$$\sigma_1 = \frac{4E_1 P}{\pi (D_2^2 - D_1^2)E_2 + D_1^2 E_1}, \quad \sigma_2 = \frac{4E_2 P}{\pi (D_2^2 - D_1^2)E_2 + D_1^2 E_1} \quad \cdots (答)$$

よって変形量は，

$$\delta = \delta_1 = \delta_2 = \frac{4P_1 l}{\pi D_1^2 E_1} = \frac{4Pl}{\pi \{(D_2^2 - D_1^2)E_2 + D_1^2 E_1\}} \quad \cdots (答)$$

3.3 原点 O から距離 ξ の位置において長さ $d\xi$ の微小要素を考える．この微小要素の質量は $dm = \pi D^2 \rho d\xi / 4$ であるから，この微小要素に働く遠心力は，

$$df = dm \times \xi \times \omega^2 = \frac{1}{4}\pi D^2 \rho \xi \omega^2 d\xi$$

座標 x の位置に着目すると，この位置には $x \leq \xi \leq l$ の範囲における遠心力の合力が作用する．積分を実行してこの遠心力を求めると，

$$f(x) = \int_x^l \frac{1}{4}\pi D^2 \rho \xi \omega^2 d\xi = \frac{1}{8}\pi D^2 \rho \omega^2 (l^2 - x^2)$$

この遠心力 $f(x)$ を断面積で除せば棒の断面に作用する応力が得られる．

$$\sigma(x) = \frac{f(x)}{A} = \frac{4f(x)}{\pi D^2} = \frac{1}{2}\rho \omega^2 (l^2 - x^2)$$

座標 x における微小要素の伸び $d\lambda$ を考えることにより，棒全体の伸び λ は以下の積分計算により求められる．

$$\lambda = 2 \times \int d\lambda = 2\int_0^l \frac{\sigma(x)}{E}dx = \int_0^l \frac{\rho\omega^2}{E}(l^2 - x^2)dx = \frac{2\rho\omega^2 l^3}{3E} \quad \cdots \text{(答)}$$

3.4 中空円筒に作用する荷重を P_1，ボルトに作用する荷重を P_2 とおく．それぞれの伸びを求めると，

$$\lambda_1 = \frac{P_1 l}{A_1 E_1}, \quad \lambda_2 = \frac{P_2(l-p)}{A_2 E_2} \tag{a}$$

荷重 P_1 と P_2 の関係は，

$$P_1 + P_2 = 0 \tag{b}$$

中空円筒は，長さ l の状態から $l + \lambda_1$ になり，ボルトは $l - p$ の状態から，$l - p + \lambda_2$ になる．変形後の両者の長さは等しいから，

$$l + \lambda_1 = l - p + \lambda_2, \quad \therefore \ \lambda_1 = \lambda_2 - p \tag{c}$$

式 (a)，式 (c) より，

$$\frac{P_1 l}{A_1 E_1} = \frac{P_2(l-p)}{A_2 E_2} - p \tag{d}$$

式 (b) と式 (d) を連立させ，P_1，P_2 を求めれば，

$$P_1 = -\frac{A_1 A_2 E_1 E_2 p}{A_1 E_1 (l-p) + A_2 E_2 l}, \quad P_2 = \frac{A_1 A_2 E_1 E_2 p}{A_1 E_1 (l-p) + A_2 E_2 l} \quad \cdots \text{(答)}$$

最終的に円筒とボルトに作用する応力は以下のようになる．

$$\sigma_1 = \frac{P_1}{A_1} = -\frac{A_2 E_1 E_2 p}{A_1 E_1 (l-p) + A_2 E_2 l}, \quad \sigma_2 = \frac{P_2}{A_2} = \frac{A_1 E_1 E_2 p}{A_1 E_1 (l-p) + A_2 E_2 l} \quad \cdots \text{(答)}$$

第4章

4.1 熱ひずみ $\bar{\varepsilon}$ と弾性ひずみ $\tilde{\varepsilon}$ をそれぞれ求めた後，全体の伸びを求めると，

$$\bar{\varepsilon} = \alpha(T_2 - T_1), \quad \tilde{\varepsilon} = \frac{\sigma}{E} = \frac{4P}{\pi D^2 E}, \quad \lambda = (\bar{\varepsilon} + \tilde{\varepsilon})l = \alpha l(T_2 - T_1) + \frac{4Pl}{\pi D^2 E}$$

$\alpha = 11 \times 10^{-6}\,\mathrm{K}^{-1}$，$T_2 = 160^\circ\mathrm{C}$, $T_1 = 20^\circ\mathrm{C}$，$E = 210 \times 10^9\,\mathrm{Pa}$, $l = 0.4\,\mathrm{m}$,
$D = 5 \times 10^{-3}\,\mathrm{m}$，$P = 2000\,\mathrm{N}$ を上式に代入すれば，

$$\lambda = 11 \times 10^{-6} \times 0.4 \times (160 - 20) + \frac{4 \times 2000 \times 0.4}{\pi \times (5.0 \times 10^{-3})^2 \times (210 \times 10^9)}$$
$$= 8.1002 \times 10^{-4} \fallingdotseq 810\,\mu\mathrm{m} \quad \cdots \text{(答)}$$

4.2 温度変化に伴う熱ひずみは以下のように，線膨張係数の積分により計算することができる．

$$\bar{\varepsilon} = \int_{T_1}^{T_2} \alpha(T)dT = \int_{293}^{353} (6.0 \times 10^{-9} \times T + 8.0 \times 10^{-6})dT$$
$$= \left[6.0 \times 10^{-9} \times \frac{T^2}{2} + 8.0 \times 10^{-6} \times T\right]_{293}^{353} \fallingdotseq 596 \times 10^{-6} \quad \cdots \text{(答)}$$

4.3　座標 x の位置における熱ひずみは，線膨張係数を α として，

$$\bar{\varepsilon}(x) = \alpha(T(x) - T_0)$$

となる．温度分布を座標の一次関数として，$T(x) = ax + T_0$ とおくと，

$$\bar{\varepsilon}(x) = \alpha(T(x) - T_0) = \alpha ax$$

棒に作用する熱応力を σ_0，ヤング率を E とすれば，棒に生じる弾性ひずみと熱ひずみの和は以下のようになる．

$$\varepsilon = \frac{\sigma_0}{E} + \alpha ax$$

このひずみを積分して棒全体の伸びを求めると，棒の両端は固定されているので，長さ l の棒の伸びは 0 となる．

$$\int_0^l \left(\frac{\sigma_0}{E} + \alpha ax\right)dx = \frac{\sigma_0 l}{E} + \frac{1}{2}\alpha al^2 = 0, \quad \therefore \ \sigma_0 = -\frac{\alpha Eal}{2}$$

$E = 206\,\mathrm{GPa}$，$a = 180\,\mathrm{K}^{-1}$，$l = 1\,\mathrm{m}$，$\alpha = 11 \times 10^{-6}\mathrm{K}^{-1}$ を代入して計算すれば，最終的に熱応力が以下のように求められる．

$$\sigma_0 = -\frac{(11 \times 10^{-6}) \times (206 \times 10^9) \times 180}{2} = -203.94 \times 10^6 \fallingdotseq -204\ \mathrm{MPa} \ \cdots \ (答)$$

4.4　繊維の長手方向に対してのみ荷重，応力，変形を考える．炭素繊維に働く荷重を P_1，樹脂に働く荷重を P_2 とすると，これらは互いにつり合うので，

$$P_1 + P_2 = 0 \qquad \text{(a)}$$

となる．炭素繊維と樹脂のひずみは等しいので，熱ひずみと弾性ひずみの和を考えて (添え字 1 は炭素繊維を，添え字 2 は樹脂を表す)，

$$\alpha_1 \Delta T + \frac{P_1}{A_1 E_1} = \alpha_2 \Delta T + \frac{P_2}{A_2 E_2} \qquad \text{(b)}$$

式 (a)，式 (b) を連立させて，荷重 P_1，P_2 を求めれば，

$$P_1 = \frac{A_1 A_2 E_1 E_2 (\alpha_2 - \alpha_1)\Delta T}{A_1 E_1 + A_2 E_2}, \quad P_2 = -\frac{A_1 A_2 E_1 E_2 (\alpha_2 - \alpha_1)\Delta T}{A_1 E_1 + A_2 E_2} \qquad \text{(c)}$$

よって，炭素繊維と樹脂に作用する熱応力は，

$$\sigma_1 = \frac{P_1}{A_1} = \frac{A_2 E_1 E_2 (\alpha_2 - \alpha_1)\Delta T}{A_1 E_1 + A_2 E_2}, \quad \sigma_2 = \frac{P_2}{A_2} = -\frac{A_1 E_1 E_2 (\alpha_2 - \alpha_1)\Delta T}{A_1 E_1 + A_2 E_2} \qquad \text{(d)}$$

$E_1 = 130 \times 10^9$, $E_2 = 6 \times 10^9$, $\alpha_1 = 1.8 \times 10^{-6}$, $\alpha_2 = 40 \times 10^{-6}$, $\Delta T = 90 - 20 = 70$, 断面積については $A_1 : A_2 = 60 : 40$ であるので，$A_1 = 0.6A$，$A_2 = 0.4A$ とおいて式 (d) に代入して整理すれば，

$$\sigma_1 = 1.0376 \times 10^7 \fallingdotseq 10.4\,\mathrm{MPa}, \quad \sigma_2 = -1.5565 \times 10^7 \fallingdotseq -15.6\,\mathrm{MPa} \ \cdots \ (答)$$

第 5 章

5.1　対称性より，部材 AB，AD，CB，CD に作用する軸力は等しい．この軸力を Q_1

とおく (引張りが正)．また，部材 BD に作用する軸力を Q_2(引張りを正) とおく．点 A における水平方向の力のつり合いを考えると，

$$\frac{Q_1}{\sqrt{2}} \times 2 = P, \quad \therefore\ Q_1 = \frac{P}{\sqrt{2}}$$

点 D に関する鉛直方向 (図の上下方向) の力のつり合いを考えると，

$$\frac{Q_1}{\sqrt{2}} \times 2 + Q_2 = 0, \quad \therefore\ Q_2 = -\sqrt{2}Q_1 = -P$$

よって，部材 BD に生じる伸びと応力は以下のようになる．

$$\sigma_{\mathrm{BD}} = \frac{Q_1}{S} = -\frac{4P}{\pi D^2}. \quad \lambda_{\mathrm{BD}} = \varepsilon_{\mathrm{BD}} \times \sqrt{2}l = \frac{\sigma_{\mathrm{BD}}}{E}\sqrt{2}l = -\frac{4\sqrt{2}Pl}{E\pi D^2} \quad \cdots \text{(答)}$$

5.2 部材 AC に作用する荷重を P_{AC}，部材 BC に作用する荷重を P_{BC} とする．結合点 C において，水平方向と鉛直方向に対して力のつり合いを考えると，

$$\text{水平方向：}\ P_{\mathrm{H}} = \frac{1}{\sqrt{2}}P_{\mathrm{AC}} + \frac{1}{\sqrt{2}}P_{\mathrm{BC}} \tag{a}$$

$$\text{鉛直方向：}\ P_{\mathrm{V}} = \frac{1}{\sqrt{2}}P_{\mathrm{AC}} - \frac{1}{\sqrt{2}}P_{\mathrm{BC}} \tag{b}$$

これらの 2 式を連立して解き，P_{AC}，P_{BC} を求めると，

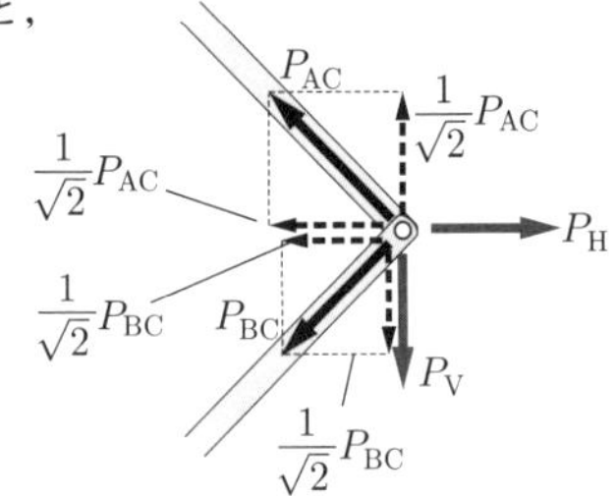

$$P_{\mathrm{AC}} = \frac{1}{\sqrt{2}}(P_{\mathrm{H}} + P_{\mathrm{V}}) \tag{c}$$

$$P_{\mathrm{BC}} = \frac{1}{\sqrt{2}}(P_{\mathrm{H}} - P_{\mathrm{V}}) \tag{d}$$

よって，部材 AC，部材 BC の伸びはそれぞれ，

$$\lambda_{\mathrm{AC}} = \frac{P_{\mathrm{AC}}l}{ES} = \frac{l}{\sqrt{2}ES}(P_{\mathrm{H}} + P_{\mathrm{V}}) \tag{e}$$

$$\lambda_{\mathrm{BC}} = \frac{P_{\mathrm{BC}}l}{ES} = \frac{l}{\sqrt{2}ES}(P_{\mathrm{H}} - P_{\mathrm{V}}) \tag{f}$$

λ_{AC}，λ_{BC} を図示すると右図のようになる．2 本の部材の点 C から $\lambda_{\mathrm{AC}}, \lambda_{\mathrm{BC}}$ だけ伸びた位置を C′, C″ とし，そこから垂線を引いてその交点を求めれば，点 C は最終的に点 E に移動することがわかる．したがって，結合点 C の水平方向変位 δ_{H}，鉛直方向変位 δ_{V} は以下のようになる．

$$\delta_{\mathrm{H}} = \frac{1}{\sqrt{2}}\lambda_{\mathrm{AC}} + \frac{1}{\sqrt{2}}\lambda_{\mathrm{BC}} = \frac{P_{\mathrm{H}}l}{ES}, \quad \delta_{\mathrm{V}} = \frac{1}{\sqrt{2}}\lambda_{\mathrm{AC}} - \frac{1}{\sqrt{2}}\lambda_{\mathrm{BC}} = \frac{P_{\mathrm{V}}l}{ES} \quad \cdots \text{(答)}$$

5.3 部材 AC の伸びを λ_1，部材 BC の伸びを λ_2 とおき，それぞれの部材が伸びた位置 C′，C″ から垂線を引く．最終的に荷重点 C はこの交点 E に移動する．図中の $\overline{\mathrm{C'E}}$ を a，$\overline{\mathrm{C''E}}$ を b とおくと，点 C，点 E の鉛直距離を a，b，λ_1，λ_2 で表せば，

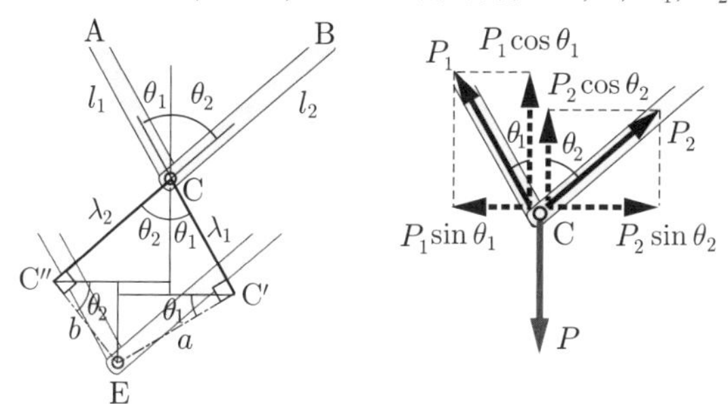

$$\lambda_1\cos\theta_1 + a\sin\theta_1 = \lambda_2\cos\theta_2 + b\sin\theta_2 \tag{a}$$

同様に，点 C′，点 C″ の水平距離を a，b，λ_1，λ_2 で表せば，

$$\lambda_1\sin\theta_1 + \lambda_2\sin\theta_2 = a\cos\theta_1 + b\cos\theta_2 \tag{b}$$

式 (a)，(b) より a，b を求めれば，

$$a = \frac{\lambda_2 - \lambda_1\cos(\theta_2+\theta_1)}{\sin(\theta_1+\theta_2)}, \quad b = \frac{\lambda_1 - \lambda_2\cos(\theta_2+\theta_1)}{\sin(\theta_1+\theta_2)} \tag{c}$$

よって，C → E における鉛直方向変位 δ_H，水平方向変位 δ_V は，

$$\delta_\mathrm{H} = a\cos\theta_1 - \lambda_1\sin\theta_1 = \frac{\lambda_2\cos\theta_1 - \lambda_1\cos\theta_2}{\sin(\theta_1+\theta_2)} \tag{d}$$

$$\delta_\mathrm{V} = \lambda_1\cos\theta_1 + a\sin\theta_1 = \frac{\lambda_1\sin\theta_2 + \lambda_2\sin\theta_1}{\sin(\theta_1+\theta_2)} \tag{e}$$

点 C における水平方向と鉛直方向の荷重のつり合いを考えると，

水平方向：$P_1\sin\theta_1 = P_2\sin\theta_2$ (f)

鉛直方向：$P = P_1\cos\theta_1 + P_2\cos\theta_2$ (g)

式 (f)，(g) より P_1，P_2 を求めれば，

$$P_1 = \frac{\sin\theta_2}{\sin(\theta_1+\theta_2)}P, \quad P_2 = \frac{\sin\theta_1}{\sin(\theta_1+\theta_2)}P \tag{h}$$

P_1，P_2 より，2 つの部材の伸び λ_1，λ_2 を求めれば，

$$\lambda_1 = \frac{P_1 l_1}{SE} = \frac{Pl_1}{SE}\frac{\sin\theta_2}{\sin(\theta_1+\theta_2)}, \quad \lambda_2 = \frac{P_2 l_2}{SE} = \frac{Pl_2}{SE}\frac{\sin\theta_1}{\sin(\theta_1+\theta_2)} \tag{i}$$

上記の λ_1，λ_2 を式 (d)，(e) に代入すれば，荷重点の水平方向変位 δ_V，鉛直方向変位 δ_H が以下のように求められる．

$$\delta_\mathrm{H} = \frac{\lambda_2\cos\theta_1 - \lambda_1\cos\theta_2}{\sin(\theta_1+\theta_2)} = \frac{l_2\sin\theta_1\cos\theta_1 - l_1\cos\theta_2\sin\theta_2}{SE\sin^2(\theta_1+\theta_2)}P \quad \cdots \text{(答)}$$

$$\delta_V = \frac{\lambda_1 \sin\theta_2 + \lambda_2 \sin\theta_1}{\sin(\theta_1+\theta_2)} = \frac{l_1 \sin^2\theta_2 + l_2 \sin^2\theta_1}{SE\sin^2(\theta_1+\theta_2)}P \ \cdots \ (答)$$

5.4 部材 AD および部材 BD に作用する軸力を Q_1，部材 CD に作用する軸力を Q_2 とする．点 D における力のつり合いを考えると，

$$2Q_1\cos 30^\circ = Q_2, \quad \therefore \ \sqrt{3}Q_1 = Q_2 \tag{a}$$

部材 AD，BD に生じる弾性ひずみ $\hat{\varepsilon}_1$，部材 CD に生じる弾性ひずみ $\hat{\varepsilon}_2$ は，

$$\hat{\varepsilon}_1 = \frac{\sigma_1}{E} = \frac{4Q_1}{E\pi D^2},\ \hat{\varepsilon}_2 = \frac{\sigma_2}{E} = \frac{4Q_2}{E\pi D^2} \tag{b}$$

熱ひずみは $\bar{\varepsilon}_1 = \bar{\varepsilon}_2 = \alpha\Delta T$ であるから，各部材に生じるひずみは，

$$\varepsilon_1 = \frac{4Q_1}{E\pi D^2} + \alpha\Delta T,\ \varepsilon_2 = \frac{4Q_2}{E\pi D^2} + \alpha\Delta T \tag{c}$$

したがって，各部材の伸びが次のように与えられる．

$$\lambda_1 = \left(\frac{4Q_1}{E\pi D^2} + \alpha\Delta T\right)l,\ \lambda_2 = \left(\frac{4Q_2}{E\pi D^2} + \alpha\Delta T\right)l \tag{d}$$

トラス全体の伸びを考えると，両端は変位が固定されていることから，λ_1 と λ_2 は以下の関係式を満たす．

$$\frac{\lambda_1}{\cos 30^\circ} = -\lambda_2 \quad (※\ \lambda_2 \text{ の符号に注意すること}) \tag{e}$$

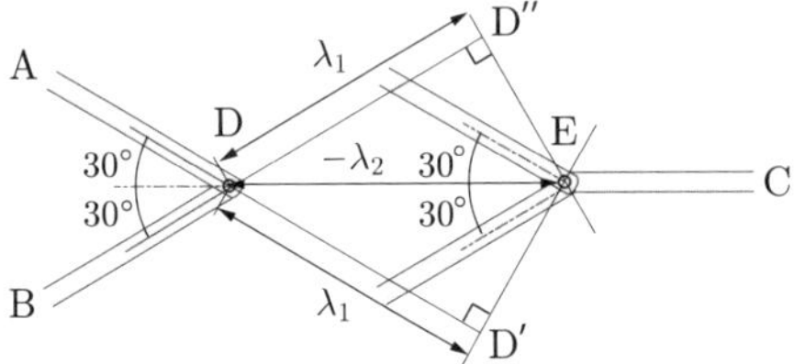

式 (d) を式 (e) に代入して整理すれば，

$$2\left(\frac{4Q_1}{E\pi D^2} + \alpha\Delta T\right)l + \sqrt{3}\left(\frac{4Q_2}{E\pi D^2} + \alpha\Delta T\right)l = 0 \tag{f}$$

式 (a) と式 (f) を連立させて解けば，軸力 Q_1，Q_2 が以下のように求まる．

$$Q_1 = -\frac{(2+\sqrt{3})E\pi D^2\alpha\Delta T}{20},\ Q_2 = -\frac{(2\sqrt{3}+3)E\pi D^2\alpha\Delta T}{20} \tag{g}$$

よって，部材 AD，BD に作用する応力 σ_1，部材 CD に作用する応力 σ_2 は以下のようになる．

$$\left.\begin{aligned} \sigma_1 &= \frac{Q_1}{A} = -\frac{(2+\sqrt{3})E\alpha\Delta T}{5} = -135.3\times10^6 \fallingdotseq -135\,\mathrm{MPa} \\ \sigma_2 &= \frac{Q_2}{A} = -\frac{(2\sqrt{3}+3)E\alpha\Delta T}{5} = -234.4\times10^6 \fallingdotseq -234\,\mathrm{MPa} \end{aligned}\right\} \cdots (答)$$

また，点 D の変位 λ についても，水平方向右向きを正とすると次のように求まる．

$$\lambda = -\lambda_2 = \frac{2(\sqrt{3}-1)}{5}\alpha\Delta Tl = 77.30\times10^{-6} \fallingdotseq 77.3\,\mu\mathrm{m} \ \cdots \ (答)$$

第 6 章

6.1 結合部から左側および右側の区間に作用するねじりモーメントを T_1，T_2 とする．結合部に作用するねじりモーメントを T とすると，ねじりモーメントのつり合いは次式で与えられる．

$$T_1 - T_2 = T \quad (T_1 - T_2 - T = 0) \tag{a}$$

また，各区間に生じるねじれ角 φ_1，φ_2 は，

$$\varphi_1 = \frac{32T_1 l_1}{G_1 \pi D^4},\ \varphi_2 = \frac{32T_2 l_2}{G_2 \pi D^4} \tag{b}$$

ここで，丸軸の両端は固定されているので，

$$\varphi_1 + \varphi_2 = 0, \quad \therefore\ \frac{32T_1 l_1}{G_1 \pi D^4} + \frac{32T_2 l_2}{G_2 \pi D^4} = 0 \tag{c}$$

式 (a), (c) から T_1，T_2 を求めると，

$$T_1 = \frac{G_1 l_2 T}{G_1 l_2 + G_2 l_1},\ T_2 = -\frac{G_2 l_1 T}{G_1 l_2 + G_2 l_1} \tag{d}$$

となる．$T = 100\,\mathrm{N{\cdot}m}$，$G_1 = 100\,\mathrm{GPa}$，$G_2 = 70\,\mathrm{GPa}$，$l_1 = 200\,\mathrm{mm}$，$l_2 = 300\,\mathrm{mm}$ とすると，ねじりモーメントの作用点におけるねじれ角 φ が次のように求まる．

$$\varphi = \varphi_1 = \frac{32 l_1 l_2 T}{\pi D^4 (G_1 l_2 + G_2 l_1)} = 3.556 \times 10^{-3}\mathrm{rad} \fallingdotseq 0.204^\circ \qquad \cdots\ (答)$$

また，ねじりモーメントの作用点から左側および右側の区間において，軸表面に生じるせん断応力 τ_1，τ_2 も値を代入することで以下のように求まる．

$$\tau_1 = \frac{|T_1|}{Z_p} = \frac{16 G_1 l_2}{\pi D^3 (G_1 l_2 + G_2 l_1)} T = 22.22 \times 10^6 \fallingdotseq 22.2\,\mathrm{MPa}\ \cdots\ (答)$$

$$\tau_2 = \frac{|T_2|}{Z_p} = \frac{16 G_2 l_1}{\pi D^3 (G_1 l_2 + G_2 l_1)} T = 10.37 \times 10^6 \fallingdotseq 10.4\,\mathrm{MPa}\ \cdots\ (答)$$

6.2 丸軸に作用するトルクを T，丸軸の直径を D，せん断降伏応力を τ_y，安全率を S とおく．このとき，満足するべき条件式が以下のように与えられる．

$$\frac{16T}{\pi D^3} \leq \frac{\tau_\mathrm{y}}{S}$$

これを直径 D について整理すると，

$$D^3 \geq \frac{16ST}{\pi \tau_\mathrm{y}}$$

$T = 120\,\mathrm{N{\cdot}m}$，$\tau_\mathrm{y} = 240\,\mathrm{MPa}$，$S = 3$ を代入すると，直径 D に関する条件が以下のように求まる．

$$D \geq \left(\frac{16ST}{\pi \tau_\mathrm{y}}\right)^{1/3} = 1.96949 \times 10^{-2} \fallingdotseq 19.7\,\mathrm{mm}$$

したがって，直径は 19.7 mm 以上とすればよいことがわかる． $\cdots$ (答)

6.3 区間 OA, AB, BC に作用するねじりモーメントをそれぞれ T_1, T_2, T_3 とおく．点 A および点 B におけるモーメントのつり合いは次のように与えられる．

$$T_1 - T_2 = T_\mathrm{A} \tag{a}$$

$$T_2 - T_3 = T_\mathrm{B} \tag{b}$$

T_1, T_2, T_3 を用いて区間 OA, AB, BC に生じる相対ねじれ角 φ_1, φ_2, φ_3 を表せば，

$$\varphi_1 = \frac{32T_1 l_1}{G\pi D_1^4},\ \varphi_2 = \frac{32T_2 l_2}{G\pi D_2^4},\ \varphi_3 = \frac{32T_3 l_3}{G\pi D_3^4} \tag{c}$$

ここで，軸の両端は固定されているため，$\varphi_1 + \varphi_2 + \varphi_3 = 0$ であるから，

$$\frac{T_1 l_1}{D_1^4} + \frac{T_2 l_2}{D_2^4} + \frac{T_3 l_3}{D_3^4} = 0 \tag{d}$$

式 (a), (b), (d) より，ねじりモーメント T_1, T_2, T_3 が次のように求まる．

$$T_1 = \frac{(D_3^4 D_1^4 l_2 + D_1^4 D_2^4 l_3)T_\mathrm{A} + D_1^4 D_2^4 l_3 T_\mathrm{B}}{D_2^4 D_3^4 l_1 + D_3^4 D_1^4 l_2 + D_1^4 D_2^4 l_3},\quad T_2 = \frac{-D_2^4 D_3^4 l_1 T_\mathrm{A} + D_1^4 D_2^4 l_3 T_\mathrm{B}}{D_2^4 D_3^4 l_1 + D_3^4 D_1^4 l_2 + D_1^4 D_2^4 l_3}$$

$$T_3 = -\frac{D_2^4 D_3^4 l_1 T_\mathrm{A} + (D_2^4 D_3^4 l_1 + D_3^4 D_1^4 l_2)T_\mathrm{B}}{D_2^4 D_3^4 l_1 + D_3^4 D_1^4 l_2 + D_1^4 D_2^4 l_3}$$

T_1, T_2, T_3 を式 (c) に代入すれば，点 A, B におけるねじれ角 φ_A, φ_B が求まる．

$$\varphi_\mathrm{A} = \varphi_1 = \frac{32 l_1 \{(D_3^4 l_2 + D_2^4 l_3)T_\mathrm{A} + D_2^4 l_3 T_\mathrm{B}\}}{G\pi(D_2^4 D_3^4 l_1 + D_3^4 D_1^4 l_2 + D_1^4 D_2^4 l_3)} \ \cdots\ (答)$$

$$\varphi_\mathrm{B} = \varphi_1 + \varphi_2 = -\varphi_3 = \frac{32 l_3 \{D_2^4 l_1 T_\mathrm{A} + (D_2^4 l_1 + D_1^4 l_2)T_\mathrm{B}\}}{G\pi(D_2^4 D_3^4 l_1 + D_3^4 D_1^4 l_2 + D_1^4 D_2^4 l_3)} \ \cdots\ (答)$$

6.4 座標 x の位置で幅 dx の微小要素を考えると，微小要素のねじれ角 $d\varphi$ は，

$$d\varphi = \theta dx = \frac{32T}{G\pi D(x)^4}dx = \frac{32TL^8}{G\pi D_0^4 x^8}dx$$

この丸軸の両端の相対ねじれ角 φ は，上記 $d\varphi$ の棒全体における和となるので，以下の積分により求められる．

$$\varphi = \int_L^{2L} d\varphi = \int_L^{2L} \frac{32TL^8}{G\pi D_0^4 x^8}dx = -\frac{32TL^8}{7G\pi D_0^4}\left[\frac{1}{x^7}\right]_L^{2L} = \frac{127TL}{28G\pi D_0^4} \ \cdots\ (答)$$

6.5 固定部からの距離が x の位置において微小要素を考える．微小要素には，それより右側に作用するねじりモーメントの総和が作用するから，そのねじれ角は，

$$d\varphi(x) = \theta(x)dx = \frac{32t(L-x)}{G\pi D^4}dx$$

丸軸先端のねじれ角は，この微小要素のねじれ角の総和を求めればよいから，

$$\varphi = \int_0^L \frac{32t(L-x)}{G\pi D^4}dx = \frac{32t}{G\pi D^4}\left[Lx - \frac{x^2}{2}\right]_0^L = \frac{16tL^2}{G\pi D^4} \ \cdots\ (答)$$

丸軸に生じるせん断応力は，丸軸固定部の表面において最大となる．

$$\tau_\mathrm{max} = \frac{|T_\mathrm{max}|}{Z_p} = \frac{16tL}{\pi D^3} \ \cdots\ (答)$$

第7章

7.1 1. このはりに作用する分布荷重の合力 F は，座標 x の位置における微小部分に作用する荷重 $df = q(x)dx$ を $0 \leq x \leq l$ で積分すればよい．

$$F = \int_0^l \frac{q_0 x}{l} dx = \frac{1}{2} q_0 l \ \cdots \ (答)$$

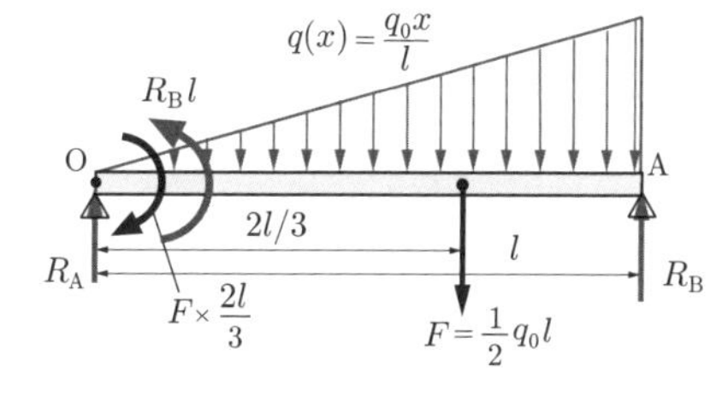

2. 支持点 A, B に作用する反力を R_A，R_B とおくと，図の上下方向の力のつり合いは次式で表すことができる．

$$R_\mathrm{A} + R_\mathrm{B} = \frac{l}{2} q_0 l \ \cdots \ (答)$$

3. 面積モーメント法を用いると，分布荷重の合力は $F = q_0 l/2$，荷重図形の図心と左端との水平距離は $2l/3$ であるから，モーメントのつり合いは次式で表される．

$$R_\mathrm{B} l - \frac{q_0 l}{2} \times \frac{2l}{3} = 0, \quad \therefore R_\mathrm{B} l - \frac{q_0 l^2}{3} = 0 \ \cdots \ (答)$$

4. 2 および 3 のつり合い式を連立して解くことで，R_A，R_B が次のように求まる．

$$R_\mathrm{A} = \frac{q_0 l}{6}, \ R_\mathrm{B} = \frac{1}{3} q_0 l \ \cdots \ (答)$$

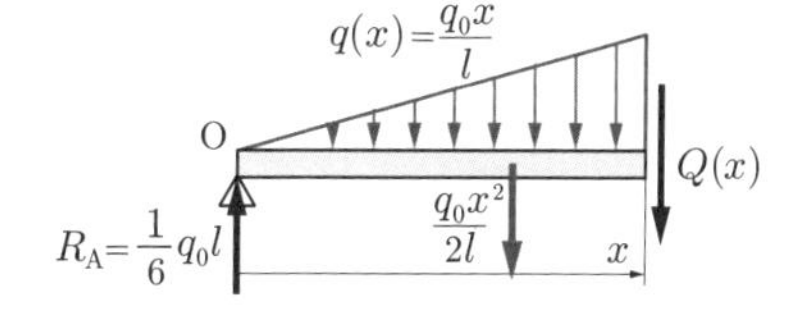

5. 座標 x の位置ではりを切断し，切断位置より左側のはりについて力のつり合いを考える．切断面に作用するせん断力 $Q(x)$ とすると，力のつり合いは，

$$Q(x) + \frac{q_0 x}{l} \times \frac{x}{2} = \frac{1}{6} q_0 l$$

と表され，せん断力 $Q(x)$ の分布は次式，せん断力図 (SFD) は右図のようになる．

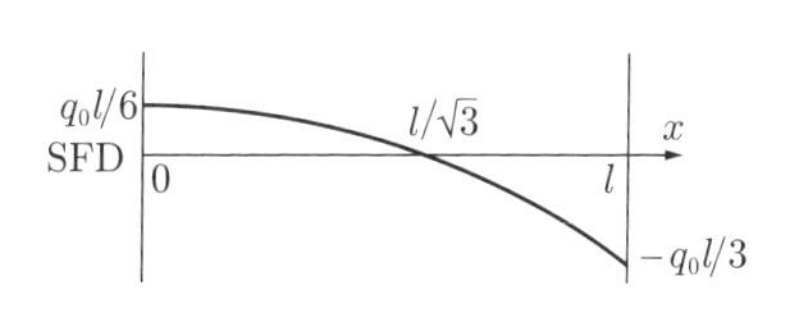

$$Q(x) = \frac{q_0}{6l}(l^2 - 3x^2) = \frac{q_0}{6l}(l + \sqrt{3}x)(l - \sqrt{3}x) \ \cdots \ (答)$$

6. 面積モーメント法を用いると，座標 x の位置に作用する分布荷重のモーメントは，合力 $q_0 x^2/(2l)$ と距離 $x/3$(荷重図形の図心からモーメントの作用点までの距離) となる．すなわち，

$$M'(x) = -\frac{q_0 x^2}{2l} \times \frac{x}{3} = -\frac{q_0 x^3}{6l}$$

座標 x の位置における曲げモーメントは，上記の $M'(x)$ と，左端の集中荷重によるモーメント $R_\mathrm{A} x = q_0 l x/6$ の和になる (曲げモーメント図 (BMD) は右図)．

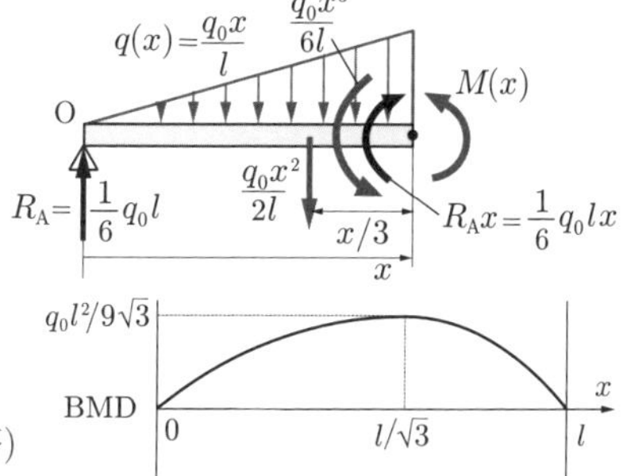

$$M(x) = -\frac{q_0 x^3}{6l} + \frac{q_0 l x}{6} = \frac{q_0 x}{6l}(l^2 - x^2) \cdots (答)$$

7.2 座標 x の位置ではりを切断する．切断位置から右側の長さ $l-x$ のはりについて荷重とモーメントのつり合いを考えると，この部分のはりに作用する分布荷重の合力は $q(l-x)$ であるから，

$$Q(x) = q(l-x) \ \cdots \ (\text{答})$$

曲げモーメントについては，面積モーメント法を適用すると，この長さ $l-x$ のはりの図心から切断位置までの長さ $(l-x)/2$ を合力 $q(l-x)$ を乗じれば曲げモーメント $M(x)$ を得る (符号に注意).

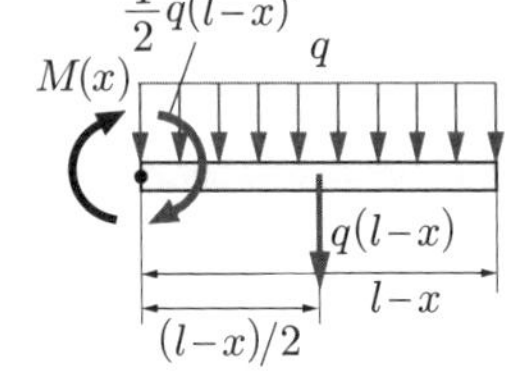

$$M(x) = -\frac{1}{2}q(l-x)^2 \ \cdots \ (\text{答})$$

よって，せん断力図および曲げモーメント図は以下のようになる．

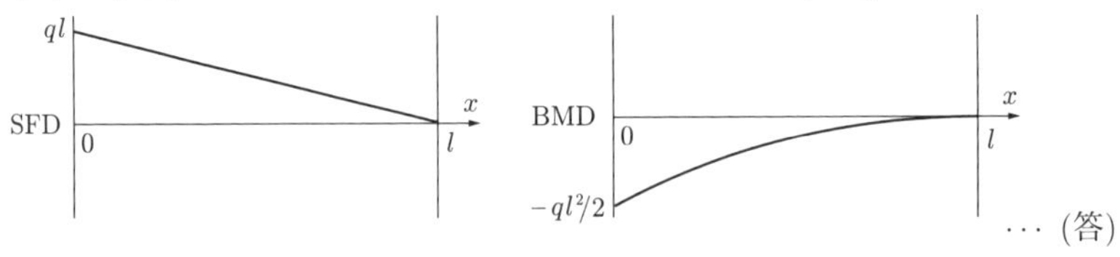

$\cdots$ (答)

7.3 支持点 A および B に作用する反力をそれぞれ R_A，R_B とおく．このはりに垂直な方向の力のつり合い，および支持点 A におけるモーメントのつり合いを考えると，以下の式が成り立つ．

$$R_A + R_B = 0, \ M_0 + R_B l = 0$$

これら 2 式より，支持反力 R_A，R_B は次のように求まる．

$$R_A = \frac{M_0}{l}, \ R_B = -\frac{M_0}{l}$$

支持点 A からの距離が x の位置ではりを切断し，せん断力およびモーメントのつり合いを考える．切断部に作用するせん断力 $Q(x)$ は R_A ないしは $-R_B$ に等しく，

$$Q(x) = \frac{M_0}{l} \ (0 \le x \le l, \ \ x \ne a) \ \cdots \ (\text{答})$$

ただし，集中モーメントが作用する点 $(x=a)$ は特異点となるので，せん断力は定義されない．左右の支点からのモーメントを考えれば，曲げモーメント $M(x)$ は，

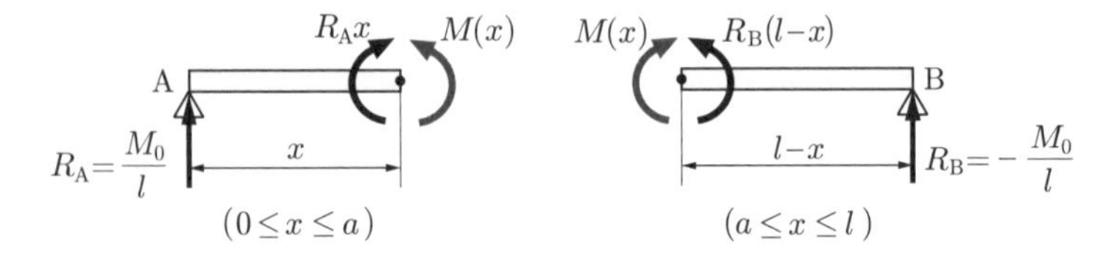

$$M(x) = \begin{cases} R_\mathrm{A} x = \dfrac{M_0}{l} x & (0 \leq x < a) \\ R_\mathrm{B}(l - x) = -\dfrac{M_0}{l}(l - x) & (a < x \leq l) \end{cases} \quad \cdots \text{(答)}$$

これらを図示すると，せん断力図および曲げモーメント図が次のように得られる．

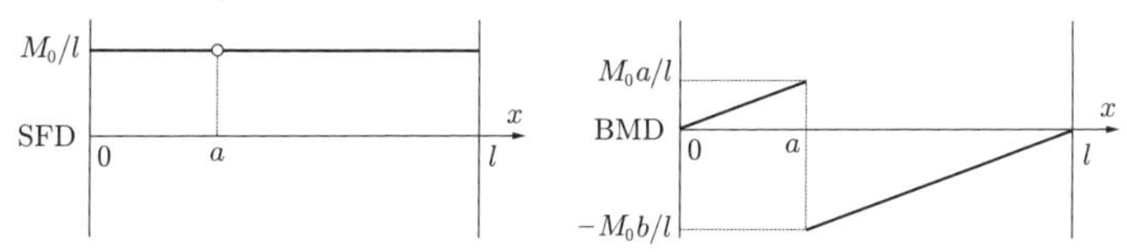

7.4　支持点 A および C に作用する反力をそれぞれ R_A および R_C とおく．このはりに作用する垂直方向の力のつり合いは，

$$R_\mathrm{A} + R_\mathrm{C} = P_1 + P_2 = 3P \tag{a}$$

また，点 A に対するモーメントのつり合いより，

$$R_\mathrm{C} \times 2l = P_1 \times l + P_2 \times 3l = 5Pl \tag{b}$$

式 (a)，(b) より，支持反力 R_A，R_C が次のように求まる．

$$R_\mathrm{A} = \frac{P}{2},\ R_\mathrm{C} = \frac{5P}{2} \tag{c}$$

つづいて，支持点 A からの距離が x の位置ではりを切断し，切断部に作用するせん断力および曲げモーメントを考える．せん断力 $Q(x)$ について，区間 AB, BC, CD に分けて考えると，それぞれの区間について以下のように求められる．

$$Q(x) = \begin{cases} \dfrac{P}{2} & (0 \leq x < l) \\ -\dfrac{3P}{2} & (l < x < 2l) \\ P & (2l < x \leq 3l) \end{cases} \quad \cdots \text{(答)}$$

と求まる．同様に，曲げモーメント $M(x)$ についても以下のように求められる．

$$M(x) = \begin{cases} \dfrac{P}{2} x & (0 \leq x \leq l) \\ \dfrac{P}{2}(-3x + 4l) & (l \leq x \leq 2l) \\ P(x - 3l) & (2l \leq x \leq 3l) \end{cases} \quad \cdots \text{(答)}$$

第 8 章

8.1　(a) 中空円筒の断面二次モーメントは，直径 D_1 の円筒の断面二次モーメントから直径 D_2 の円筒の断面二次モーメントを引くことで求まる．

$$I = \frac{\pi D_1^4}{64} - \frac{\pi D_2^4}{64} = \frac{\pi(D_1^4 - D_2^4)}{64} \quad \cdots \text{(答)}$$

(b) I 型断面の断面二次モーメントは，幅 B，高さ H の矩形断面における断面二次モーメントから左右の幅 $(B-b)/2$，高さ h の部分の断面二次モーメントを引くことで求まる．

$$I=\frac{BH^3}{12}-2\times\frac{(B-b)h^3}{2\times 12}=\frac{BH^3-(B-b)h^3}{12}\quad\cdots\text{(答)}$$

8.2　長さ l，直径 D の両端単純支持はりに対し，右半分の領域に等分布荷重 q が作用すると考える．点Aおよび点Bに作用する反力をそれぞれ R_A，R_B とすると，はりの上下方向における力のつり合い，および点Aに関するモーメントのつり合いはそれぞれ，

$$R_\mathrm{A}+R_\mathrm{B}=\frac{ql}{2},\quad R_\mathrm{B}l-\frac{ql}{2}\times\frac{3l}{4}=0$$

この2式より R_A，R_B を求めると，

$$R_\mathrm{A}=\frac{1}{8}ql,\ R_\mathrm{B}=\frac{3}{8}ql \qquad \text{(a)}$$

区間 $(0\leq x\leq l/2)$ における曲げモーメント $M(x)$ を考えると，

$$M(x)=R_\mathrm{A}x=\frac{1}{8}qlx \qquad \text{(b)}$$

区間 $(l/2\leq x\leq l)$ における曲げモーメント $M(x)$ は，座標 x から右側のはりについて曲げモーメントのつり合いを考えれば，

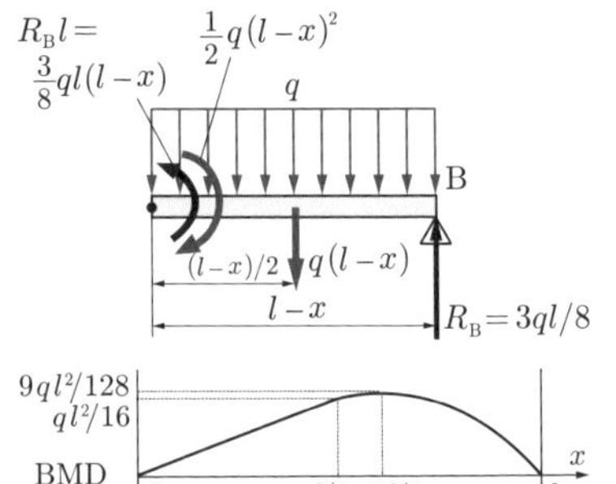

$$\begin{aligned}M(x)&=R_\mathrm{B}(l-x)-q(l-x)\times\frac{l-x}{2}\\&=\frac{3}{8}ql(l-x)-\frac{1}{2}q(l-x)^2\\&=-\frac{q}{8}(4x-l)(x-l)\end{aligned} \qquad \text{(c)}$$

よって，曲げモーメント図(BMD)は右図のようになる．

また，曲げ応力は $x=5l/8=625\,\mathrm{mm}$ において最大となり，その値は，

$$\sigma_\mathrm{max}=\frac{9ql^2}{128}\times\frac{32}{\pi D^3}=\frac{9ql^2}{4\pi D^3} \qquad \text{(d)}$$

上式に $q=100\,\mathrm{N/m}$，$l=1000\,\mathrm{mm}$，$D=20\,\mathrm{mm}$ を代入すると，最大曲げ応力は以下のように求められる．

$$\sigma_\mathrm{max}=\frac{9\times100\times(1000\times10^{-3})^2}{4\times\pi\times(20\times10^{-3})^3}=8.952\times10^6\fallingdotseq 8.95\,\mathrm{MPa}\quad\cdots\text{(答)}$$

8.3　長さ l，幅 b，高さ h の両端単純支持はりに対し，両端から $l/3$ の位置に集中荷重 P が作用すると考える．このはりは左右対称なので，左右の支持点A，Dに作用する反力はそれぞれ $R_\mathrm{A}=P$，$R_\mathrm{D}=P$ となる．区間 $(0\leq x\leq l/3)$ における曲げモー

メント $M(x)$ は，左端の反力 R_A に座標 x を乗じて，

$$M(x) = R_A x = Px$$

$$\left(0 \leq x \leq \frac{l}{3}\right) \qquad \text{(a)}$$

区間 $(l/3 \leq x \leq 2l/3)$ における曲げモーメント $M(x)$ は，さらに点 B に作用する荷重 $P(x = l/3)$ による影響が加わるから，

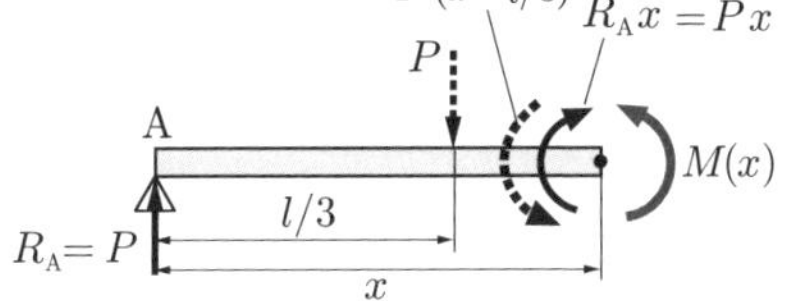

$$M(x) = R_A x - P\left(x - \frac{l}{3}\right) = \frac{1}{3}Pl$$

$$\left(\frac{l}{3} \leq x \leq \frac{2l}{3}\right) \qquad \text{(b)}$$

区間 $(2l/3 \leq x \leq l)$ における曲げモーメント $M(x)$ は，右端からの支持反力 R_D の作用によるモーメントを考えればよく，

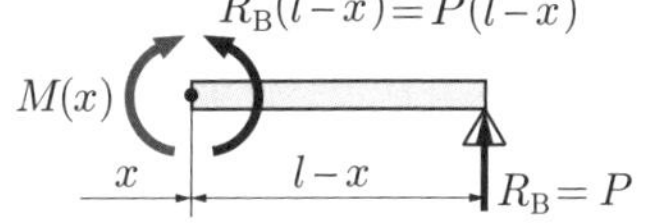

$$M(x) = R_D(l - x) = P(l - x)$$

$$\left(\frac{2l}{3} \leq x \leq l\right) \qquad \text{(c)}$$

したがって，曲げモーメント図（BMD）は下図となり，曲げモーメントは BC 間 $(l/3 \leq x \leq 2l/3)$ において最大となり (この区間では一定値をとる)，その値は $Pl/3$ である．このとき，はりに生じる最大曲げ応力 $\sigma_{\max}$ は，

$$\sigma_{\max} = \frac{M_{\max}}{Z} = \frac{2Pl}{bh^2} \qquad \text{(d)}$$

$P = 100\,\mathrm{N}$，$l = 1200\,\mathrm{mm}$，$b = 20\,\mathrm{mm}$，$h = 10\,\mathrm{mm}$ を代入すると，最大曲げ応力の大きさとその位置が次のように求まる．

$$\sigma_{\max} = \frac{2 \times 100 \times (1200 \times 10^{-3})}{(20 \times 10^{-3}) \times (10 \times 10^{-3})^2}$$
$$= 120\,\mathrm{MPa}$$

$$(400\,\mathrm{mm} \leq x \leq 800\,\mathrm{mm}) \cdots (答)$$

8.4 片持はりの曲げモーメントの分布 $M(x)$ は，

$$M(x) = P(l - x) \qquad \text{(a)}$$

と表される．また，点 O からの距離が x の位置におけるはりの高さを $h(x)$ とおくと，この位置における断面係数は，$Z(x) = bh(x)^2/6$ であるから，曲げ応力 $\sigma(x)$ は，

$$\sigma(x) = \frac{M(x)}{Z(x)} = \frac{6P(l - x)}{bh(x)^2} \qquad \text{(b)}$$

これが座標 x によらず一様に σ_0 とすると，はりの高さ $h(x)$ は以下のようになる．

$$h(x) = \sqrt{\frac{6P(l - x)}{b\sigma_0}} \cdots (答)$$

第9章

9.1 支持点 A および B に作用する反力を R_{A}，R_{B} とおく．このはりに作用する上下方向の力のつり合い，および点 A におけるモーメントのつり合いは，

$$R_{\mathrm{A}} + R_{\mathrm{B}} = 0,\quad M_{\mathrm{B}} + R_{\mathrm{B}}l - M_{\mathrm{A}} = 0 \quad \text{(a)}$$

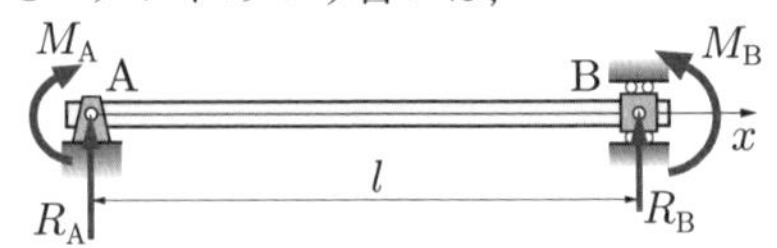

と表されるから，支持反力 R_{A}，R_{B} は次のように求まる．

$$R_{\mathrm{A}} = \frac{M_{\mathrm{B}} - M_{\mathrm{A}}}{l},\quad R_{\mathrm{B}} = -\frac{M_{\mathrm{B}} - M_{\mathrm{A}}}{l} \quad \text{(b)}$$

次に，点 A からの距離が x の位置ではりを切断する．はりの断面に作用する曲げモーメント $M(x)$ は，

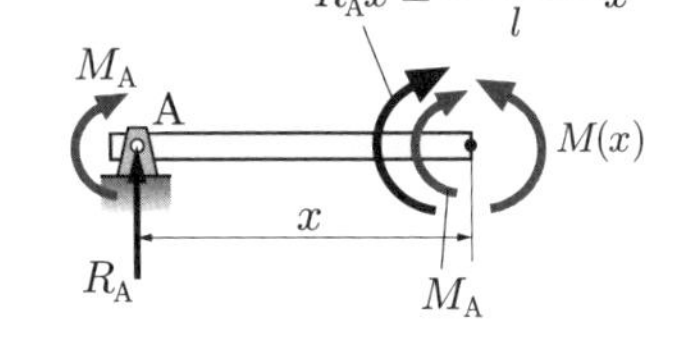

$$M(x) = \frac{M_{\mathrm{B}} - M_{\mathrm{A}}}{l}x + M_{\mathrm{A}} \quad \text{(c)}$$

したがって，たわみの微分方程式は，

$$EI\frac{d^2w}{dx^2} = -\frac{M_{\mathrm{B}} - M_{\mathrm{A}}}{l}x - M_{\mathrm{A}} \quad \text{(d)}$$

上式を 2 回積分して整理すると，

$$w(x) = -\frac{1}{6EI}\left(\frac{M_{\mathrm{B}} - M_{\mathrm{A}}}{l}x^3 + 3M_{\mathrm{A}}x^2 + C_1x + C_0\right) \quad \text{(e)}$$

境界条件より，点 A（$x = 0$）においてたわみが 0 であるから，$C_0 = 0$ である．また，点 B（$x = l$）においてもたわみが 0 であるから，

$$w(x)|_{x=l} = -\frac{1}{6EI}\left(\frac{M_{\mathrm{B}} - M_{\mathrm{A}}}{l}l^3 + 3M_{\mathrm{A}}l^2 + C_1l\right) = 0 \quad \text{(f)}$$

これを解くと，$C_1 = -(2M_{\mathrm{A}} + M_{\mathrm{B}})l$ と求まるから，最終的に，このはりのたわみは次式のようになる．

$$w(x) = -\frac{1}{6EI}\left\{\frac{M_{\mathrm{B}} - M_{\mathrm{A}}}{l}x^3 + 3M_{\mathrm{A}}x^2 - (2M_{\mathrm{A}} + M_{\mathrm{B}})lx\right\} \quad \cdots \text{(答)}$$

9.2 座標 x の位置ではりを切断し，その位置に生じる曲げモーメントについて考える．面積モーメント法を用いると，切断された部分に作用する合力 $q_0(l-x)^2/2l$ と距離 $(l-x)/3$ (荷重図形の図心と着目点との距離) の積によって分布荷重によるモーメントの寄与が計算できる．

$$M(x) = -\frac{1}{2l}q_0(l-x)^2 \times \frac{1}{3}(l-x) = -\frac{q_0}{6l}(l-x)^3 \quad \text{(a)}$$

よって，たわみ w_2 の微分方程式は，

$$EI\frac{d^2w}{dx^2} = \frac{q_0}{6l}(l-x)^3 \quad \text{(b)}$$

2 回積分して整理すると，

$$w(x) = -\frac{q_0}{10Ebh^3l}(x^5 - 5lx^4 + 10l^2x^3 - 10l^3x^2 + C_1x + C_0) \quad \text{(c)}$$

境界条件より，$x=0$ においてたわみおよびたわみ角が 0 であるから，$C_1=C_0=0$ である．したがって，このはりのたわみは次のように求まる．

$$w(x) = -\frac{q_0 x^2}{10Ebh^3 l}(x^3 - 5lx^2 + 10l^2 x - 10l^3) \ \cdots \ (\text{答})$$

9.3 はりの長さを l，幅を b，高さを h，ヤング率を E，等分布荷重を q とおく．支持点 A, D に作用する反力を R_{A}, R_{D} とすると，このはりに作用する上下方向の力のつり合いから，

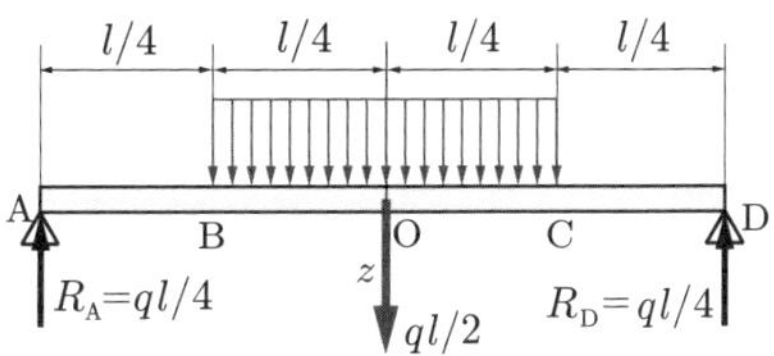

$$R_{\mathrm{A}} + R_{\mathrm{D}} = \frac{ql}{2} \tag{a}$$

はりの対称性から $R_{\mathrm{A}}=R_{\mathrm{D}}$ であるから，

$$R_{\mathrm{A}} = \frac{ql}{4}, \quad R_{\mathrm{D}} = \frac{ql}{4} \tag{b}$$

対称性を考慮して，はりの右側のみについて考える．座標 x の位置ではりを切断し，切断部におけるモーメントのつり合いから曲げモーメント $M(x)$ を求めると，OC 間, CD 間における曲げモーメントが以下のように得られる．

$$M_1(x) = \frac{q}{32}\left(-16x^2 + 3l^2\right) \ \left(0 \le x \le \frac{l}{4}\right) \tag{c}$$

$$M_2(x) = \frac{ql}{8}(l - 2x) \ \left(\frac{l}{4} \le x \le \frac{l}{2}\right) \tag{d}$$

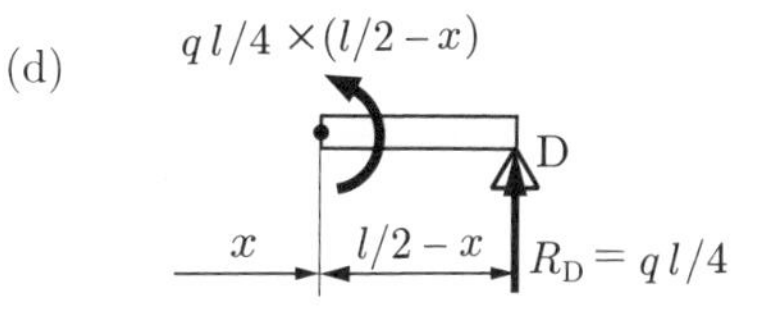

したがって，たわみ w_1，w_2 の一般解は，

$$EI\frac{d^2 w_1}{dx^2} = -\frac{q}{32}\left(-16x^2 + 3l^2\right)$$

$$w_1(x) = -\frac{q}{16Ebh^3}(-8x^4 + 9l^2x^2 + C_1 x + C_0) \tag{e}$$

$$EI\frac{d^2 w_2}{dx^2} = -\frac{ql}{8}\left(-2x + l\right)$$

$$w_2(x) = -\frac{q}{16Ebh^3}(-8lx^3 + 12l^2x^2 + D_1 x + D_0) \tag{f}$$

$x=0$ においてたわみ角 $dw_1/dx|_{x=0}=0$ なので，$C_1=0$ である．また，$x=l/4$ において，2 つのはりのたわみが等しいので，

$$w_1(x)|_{x=l/4} = w_2(x)|_{x=l/4}, \quad \therefore \ -\frac{l^4}{32} + \frac{9l^4}{16} + C_0 = -\frac{l^4}{8} + \frac{3l^4}{4} + \frac{l}{4}D_1 + D_0 \tag{g}$$

また，$x=l/4$ において，たわみ角が等しいので，

$$\left.\frac{dw_1}{dx}\right|_{x=l/4} = \left.\frac{dw_2}{dx}\right|_{x=l/4}, \quad \therefore \ -\frac{l^3}{2} + \frac{9l^3}{2} \quad = -\frac{3l^3}{2} + 6l^3 + D_1 \tag{h}$$

さらに，点 D（$x=l/2$）においてたわみ $w_2=0$ であるから，

$$-l^4 + 3l^4 + \frac{l^4}{4} + D_0 = 0 \tag{i}$$

式 (g), (h), (i) より，積分定数はそれぞれ次のように得られる．

$$C_1 = 0,\ C_0 = -\frac{57}{32}l^4,\ D_1 = -\frac{1}{2}l^3,\ D_0 = -\frac{7}{4}l^4 \tag{j}$$

以上の結果より，このはりのたわみは以下のようになる．

$$w(x) = \begin{cases} \dfrac{q}{512Ebh^3}(256x^4 - 288l^2x^2 + 57l^4) & (0 \leq x \leq l/4) \\ \dfrac{q}{64Ebh^3}(32lx^3 - 48l^2x^2 + 2l^3x + 7l^4) & (l/4 \leq x \leq l/2) \end{cases}$$

はりの中点 O におけるたわみは，$l = 400\,\mathrm{mm}$, $b = 20\,\mathrm{mm}$, $h = 5\,\mathrm{mm}$, $E = 210\,\mathrm{GPa}$, $q = 800\,\mathrm{N/m}$ を代入することで，次のように求まる．

$$w(x)|_{x=0} = \frac{800 \times 57 \times (400 \times 10^{-3})^4}{512 \times 210 \times 10^9 \times 20 \times 10^{-3} \times (5 \times 10^{-3})^3} \fallingdotseq 4.34\,\mathrm{mm} \ \cdots\ (\text{答})$$

9.4 支持点 A および B に作用する反力を R_{A}, R_{B} とおく．このはりに作用する上下方向の力のつり合い，および点 A におけるモーメントのつり合いは，

$$R_{\mathrm{A}} + R_{\mathrm{B}} = ql + P,\ R_{\mathrm{B}}l = ql \times \frac{l}{2} + Pl \tag{a}$$

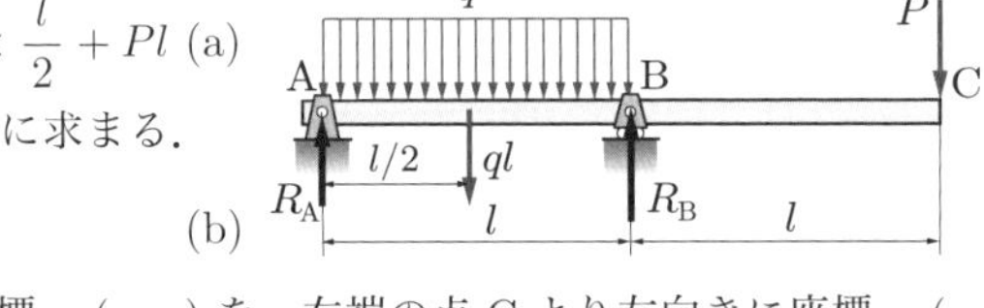

2 式より，R_{A}, R_{B} は以下のように求まる．

$$R_{\mathrm{A}} = \frac{ql}{2} - P,\ R_{\mathrm{B}} = \frac{ql}{2} + 2P \tag{b}$$

左端の支持点 A より右向きに座標 $x_1(= x)$ を，右端の点 C より左向きに座標 $x_2(= 2l - x)$ をとる．AC 間 $(0 \leq x_1 \leq l)$ について，切断面から左側に着目し，断面に作用するモーメントを $M_1(x_1)$ とすると，左端の反力によるモーメント $R_{\mathrm{A}}x_1$ と分布荷重の合力によるモーメント $qx_1^2/2$ を考えて，

$$M_1(x_1) = -\frac{1}{2}qx_1^2 + \left(\frac{ql}{2} - P\right)x_1 = -\frac{1}{2}\{qx_1^2 + (2P - ql)x_1\} \tag{c}$$

したがって，たわみ w_1 の微分方程式は，

$$EI\frac{d^2w_1}{dx_1^2} = \frac{1}{2}\{qx_1^2 + (2P - ql)x_1\} \tag{d}$$

上式を座標 x_1 で 2 回積分して一般解を求めると，

$$w_1(x_1) = \frac{1}{24EI}\{qx_1^4 + 2(2P - ql)x_1^3 + C_1x_1 + C_0\} \tag{e}$$

境界条件より，点 A $(x_1 = 0)$ においてたわみが 0 であるから，$C_0 = 0$ である．また，点 B $(x_1 = l)$ においてたわみが 0 であるから，

$$ql^4 + 2(2P - ql)l^3 + C_1l = 0, \quad \therefore\ C_1 = ql^3 - 4Pl^2 \tag{f}$$

よって，たわみ w_1 の分布は以下のようになる．

$$w_1(x_1) = \frac{1}{24EI}\{qx_1^4 + 2(2P - ql)x_1^3 + (ql^3 - 4Pl^2)x_1\} \tag{g}$$

次に，CB 間 $(0 \le x_2 \le l)$ においては，同様に座標 x_2 の位置ではりを切断し，右側の区間でモーメントのつり合いを考える．この区間における曲げモーメント $M_2(x_2)$ は，右端に作用する集中荷重 P によるモーメント Px_2 を考えればよいので，

$$M_2(x_2) = -Px_2 \tag{h}$$

よって，たわみ w_2 の微分方程式は，

$$EI\frac{d^2w_2}{dx_2^2} = Px_2 \tag{i}$$

上式を座標 x_2 で 2 回積分して一般解を求めると，

$$w_2(x_2) = \frac{1}{24EI}(4Px_2^3 + D_1x_2 + D_0) \tag{j}$$

たわみ角の連続条件から，点 B において $dw_1/dx_1|_{x_1=l} = -dw_2/dx_2|_{x_2=l}$ であるから，

$$4ql^3 + 6(2P - ql)l^2 + (ql - 4P)l^2 = -(12Pl^2 + D_1), \quad \therefore\ D_1 = ql^3 - 20Pl^2 \tag{k}$$

さらに，点 B $(x_2 = l)$ においてたわみが 0 であるから，

$$4Pl^3 + (ql^3 - 20Pl^2)l + D_0 = 0, \quad \therefore\ D_0 = 16Pl^3 - ql^4 \tag{l}$$

得られた積分定数 D_0，D_1 をたわみ w_2 の一般解 (j) に代入すれば，

$$w_2(x_2) = \frac{1}{24EI}\{4Px_2^3 + (ql^3 - 20Pl^2)x_2 + 16Pl^3 - ql^4\} \tag{m}$$

式 (g)，(m) に $I = \pi D^4/64$ を代入し，$x_1 = x$，$x_2 = 2l - x$ と置き換えることで，最終的にはりのたわみが以下のように得られる．

$$w(x) = \begin{cases} \dfrac{8}{3E\pi D^4}\{qx^4 + 2(2P - ql)x^3 + (ql^3 - 4Pl^2)x\} & (0 \le x \le l) \\ \dfrac{8}{3E\pi D^4}\{4P(2l - x)^3 + (ql^3 - 20Pl^2)(2l - x) + 16Pl^3 - ql^4\} & (l \le x \le 2l) \end{cases} \quad \cdots \text{(答)}$$

第 10 章

10.1 支持点 A および B に作用する反力を R_A，R_B，曲げモーメントを M_A および M_B とおく．このはりに作用する上下方向の力のつり合い，支持点 A に関するモーメントのつり合いは，

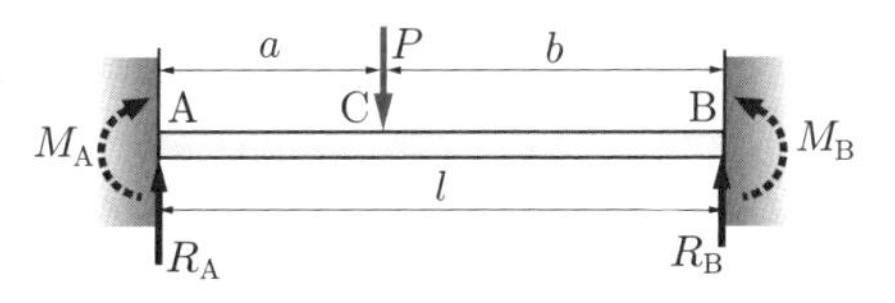

$$R_A + R_B = P, \quad M_A + Pa = M_B + R_Bl \tag{a}$$

これらの 2 式より，R_A, R_B は，M_A と M_B を用いて次のように与えられる．

$$R_A = -\frac{M_A}{l} + \frac{M_B}{l} + \frac{Pb}{l}, \quad R_B = \frac{M_A}{l} - \frac{M_B}{l} + \frac{Pa}{l} \tag{b}$$

はりの左端より右向きに座標 x_1 を，右端より左向きに座標 x_2 を定義する．AC 間において，点 A からの距離が x_1 の断面に作用する曲げモーメント $M_1(x_1)$ は，

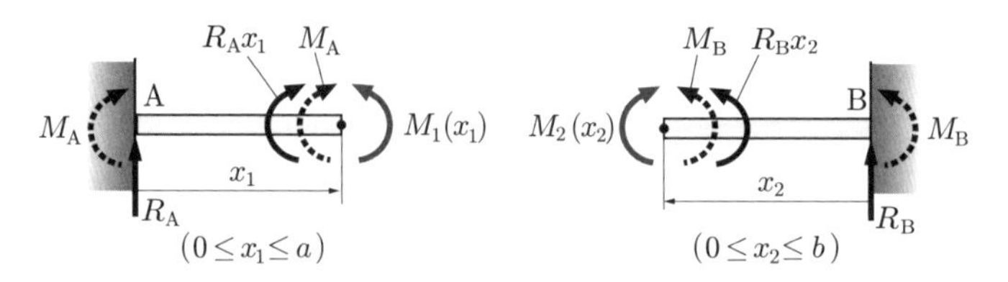

$$M_1(x_1) = R_A x_1 + M_A, \quad (0 \leq x_1 \leq a) \tag{c}$$

であるから，たわみ $w_1(x_1)$ に関する微分方程式は，

$$EI\frac{d^2 w_1}{dx_1^2} = -R_A x_1 - M_A \tag{d}$$

上式を座標 x で 2 回積分してたわみの一般解を求めれば，

$$w_1(x_1) = -\frac{1}{6EI}(R_A x_1^3 + 3M_A x_1^2 + C_1 x_1 + C_0) \tag{e}$$

境界条件より，$x_1 = 0$ においてたわみおよびたわみ角が 0 となるから，$C_1 = C_0 = 0$ である．したがって，

$$w_1(x_1) = -\frac{1}{6EI}(R_A x_1^3 + 3M_A x_1^2) \tag{f}$$

また，CB 間 $(0 \leq x_2 \leq b)$ において，

$$M_2(x_2) = R_B x_2 + M_B \tag{g}$$

であるから，たわみ $w_2(x_2)$ に関する微分方程式は，

$$EI\frac{d^2 w_2}{dx_2^2} = -R_B x_2 - M_B \tag{h}$$

上式を座標 x で 2 回積分して一般解を求めると，

$$w_2(x_2) = -\frac{1}{6EI}(R_B x_2^3 + 3M_B x_2^2 + D_1 x_2 + D_0) \tag{i}$$

境界条件より，$x_2 = 0$ においてたわみおよびたわみ角が 0 となるから，$D_1 = D_0 = 0$ である．したがって，たわみ w_2 は次式となる．

$$w_2(x_2) = -\frac{1}{6EI}(R_B x_2^3 + 3M_B x_2^2) \tag{j}$$

さらに，点 C におけるはりの連続条件について考える．点 C において，たわみ角 $dw_1/dx_1|_{x_1=a} = -dw_2/dx_2|_{x_2=b}$ であるから (符号が異なることに注意)，

$$R_A a^2 + 2M_A a = -R_B b^2 - 2M_B b \tag{k}$$

ここで，式 (b) の R_A，R_B を代入して，

$$\left(-\frac{M_A}{l} + \frac{M_B}{l} + \frac{Pb}{l}\right)a^2 + 2M_A a = -\left(\frac{M_A}{l} - \frac{M_B}{l} + \frac{Pa}{l}\right)b^2 - 2M_B b \tag{l}$$

これを M_B について解くと，

$$M_B = -M_A - \frac{Pab}{a+b} = -\left(M_A + \frac{Pab}{l}\right) \tag{m}$$

点Cにおいてたわみ w_1 と w_2 が等しく，$w_1(x_1)|_{x_1=a} = w_2(x_2)|_{x_2=b}$ となるので，

$$R_\mathrm{A}a^3 + 3M_\mathrm{A}a^2 = R_\mathrm{B}b^3 + 3M_\mathrm{B}b^2 \tag{n}$$

式 (b) の R_A，R_B，式 (m) の M_B を式 (n) に代入して整理すると，

$$M_\mathrm{A} = -\frac{ab^2}{l^2}P \tag{o}$$

式 (o) を式 (m) に代入して不静定量 M_B を求めれば，

$$M_\mathrm{B} = -\frac{a^2b}{l^2}P \tag{p}$$

得られた M_A，M_B を式 (b) に代入すれば，反力 R_A，R_B が求められる．

$$R_\mathrm{A} = \frac{(3a+b)b^2}{l^3}P,\ R_\mathrm{B} = \frac{(a+3b)a^2}{l^3}P \tag{q}$$

以上の結果より，AC 間，BC 間におけるたわみ w_1，w_2 が以下のように得られる．

$$w_1(x_1) = -\frac{Pb^2}{6EIl^3}\left\{(3a+b)x_1^3 - 3alx_1^2\right\} \tag{r}$$

$$w_2(x_2) = -\frac{Pa^2}{6EIl^3}\left\{(a+3b)x_2^3 - 3blx_2^2\right\} \tag{s}$$

最終的に，$x_1 = x$，$x_2 = l - x$ と置き換えることで，最終的にはりのたわみが以下のように得られる．

$$w(x) = \begin{cases} -\dfrac{Pb^2}{6EIl^3}\left\{(3a+b)x^3 - 3alx^2\right\} & (0 \leq x \leq a) \\ -\dfrac{Pa^2}{6EIl^3}\left\{(a+3b)(l-x)^3 - 3bl(l-x)^2\right\} & (a \leq x \leq l) \end{cases} \quad \cdots\ (答)$$

10.2 支持点 A および B に作用する反力を $R_\mathrm{A}, R_\mathrm{B}$, 曲げモーメントを M_A および M_B とそれぞれおく．このはりに作用する上下方向の力のつり合い，および支持点 A に関するモーメントのつり合いはそれぞれ,

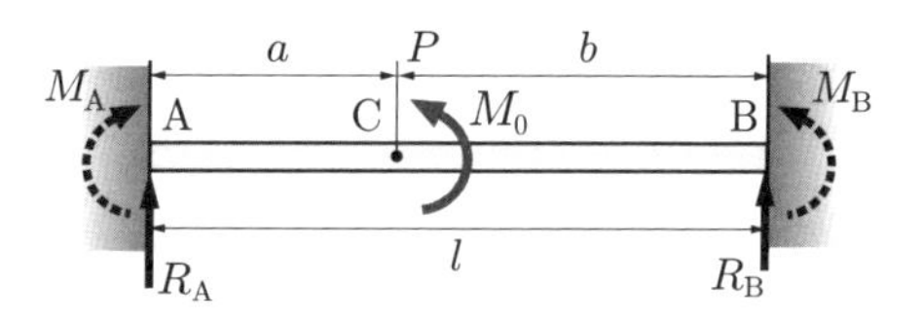

$$R_\mathrm{A} + R_\mathrm{B} = 0,\ M_\mathrm{A} = M_\mathrm{B} + M_0 + R_\mathrm{B}l \tag{a}$$

上式より，R_A，R_B は，M_A および M_B を用いて以下のように与えられる[1]．

$$R_\mathrm{A} = -\frac{M_\mathrm{A}}{l} + \frac{M_\mathrm{B}}{l} + \frac{M_0}{l},\ R_\mathrm{B} = \frac{M_\mathrm{A}}{l} - \frac{M_\mathrm{B}}{l} - \frac{M_0}{l} \tag{b}$$

[1]式 (a), (b) が異なることを除けば，解き方の流れは先の演習問題 10.1 とほとんど同じである．すなわち，固定端に作用する曲げモーメントと支持反力によるモーメントの和により左右のはりに生じる曲げモーメントを表し，不静定量を含んだ形でたわみの微分方程式を解き進めればよい．

はりの左端より右向きに座標 x_1，右端より左向きに座標 x_2 を定義する．AC 間 $(0 \leq x_1 \leq a)$ において，座標 x_1 の位置に作用する曲げモーメント $M_1(x_1)$ は，

$$M_1(x_1) = R_\mathrm{A}x_1 + M_\mathrm{A} \tag{c}$$

よって，たわみ $w_1(x_1)$ に関する微分方程式は，

$$EI\frac{d^2w_1}{dx_1^2} = -R_\mathrm{A}x_1 - M_\mathrm{A} \tag{d}$$

上式を座標 x_1 で 2 回積分して一般解を求めると，

$$w_1(x_1) = -\frac{1}{6EI}(R_\mathrm{A}x_1^3 + 3M_\mathrm{A}x_1^2 + C_1x_1 + C_0) \tag{e}$$

境界条件より，$x_1 = 0$ においてたわみおよびたわみ角が 0 となるから，$C_1 = C_0 = 0$ である．したがって，

$$w_1(x_1) = -\frac{1}{6EI}(R_\mathrm{A}x_1^3 + 3M_\mathrm{A}x_1^2) \tag{f}$$

また，BC 間 $(0 \leq x_2 \leq b)$ において，

$$M_2(x_2) = R_\mathrm{B}x_2 + M_\mathrm{B} \tag{g}$$

したがって，たわみ $w_2(x_2)$ に関する微分方程式は，

$$EI\frac{d^2w_2}{dx_2^2} = -R_\mathrm{B}x_2 - M_\mathrm{B} \tag{h}$$

上式を座標 x_2 で 2 回積分して一般解を求めると，

$$w_2(x_2) = -\frac{1}{6EI}(R_\mathrm{B}x_2^3 + 3M_\mathrm{B}x_2^2 + D_1x_2 + D_0) \tag{i}$$

境界条件より，$x_2 = 0$ においてたわみおよびたわみ角が 0 となるから，$D_1 = D_0 = 0$ である．結果的に，

$$w_2(x_2) = -\frac{1}{6EI}(R_\mathrm{B}x_2^3 + 3M_\mathrm{B}x_2^2) \tag{j}$$

さらに，点 C におけるはりの連続条件について考える．点 C において，たわみ角の大きさが等しく，符号は反転 $(dw_1/dx_1|_{x_1=a} = -dw_2/dx_2|_{x_2=b})$ するので，

$$R_\mathrm{A}a^2 + 2M_\mathrm{A}a = -R_\mathrm{B}b^2 - 2M_\mathrm{B}b \tag{k}$$

ここで，R_A，R_B を代入して，

$$\left(-\frac{M_\mathrm{A}}{l} + \frac{M_\mathrm{B}}{l} + \frac{M_0}{l}\right)a^2 + 2M_\mathrm{A}a = -\left(\frac{M_\mathrm{A}}{l} - \frac{M_\mathrm{B}}{l} - \frac{M_0}{l}\right)b^2 - 2M_\mathrm{B}b \tag{l}$$

これを M_B について解くと，

$$M_\mathrm{B} = -M_\mathrm{A} - \frac{a-b}{l}M_0 \tag{m}$$

また，点 C において 2 つのたわみは等しく，$w_1(x_1)|_{x_1=a} = w_2(x_2)|_{x_2=b}$ となるので，

$$R_\mathrm{A}a^3 + 3M_\mathrm{A}a^2 = R_\mathrm{B}b^3 + 3M_\mathrm{B}b^2 \tag{n}$$

式 (b) の R_{A}，R_{B}，式 (m) の M_{B} を代入して整理すると，

$$M_{\mathrm{A}} = \frac{(b-2a)b}{l^2} M_0 \tag{o}$$

したがって，不静定量 M_{B} は以下のようになる．

$$M_{\mathrm{B}} = \frac{(2b-a)a}{l^2} M_0 \tag{p}$$

また，支持反力 R_{A}，R_{B} はそれぞれ以下のように求まる．

$$R_{\mathrm{A}} = \frac{6ab}{l^3} M_0, \ R_{\mathrm{B}} = -\frac{6ab}{l^3} M_0 \tag{q}$$

以上の結果より，AC 間，BC 間におけるたわみ w_1，w_2 が以下のように得られる．

$$w_1(x_1) = -\frac{M_0 b}{2EIl^3}\left\{2ax_1^3 + (b-2a)lx_1^2\right\} \tag{r}$$

$$w_2(x_2) = \frac{M_0 a}{2EIl^3}\left\{2bx_2^3 + (a-2b)lx_2^2\right\} \tag{s}$$

ここで，$I = \pi D^4/64$ を代入し，$x_1 = x$，$x_2 = l - x$ と置き換えることで，最終的にはりのたわみが以下のように得られる．

$$w(x) = \begin{cases} -\dfrac{32M_0 b}{E\pi D^4 l^3}\left\{2ax^3 + (b-2a)lx^2\right\} & (0 \leq x \leq a) \\ \dfrac{32M_0 a}{E\pi D^4 l^3}\left\{2b(l-x)^3 + (a-2b)l(l-x)^2\right\} & (a \leq x \leq l) \end{cases} \quad \cdots \text{(答)}$$

10.3　1) 支持点 A および B に作用する反力をそれぞれ R_{A}，R_{B}，支持点 A に作用する曲げモーメントを M_0 とおく．はりに作用する力のつり合い，およびモーメントのつり合いから，M_0 を不静定量とすると R_{A}，R_{B} は次のように求まる．

$$R_{\mathrm{A}} = \frac{1}{8}ql - \frac{M_0}{l} \tag{a}$$

$$R_{\mathrm{B}} = \frac{3}{8}ql + \frac{M_0}{l} \tag{b}$$

はりの左端から右向きに座標 x_1 を，右端から左向きに座標 x_2 を定める．AB 間および BC 間において，はりの断面に作用する曲げモーメント $M_1(x_1)$，$M_2(x_2)$ は，

$$M_1(x_1) = R_{\mathrm{A}}x_1 + M_0 = \left(\frac{1}{8}ql - \frac{M_0}{l}\right)x_1 + M_0, \ (0 \leq x_1 \leq l/2) \tag{c}$$

$$M_2(x_2) = -qx_2 \times \frac{1}{2}x_2 + R_{\mathrm{B}}x_2 = -\frac{1}{2}qx_2^2 + \left(\frac{M_0}{l} + \frac{3}{8}ql\right)x_2, \ (0 \leq x_2 \leq l/2) \tag{d}$$

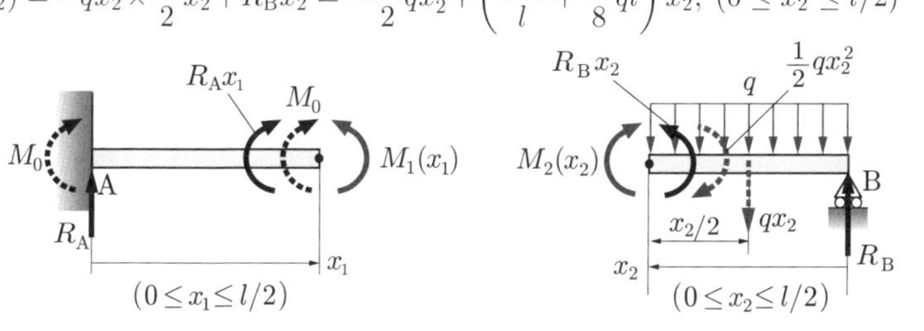

したがって，AB 間および BC 間におけるたわみの一般解は以下のようになる．

$$w_1(x_1) = \frac{12}{48Ebh^3 l}\left\{(8M_0 - ql^2)x_1^3 - 24M_0 l x_1^2 + C_1 x_1 + C_0\right\} \tag{e}$$

$$w_2(x_2) = \frac{12}{48Ebh^3 l}\left\{2qlx_2^4 - (8M_0 + 3ql^2)x_2^3 + D_1 x_2 + D_0\right\} \tag{f}$$

AC 間について，境界条件から $x_1 = 0$ においてたわみおよびたわみ角がともに 0 となるから，$C_1 = C_0 = 0$ となる．すなわち，たわみ $w_1(x_1)$ は次式で表される．

$$w_1(x_1) = \frac{1}{4Ebh^3 l}\left\{(8M_0 - ql^2)x_1^3 - 24M_0 l x_1^2\right\} \tag{g}$$

また，BC 間に関しては，$x_2 = 0$ においてたわみが 0 となるから，$D_0 = 0$ である．さらに，点 C でのはりの連続条件より，$x_1 = x_2 = l/2$ において $w_1 = w_2$ となるので，

$$(8M_0 - ql^2)\frac{l^3}{8} - 24M_0 l\frac{l^2}{4} = 2ql\frac{l^4}{16} - (8M_0 + 3ql^2)\frac{l^3}{8} + D_1\frac{l}{2}$$

$$\therefore\ D_1 = -8M_0 l^2 + \frac{1}{4}ql^4 \tag{h}$$

さらに，点 C における左右のたわみ角を考えると，$dw_1/dx_1|_{x_1=l/2} = -dw_2/dx_2|_{x_2=l/2}$ となることより，

$$\frac{3}{4}(8M_0 - ql^2)l^2 - 24M_0 l^2 = -ql^4 + 3(8M_0 + 3ql^2)\frac{l^2}{4} + 8M_0 l^2 - \frac{1}{4}ql^4$$

$$\therefore\ M_0 = -\frac{7}{128}ql^2 \tag{i}$$

式 (h) に式 (i) の M_0 を代入すれば，

$$D_1 = -8M_0 l^2 + \frac{1}{4}ql^4 = \frac{11}{16}ql^4 \tag{j}$$

ここで，式 (i) の M_0 を式 (c), (d) に代入すると，

$$M_1(x_1) = \frac{ql}{128}(23x_1 - 7l),\ M_2(x_2) = -\frac{qx_2}{128}(64x_2 - 41l) \tag{k}$$

となり，$x_1 = x$，$x_2 = l - x$ と置き換えることによって曲げモーメントの分布 $M(x)$ が以下のように求められる．

$$M(x) = \begin{cases} \dfrac{ql}{128}(23x - 7l) & (0 \leq x \leq l/2) \\ -\dfrac{q}{128}(64x^2 - 87lx + 23l^2) & (l/2 \leq x \leq l) \end{cases} \tag{l}$$

これを図示すると，曲げモーメント図は下図のようになる．

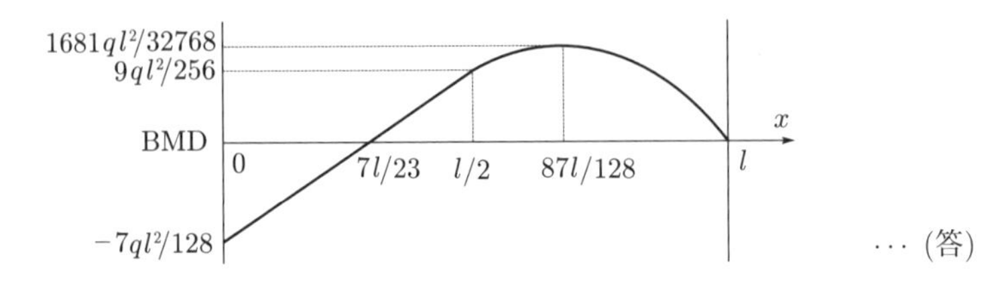

…（答）

2) 曲げモーメント図より，曲げモーメントの最大値は，$x = 87l/128$ において，$M_{\mathrm{max}} = 1681ql^2/32768$ である．したがって，最大曲げ応力は次式のように求められる．

$$\sigma_{\mathrm{max}} = \frac{M_{\mathrm{max}}}{Z} = \frac{5043ql^2}{16384bh^2} \quad \cdots \text{(答)}$$

3) AC 間および BC 間におけるたわみの分布はそれぞれ，

$$w_1(x_1) = \frac{qlx_1^2}{64Ebh^3}(-23x_1 + 21l) \quad (0 \leq x_1 \leq l/2) \tag{m}$$

$$w_2(x_2) = \frac{q}{64Ebh^3}(32x_2^4 - 41lx_2^3 + 11l^3x_2) \quad (0 \leq x_2 \leq l/2) \tag{n}$$

と求まる．ここで，$x_1 = x$，$x_2 = l - x$ として置き換えることで，たわみの分布が以下のように得られる．

$$w(x) = \begin{cases} \dfrac{qlx^2}{64Ebh^3}(-23x + 21l) & (0 \leq x \leq l/2) \\ \dfrac{q}{64Ebh^3}\left\{32(l-x)^4 - 41l(l-x)^3 + 11l^3(l-x)\right\} & (l/2 \leq x \leq l) \end{cases} \quad \text{(答)}$$

10.4

1) 支持点 B および C に作用する反力を R_{B}, R_{C}，支持点 B に作用するモーメントを M_{B} とおく．はりに作用する上下方向の力のつり合い，および点 B におけるモーメントのつり合いは，

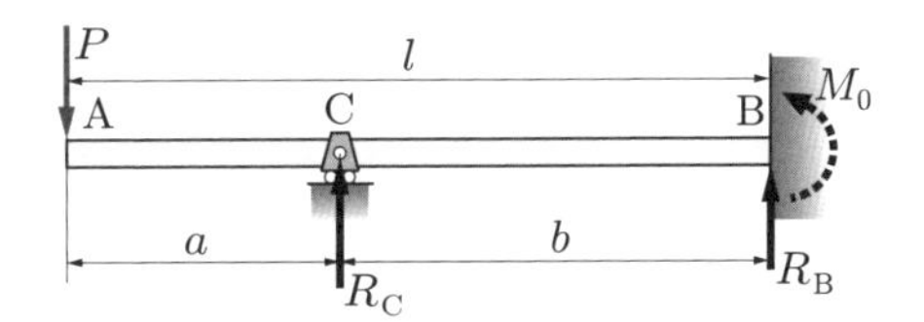

$$P = R_{\mathrm{A}} + R_{\mathrm{B}}, \; M_{\mathrm{B}} + Pl = R_{\mathrm{C}}b \tag{a}$$

と与えられる．R_{A}, R_{B} を不静定量 M_{B} を用いて表すと，以下のようになる．

$$R_{\mathrm{B}} = -\frac{M_{\mathrm{B}} + Pa}{b}, \quad R_{\mathrm{C}} = \frac{M_{\mathrm{B}} + Pl}{b} \tag{b}$$

はりの左端より右向きに座標 x_1 を，右端より左向きに座標 x_2 を定義し，2 つのはり (はり AC，はり BC) にわけて考える．AC 間における曲げモーメント $M_1(x_1)$ は，

$$M_1(x_1) = -Px_1 \tag{c}$$

他方，BC 間における曲げモーメント $M_2(x_2)$ は，

$$M_2(x_2) = R_{\mathrm{B}}x_2 + M_{\mathrm{B}} = -\frac{M_{\mathrm{B}} + Pa}{b}x_2 + M_{\mathrm{B}} \tag{d}$$

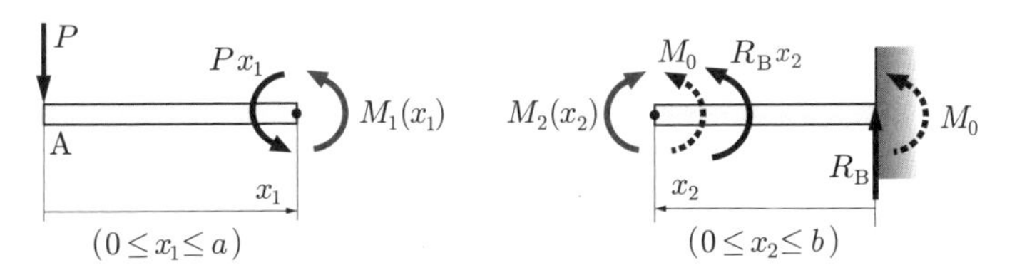

AC 間におけるたわみ $w_1(x_1)$ に関する微分方程式とその一般解は，

$$EI\frac{d^2w_1}{dx^2} = Px_1, \quad \therefore\ w_1(x_1) = \frac{P}{6EI}(x_1^3 + C_1x_1 + C_0) \tag{e}$$

また，BC 間におけるたわみ $w_2(x_2)$ に関する微分方程式とその一般解は，

$$EI\frac{d^2w_2}{dx_2^2} = \frac{M_B + Pa}{b}x_2 - M_B$$

$$\therefore\ w_2(x_2) = \frac{1}{6EIb}\{(M_B + Pa)x_2^3 - 3M_Bbx_2^2 + D_1x_2 + D_0\} \tag{f}$$

はりの境界条件について考えると，点 B においてたわみおよびたわみ角が 0 となるから，$D_1 = 0$，$D_0 = 0$ と求まる．したがって，BC 間のたわみ $w_2(x_2)$ は，

$$w_2(x_2) = \frac{1}{6EIb}\{(M_B + Pa)x_2^3 - 3M_Bbx_2^2\} \tag{g}$$

また，点 C においてもたわみが 0 となるから，BC 間のたわみ $w_2(x_2)$ から M_B が次のように求まる．

$$w_2(x_2)|_{x_2=b} = \frac{1}{6EIb}\{(M_B + Pa)b^3 - 3M_Bb^3\} = 0, \quad \therefore\ M_B = \frac{Pa}{2} \tag{h}$$

2) 式 (b) の M_B に式 (h) を代入することにより，支持反力 R_B，R_C が以下のように得られる．

$$R_B = -\frac{M_B + Pa}{b} = -\frac{3a}{2b}P, \quad R_C = \frac{M_B + Pl}{b} = \frac{3a + 2b}{2b}P \tag{i}$$

3) 式 (g) の M_B に式 (h) を代入すれば，たわみ $w_2(x_2)$ が以下のように求まる．

$$w_2(x_2) = \frac{Pa}{4EIb}(x_2^3 - bx_2^2) \tag{j}$$

点 C において $w_1(x_1)|_{x_1=a} = 0$ となることより，

$$a^3 + C_1a + C_0 = 0 \tag{k}$$

点 C におけるたわみ角の連続条件より，$dw_1/dx_1|_{x_1=a} = -dw_2/dx_2|_{x_2=b}$ なので，式 (e)，(j) より，

$$\frac{P}{6EI}(3a^2 + C_1) = -\frac{Pa}{4EIb}(3b^2 - b^2), \quad \therefore\ C_1 = -\frac{3a}{2}(2a + b) \tag{l}$$

式 (k)，(l) より，C_0 が次のように求まる．

$$C_0 = \frac{1}{2}a^2(4a + 3b) \tag{m}$$

したがって，AC 間および BC 間におけるはりのたわみは，

$$w_1(x_1) = \frac{P}{12EI}\{2x_1^3 - 3a(2a + b)x_1 + a^2(4a + 3b)\} \tag{n}$$

$$w_2(x_2) = \frac{Pa}{4EIb}(x_2^3 - bx_2^2) \tag{o}$$

最終的に，$x_1 = x$，$x_2 = l - x$ と置き換えることで，このはりのたわみが次式のように得られる．

$$w(x) = \begin{cases} \dfrac{P}{Eh^4}\{2x^3 - 3a(2a+b)x + a^2(4a+3b)\} & (0 \leq x \leq a) \\ \dfrac{3Pa}{Ebh^4}\{(l-x)^3 - b(l-x)^2\} & (a \leq x \leq l) \end{cases} \quad \cdots (答)$$

第 11 章

11.1 両端固定の柱の座屈荷重 P_c は,

$$P_c = \frac{4\pi^2 EI}{l^2} = \frac{\pi^3 ED^4}{16l^2} \tag{a}$$

で表される．柱が座屈しないためには，座屈荷重 P_c が柱に作用する圧縮荷重 P より大きければよいので，安全率を S とすると，

$$\frac{\pi^3 ED^4}{16l^2} > PS \tag{b}$$

上式を変形し，$E = 206\,\mathrm{GPa}$，$l = 800\,\mathrm{mm}$，$P = 10\,\mathrm{kN}$，$S = 3$ を代入すると，

$$D > \left(\frac{16l^2 PS}{\pi^3 E}\right)^{1/4} = 14.81\,\mathrm{mm} \tag{c}$$

また，柱が降伏しないための条件としては，降伏応力 σ_y と圧縮荷重 P について，

$$\frac{4P}{\pi D^2} < \frac{\sigma_y}{S} \tag{d}$$

の関係が成立しなければならない．よって D の条件は以下のようになる．

$$D > \sqrt{\frac{4PS}{\pi\sigma_y}} = 11.68\,\mathrm{mm} \tag{e}$$

よって，式 (c) の条件を安全側に切り上げて，直径は 14.9 mm 以上にすればよい．

$\cdots$ (答)

11.2 柱の変形図を描くと，柱の 1/4 の部分が一端固定・他端自由の座屈モードに対応している．断面二次モーメントが小さくなる側に座屈するので，断面の幅 $b = 20\,\mathrm{mm}$，高さ $h = 5\,\mathrm{mm}$ として座屈荷重，座屈応力を計算する．

$$P_c = \frac{\pi^2 EI}{4\,(l/4)^2} = \frac{\pi^2 Ebh^3}{3l^2} = 2.302 \times 10^3 \fallingdotseq 2.30\,\mathrm{kN} \tag{a}$$

$$\sigma_c = \frac{P_c}{bh} = \frac{\pi^2 Eh^2}{3l^2} = 23.02 \times 10^6 \fallingdotseq 23.0\,\mathrm{MPa} \tag{b}$$

つづいて，中央部の水平方向変位を拘束しない場合について考える．このとき柱は両端回転自由となり，柱の 1/2 の部分が一端固定・他端自由の座屈モードに対応する．この場合の座屈荷重 P_c' は次のように表せる．

$$P_c' = \frac{\pi^2 EI}{4\,(l/2)^2} = \frac{P_c}{4} \tag{c}$$

したがって，中央部の変位を拘束することで座屈荷重は 4 倍になる． $\cdots$ (答)

11.3　一端固定・他端自由の柱の座屈荷重は

$$P_c = \frac{\pi^2 EI}{4l^2} = \frac{\pi^3 ED^4}{256l^2} \tag{a}$$

座屈しないためには座屈荷重 P_c が脚 1 本に作用する圧縮荷重 P より大きければよいので，安全率を S とすると，

$$\frac{\pi^3 ED^4}{256l^2} > \frac{PS}{4} \tag{b}$$

$E = 15\,\mathrm{GPa}$，$l = 400\,\mathrm{mm}$，$P = 981\,\mathrm{N}$，$S = 6$ を代入して直径 D の条件を求めると，

$$D > \left(\frac{256l^2 PS}{\pi^3 E}\right)^{1/4} = 18.97\,\mathrm{mm} \tag{c}$$

脚が圧縮荷重により破損しないためには，降伏応力 σ_y と圧縮荷重 P とのあいだに

$$\frac{\sigma_y}{S} > \frac{4}{\pi D^2} \times \frac{P}{4} \tag{d}$$

の関係が成立しなければならない．上式から D の条件を求めると，

$$D > \sqrt{\frac{PS}{\pi\sigma_y}} = 7.902\,\mathrm{mm} \tag{e}$$

以上より，式 (c) の結果より，直径を 19.0 mm 以上とすればよい．　$\cdots$ (答)

第 12 章

12.1　AC 間および CB 間に作用する軸力をそれぞれ P_1，P_2 とすると，点 C における荷重のつり合いは，

$$P = P_1 - P_2, \quad \therefore\ P_2 = P_1 - P \tag{a}$$

となる．AC 間，CB 間に蓄えられるひずみエネルギーを U_1，U_2 とすると，

$$U_1 = \frac{P_1^2 l_1}{2A_1 E} = \frac{2P_1^2 l_1}{E\pi D_1^2}, \quad U_2 = \frac{P_2^2 l_2}{2A_2 E} = \frac{2(P_1 - P)^2 l_2}{E\pi D_2^2} \tag{b}$$

最小仕事の原理を用いることとし，上記 U_1，U_2 の和を不静定量 P_1 で微分した結果を 0 とおくと，

$$\frac{\partial U}{\partial P_1} = \frac{\partial U_1}{\partial P_1} + \frac{\partial U_2}{\partial P_1} = \frac{4P_1 l_1}{E\pi D_1^2} + \frac{4(P_1 - P)l_2}{E\pi D_2^2} = 0$$

$$\therefore\ P_1 = \frac{D_1^2 l_2}{D_2^2 l_1 + D_1^2 l_2} P \tag{c}$$

段部 C における変位は AC 間の伸びに等しいので，結果的に荷重点の変位は以下のようになる．

$$\delta_C = \lambda_{AC} = \frac{4P_1 l_1}{E\pi D_1^2} = \frac{4l_1 l_2 P}{E(D_2^2 l_1 + D_1^2 l_2)} \quad \cdots \text{(答)}$$

12.2　コイル部の線材に作用するねじりモーメントは $T = Fr$ であるので，単位長さ当たりのひずみエネルギーをねじりモーメント T により表すと，

$$\hat{U} = \frac{T^2}{2GI_p} = \frac{(Fr)^2}{2G(\pi D^4/32)} = \frac{16F^2r^2}{G\pi D^4} \tag{a}$$

コイル部の線材の長さは近似的に $L = N \times 2\pi r$ であるから，コイル部全体に蓄えられるひずみエネルギーは，

$$U = \hat{U}L = \frac{16F^2r^2}{G\pi D^4} \times (2N\pi r) = \frac{32F^2r^3N}{GD^4} \tag{b}$$

上式を荷重 F で微分することにより，コイルばねの伸びが求められる．

$$\delta = \frac{dU}{dF} = \frac{64Fr^3N}{GD^4} \quad \cdots \text{(答)}$$

12.3　点 A および点 B に作用する反力を R_A，R_B とし，上下方向の力のつり合い，点 A に関するモーメントのつり合いより R_A，R_B を求めると，

$$R_\mathrm{A} + R_\mathrm{B} = 0, \ M_0 + R_\mathrm{B}l = 0 \tag{a}$$

$$\therefore \ R_\mathrm{A} = \frac{M_0}{l}, \ R_\mathrm{B} = -\frac{M_0}{l} \tag{b}$$

また，このはりに作用する曲げモーメント $M(x)$ は，

$$M(x) = \begin{cases} R_\mathrm{A}x = \dfrac{M_0}{l}x & (0 \leq x \leq a) \\ R_\mathrm{A}x - M_0 = -\dfrac{M_0}{l}(l-x) & (a \leq x \leq l) \end{cases} \tag{c}$$

よって，このはり全体に蓄えられるひずみエネルギー U は次式で与えられる．

$$\begin{aligned} U &= \int_0^a \frac{1}{2EI}\left(\frac{M_0}{l}x\right)^2 dx + \int_a^l \frac{1}{2EI}\left\{-\frac{M_0}{l}(l-x)\right\}^2 dx \\ &= \frac{M_0^2}{2EIl^2}\left\{\frac{a^3}{3} + \frac{(l-a)^3}{3}\right\} = \frac{M_0^2(a^3+b^3)}{6EIl^2} \end{aligned} \tag{d}$$

ひずみエネルギーを外力のモーメント M_0 で微分することにより，点 C における回転角 (たわみ角)θ が求められる．

$$\theta = \frac{dU}{dM_0} = \frac{M_0(a^3+b^3)}{3EIl^2} \quad \cdots \text{(答)}$$

12.4　はり先端に作用するばねからの反力を R とすると，はり先端からの距離が x の位置における曲げモーメントは，

$$M(x) = -\frac{q}{2}x^2 + Rx \tag{a}$$

と表されるので，はり全体に蓄えられるひずみエネルギー U_b は次式で与えられる．

$$\begin{aligned} U_b &= \int \frac{M^2}{2EI}dx = \frac{1}{2EI}\int_0^l \left(-\frac{q}{2}x^2 + Rx\right)^2 dx \\ &= \frac{1}{2EI}\left(\frac{q^2}{20}l^5 - \frac{Rq}{4}l^4 + \frac{R^2}{3}l^3\right) \end{aligned} \tag{b}$$

ここで，反力 R の正方向とはり先端のたわみ w の正方向が逆であることに注意すると，カスティリアノの定理より，はり先端のたわみは，

$$w = -\frac{\partial U_b}{\partial R} = -\frac{1}{EI}\left(-\frac{1}{8}ql^4 + \frac{1}{3}Rl^3\right) \tag{c}$$

また，ばねによる反力は $R = kw$ で与えられるから，$w = R/k$ となり，

$$-\frac{1}{EI}\left(-\frac{1}{8}ql^4 + \frac{1}{3}Rl^3\right) = \frac{R}{k} \quad \therefore\ R = \frac{3kql^4}{8(3EI + kl^3)} \tag{d}$$

結果的に，はり先端のたわみが以下のように求まる．

$$w = \frac{R}{k} = \frac{3ql^4}{8(3EI + kl^3)} \ \cdots\ (\text{答})$$

次に，最小仕事の原理を用いて同様にはり先端のたわみを求める．この系全体に蓄えられるひずみエネルギーは，はりに蓄えられるひずみエネルギー U_b とばねに蓄えられるひずみエネルギー U_s の和で表され，

$$U = U_b + U_s = \frac{1}{2EI}\left(\frac{q^2}{20}l^5 - \frac{Rq}{4}l^4 + \frac{R^2}{3}l^3\right) + \frac{R^2}{2k} \tag{e}$$

ここで，ばねからの反力 R は不静定量であるから，最小仕事の原理より，

$$\frac{\partial U}{\partial R} = \frac{1}{EI}\left(-\frac{ql^4}{8} + \frac{Rl^3}{3}\right) + \frac{R}{k} = 0 \tag{f}$$

これを解くことで，不静定量 R とはり先端のたわみ w が次のように求められる．

$$R = \frac{3kql^4}{8(3EI + kl^3)}, \quad w = \frac{R}{k} = \frac{3ql^4}{8(3EI + kl^3)} \ \cdots\ (\text{答})$$

第 13 章

13.1　角棒の x 軸方向および y 軸方向に作用する応力は $\sigma_x = -30\,\text{MPa}$，$\sigma_y = -20\,\text{MPa}$ であるから，平面ひずみ状態を仮定すると，x 軸方向および y 軸方向に作用するひずみ ε_x および ε_y は，

$$\left.\begin{aligned}\varepsilon_x &= \frac{1-\nu^2}{E}\sigma_x - \frac{\nu+\nu^2}{E}\sigma_y = -94.66\times 10^{-6} &&\fallingdotseq -94.7\times 10^{-6}\\ \varepsilon_y &= -\frac{\nu+\nu^2}{E}\sigma_x + \frac{1-\nu^2}{E}\sigma_y = -31.55\times 10^{-6} &&\fallingdotseq -31.6\times 10^{-6}\end{aligned}\right\} \cdots\ (\text{答})$$

また，z 軸方向に作用する応力 σ_z は以下のようになる．

$$\sigma_z = \nu(\sigma_x + \sigma_y) = -15\times 10^6 = -15\,\text{MPa} \ \cdots\ (\text{答})$$

13.2　x 軸と θ の角度をなす面に作用する垂直応力 $\sigma_{x'}$ およびせん断応力 $\tau_{x'y'}$ について考える．$\sigma_y = 100\,\text{MPa}$，$\sigma_x = \tau_{xy} = 0\,\text{MPa}$ であるから，$\sigma_{x'}$ および $\tau_{x'y'}$ は，

$$\sigma_{x'} = 0 \times \cos^2\theta + (100 \times 10^6) \times \sin^2\theta + 0 \times \sin 2\theta = 100 \times 10^6 \sin^2\theta$$

$$\tau_{x'y'} = \frac{1}{2}(100 \times 10^6 - 0)\sin 2\theta + 0 \times \cos 2\theta = 50 \times 10^6 \sin 2\theta$$

したがって，$\theta = 30^\circ$ の場合は次のように求まる．

$$\left.\begin{aligned}\sigma_{x'} &= (100 \times 10^6) \times \sin^2 30^\circ = 25 \times 10^6 && = 25\,\text{MPa}\\ \tau_{x'y'} &= (50 \times 10^6) \times \sin 60^\circ = 43.30 \times 10^6 && \fallingdotseq 43.3\,\text{MPa}\end{aligned}\right\} \cdots (答)$$

また，$\theta = 45^\circ$ の場合は次のように求まる．

$$\left.\begin{aligned}\sigma_{x'} &= (100 \times 10^6) \times \sin^2 45^\circ = 50 \times 10^6 && = 50\,\text{MPa}\\ \tau_{x'y'} &= (50 \times 10^6) \times \sin 90^\circ = 50 \times 10^6 && = 50\,\text{MPa}\end{aligned}\right\} \cdots (答)$$

13.3　x 軸と θ の角度をなす x' 軸に対し，垂直な面に作用する垂直応力 $\sigma_{x'}$ およびせん断応力 $\tau_{x'y'}$ について考える．$\tau_{xy} = \tau_{yx} = 20\,\text{MPa}$，$\sigma_x = \sigma_y = 0\,\text{MPa}$ であるから，$\sigma_{x'}$ および $\tau_{x'y'}$ はそれぞれ，

$$\sigma_{x'} = 0 \times \cos^2\theta + 0 \times \sin^2\theta + (20 \times 10^6) \times \sin 2\theta = 20 \times 10^6 \sin 2\theta$$

$$\tau_{x'y'} = \frac{1}{2}(0 - 0)\sin 2\theta + 20 \times 10^6 \cos 2\theta = 20 \times 10^6 \cos 2\theta$$

と求めることができる．したがって，$\theta = 30^\circ$ の場合は次のように求まる．

$$\left.\begin{aligned}\sigma_{x'} &= (20 \times 10^6) \times \sin 60^\circ = 17.32 \times 10^6 && \fallingdotseq 17.3\,\text{MPa}\\ \tau_{x'y'} &= (20 \times 10^6) \times \cos 60^\circ = 10 \times 10^6 && = 10\,\text{MPa}\end{aligned}\right\} \cdots (答)$$

また，$\theta = 45^\circ$ の場合は次のように求まる．

$$\left.\begin{aligned}\sigma_{x'} &= (20 \times 10^6) \times \sin 90^\circ = 20 \times 10^6 && = 20\,\text{MPa}\\ \tau_{x'y'} &= (20 \times 10^6) \times \cos 90^\circ && = 0\,\text{MPa}\end{aligned}\right\} \cdots (答)$$

第 14 章

14.1　σ-τ 平面上に，

$\text{A}(\sigma_x, \tau_{xy}) = (10,\ 0)[\text{MPa}]$，

$\text{A}'(\sigma_y, -\tau_{yx}) = (40,\ 0)[\text{MPa}]$

の 2 点をとる．これらの 2 点を結ぶ線分を直径とするモールの応力円を描くと右図のようになる．x 軸と 30° の角度をなす x' 軸に垂直な面に作用する垂直応力 $\sigma_{x'}$ およびせん断応力 $\tau_{x'y'}$ は以下のとおり．

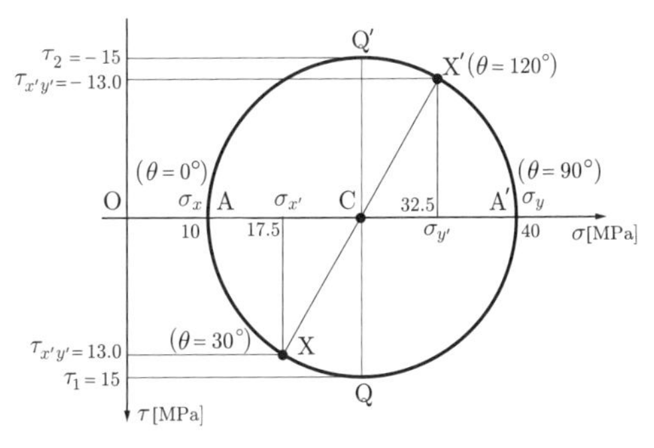

$$\left.\begin{aligned}\sigma_{x'} &= \frac{10+40}{2} + \frac{10-40}{2}\cos 60^\circ \qquad = 17.5\,\mathrm{MPa} \\ \tau_{x'y'} &= -\frac{10-40}{2}\sin 60^\circ = 12.990 \quad \fallingdotseq 13.0\,\mathrm{MPa}\end{aligned}\right\} \cdots (答)$$

14.2

(1) 点 $\mathrm{A}(\sigma_x, \tau_{xy}) = (\sigma_0, 0)$ および点 $\mathrm{A}'(\sigma_y, -\tau_{yx}) = (-\sigma_0, 0)$ をとり，原点を中心としてモールの応力円を描くと，主応力および主せん断応力は以下のようになる．

$$(\sigma_1, \sigma_2) = (\sigma_0, -\sigma_0), \ (\tau_1, \tau_2) = (\sigma_0, -\sigma_0)$$

(2) 点 $\mathrm{A}(\sigma_x, \tau_{xy}) = (\sigma_0, 0)$，点 $\mathrm{A}'(\sigma_y, -\tau_{yx}) = (\sigma_0, 0)$ をとり，モールの応力円を描くと，応力円は点となり，角度によらず垂直応力は σ_0，せん断応力は 0 となる．

(3) 点 $\mathrm{A}(\sigma_x, \tau_{xy}) = (\sigma_0, 0)$ および点 $\mathrm{A}'(\sigma_y, -\tau_{yx}) = (0, 0)$ をとり，モールの応力円を描くと下図となり，主応力および主せん断応力は次のように求まる．

$$(\sigma_1, \sigma_2) = (\sigma_0, 0), \ (\tau_1, \tau_2) = \left(\frac{\sigma_0}{2}, -\frac{\sigma_0}{2}\right)$$

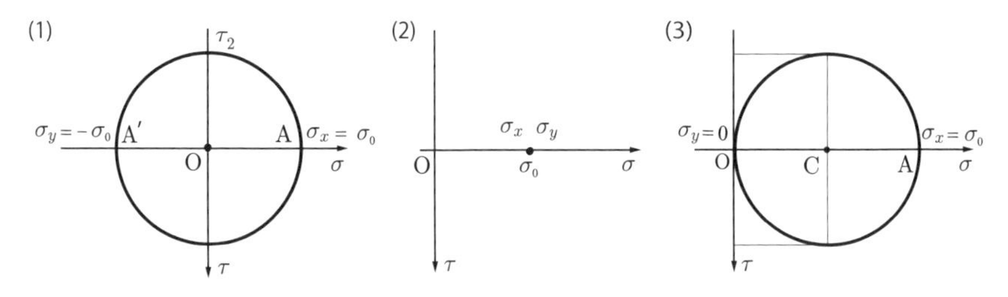

$\cdots$ (答)

14.3

点 $\mathrm{A}(\sigma_x,\ \tau_{xy})=(40,\ 10)$[MPa]，点 $\mathrm{A}'(\sigma_y,\ -\tau_{yx})=(20,\ 10)$[MPa] の 2 点を σ-τ 平面上にとり，モールの応力円を描くと，主応力，主せん断応力の大きさと面の角度が次のように求まる．

$$\left.\begin{aligned}\sigma_1 &= 44.1\,\mathrm{MPa}\ (\theta = 22.5^\circ) \\ \sigma_2 &= 15.9\,\mathrm{MPa}\ (\theta = -67.5^\circ) \\ \tau_1 &= 14.1\,\mathrm{MPa}\ (\theta = -22.5^\circ) \\ \tau_2 &= -14.1\,\mathrm{MPa}\ (\theta = 67.5^\circ)\end{aligned}\right\}$$

$\cdots$ (答)

14.4　σ-τ 平面上に，
$(\sigma_x,\ \tau_{xy}) = (30,\ 40)$[MPa],
$(\sigma_y,\ -\tau_{yx}) = (-10,\ -40)$[MPa]
の 2 点をとり，モールの応力円を描くと右図のようになる．主応力・主せん断応力は以下のとおり．

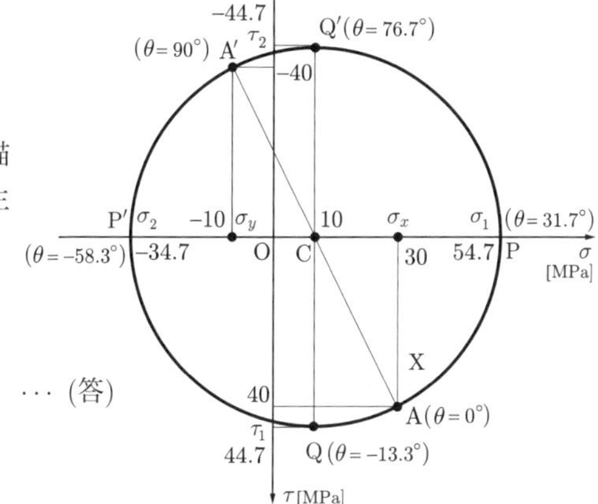

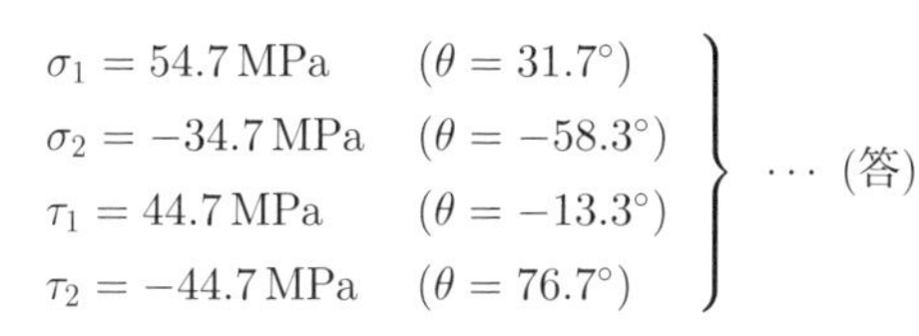

$$\left.\begin{array}{ll} \sigma_1 = 54.7\,\mathrm{MPa} & (\theta = 31.7^\circ) \\ \sigma_2 = -34.7\,\mathrm{MPa} & (\theta = -58.3^\circ) \\ \tau_1 = 44.7\,\mathrm{MPa} & (\theta = -13.3^\circ) \\ \tau_2 = -44.7\,\mathrm{MPa} & (\theta = 76.7^\circ) \end{array}\right\} \cdots\ (答)$$

第 15 章

15.1　薄肉半円筒殻の底部に作用する内圧の合力は $p\pi D^2/4$ であり，これがフランジ部のボルト 4 本に作用する荷重とつり合うこととなる．ボルトの直径を D_b，引張強さを σ_B，安全率を S とすると，以下の式が成り立つ．

$$\frac{\sigma_\mathrm{B}}{S} \times 4 \times \frac{\pi D_b^2}{4} \geq p \times \frac{\pi D^2}{4} \tag{a}$$

これを D_b について整理すると，

$$D_b \geq \sqrt{\frac{pS}{4\sigma_\mathrm{B}}} \times D \tag{b}$$

となる．$p = 5\,\mathrm{MPa}$，$D = 100\,\mathrm{mm}$，$\sigma_\mathrm{B} = 400\,\mathrm{MPa}$，$S = 3$ を上式に代入すると，

$$D_b \geq \sqrt{\frac{(5 \times 10^6) \times 3}{4400 \times 10^6}} \times 100 \times 10^{-3} = 9.682\,\mathrm{mm}$$

したがって，安全側に切り上げて，直径は 9.69 mm 以上とすればよい．　$\cdots$ (答)

15.2　この丸軸には，引張荷重による引張応力 σ_n，ねじりモーメントによるせん断応力 τ_t，および曲げモーメントによる曲げ応力 σ_b が生じ，それぞれ，

$$\sigma_n = \frac{P}{A} = \frac{4P}{\pi D^2} = \frac{4 \times (10 \times 10^3)}{\pi \times (20 \times 10^{-3})^2} = 31.83\,\mathrm{MPa} \tag{a}$$

$$\tau_t = \frac{T}{Z_p} = \frac{16T}{\pi D^3} = \frac{16 \times 50}{\pi \times (20 \times 10^{-3})^3} = 31.83\,\mathrm{MPa} \tag{b}$$

$$\sigma_b = \frac{M}{Z} = \frac{32M}{\pi D^3} = \frac{32 \times 20}{\pi \times (20 \times 10^{-3})^3} = 25.46\,\mathrm{MPa} \tag{c}$$

のように求まる．したがって，この丸軸に生じる垂直応力 σ_x およびせん断応力 τ_{xy} は丸軸表面で最大となり，その値は，

$$\sigma_x = \sigma_n + \sigma_b = 57.29\,\text{MPa}, \quad \tau_{xy} = -\tau_t = -31.83\,\text{MPa} \tag{d}$$

となり，モールの応力円を描くと下図のようになる．主応力面の角度を φ とすると，

$$\tan 2\varphi = \frac{\tau_{xy}}{(\sigma_x/2)}, \quad \therefore\ \varphi = \frac{1}{2}\tan^{-1}\frac{2\tau_{xy}}{\sigma_x} \fallingdotseq -24.0^\circ \tag{e}$$

である．したがって，主応力の大きさと主応力面の角度は次のように求まる．

$$\left.\begin{aligned}\sigma_1 &= \frac{\sigma_x}{2} + \sqrt{\left(\frac{\sigma_x}{2}\right)^2 + \tau_{xy}^2} = 71.46 \fallingdotseq 71.5\,\text{MPa},\ \theta = -24.0^\circ \\ \sigma_2 &= \frac{\sigma_x}{2} - \sqrt{\left(\frac{\sigma_x}{2}\right)^2 + \tau_{xy}^2} = -14.17 \fallingdotseq -14.2\,\text{MPa},\ \theta = 66.0^\circ\end{aligned}\right\} \cdots (\text{答})$$

また，主せん断応力の大きさと主せん断応力面の角度は次のように求まる．

$$\left.\begin{aligned}\tau_1 &= \sqrt{\left(\frac{\sigma_x}{2}\right)^2 + \tau_{xy}^2} = 42.82 \fallingdotseq 42.8\,\text{MPa}, \quad \theta = -69.0^\circ \\ \tau_2 &= -\sqrt{\left(\frac{\sigma_x}{2}\right)^2 + \tau_{xy}^2} = -42.82 \fallingdotseq -42.8\,\text{MPa}, \quad \theta = 21.0^\circ\end{aligned}\right\} \cdots (\text{答})$$

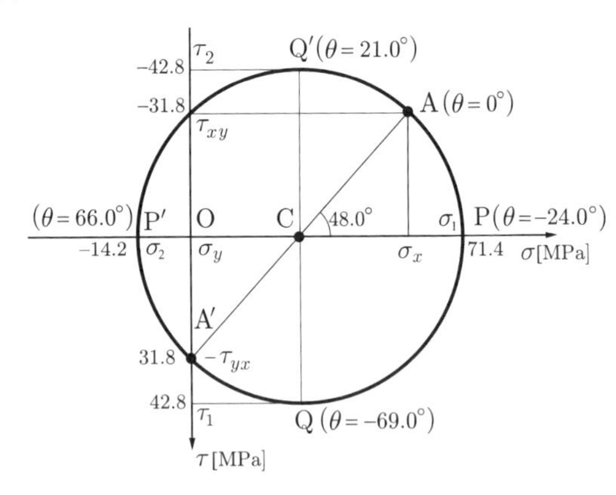

15.3　AB 間のたわみについて考える．点 B に集中モーメント M_0 が作用すると考えると，点 A からの距離が x の位置における曲げモーメントは，

$$M_1(x) = -M_0 \tag{a}$$

したがって，AB 間におけるたわみ w_1 の微分方程式は，

$$EI\frac{d^2 w_1}{dx^2} = M_0 \tag{b}$$

たわみ w_1 の一般解は，

$$w_1(x) = \frac{M_0}{2EI}(x^2 + C_1 x + C_0) \tag{c}$$

ただし，I は断面二次モーメントである．境界条件より，$x = 0$ においてたわみとたわみ角が 0 となることから，$C_1 = C_0 = 0$ となる．したがって，

$$w_1(x) = \frac{M_0}{2EI}x^2 = \frac{32M_0}{E\pi D^4}x^2 \tag{d}$$

となる．点 B の y 軸方向の変位（たわみ）は以下のとおりである．

$$w_1(x)|_{x=a} = \frac{32M_0a^2}{E\pi D^4} \tag{e}$$

次に，BC 間のたわみ w_2 について考える．点 B からの距離が y の位置における曲げモーメント $M_2(y)$ は，

$$M_2(y) = -M_0 \tag{f}$$

したがって，BC 間におけるたわみ w_2 の微分方程式は，

$$EI\frac{d^2w_2}{dy^2} = M_0 \tag{g}$$

座標 y で 2 回積分することにより，

$$w_2(y) = \frac{M_0}{2EI}(y^2 + D_1y + D_0) \tag{h}$$

境界条件より，点 B において AB 間と BC 間のたわみ角が等しくなるので，

$$\frac{32M_0}{E\pi D^4}D_1 = \frac{64M_0a}{E\pi D^4}, \quad \therefore \ D_1 = 2a \tag{i}$$

また，はり BC の点 B におけるたわみは 0 となるので，

$$w_2(y)|_{y=0} = \frac{32M_0}{E\pi D^4}D_0 = 0, \quad \therefore \ D_0 = 0 \tag{j}$$

したがって，BC 間のたわみ w_2 の分布が以下のように得られる．

$$w_2(y) = \frac{32M_0}{E\pi D^4}(y^2 + 2ay) \tag{k}$$

BC 間におけるたわみの正方向が x 軸の正方向と逆向きであることに注意すると，点 C の x 軸方向変位 w_x および y 軸方向変位 w_y が次のように求まる．

$$\left.\begin{aligned} w_x &= -w_2(y)|_{y=b} = -\frac{32M_0b}{E\pi D^4}(2a+b) \\ w_y &= w_1(x)|_{x=a} = \frac{32M_0a^2}{E\pi D^4} \end{aligned}\right\} \cdots \text{(答)}$$

15.4　AB 間のたわみについて考える．点 B に集中荷重 qb が作用すると考えると，点 A からの距離が x の位置における曲げモーメントは，

$$M_1(x) = qbx - qab = qb(x-a) \tag{a}$$

したがって，AB 間におけるたわみ w_1 の微分方程式は断面二次モーメントを I とすると，次のように与えられる．

$$EI\frac{d^2w_1}{dx^2} = -qb(x-a) \tag{b}$$

座標 x で 2 回積分して整理すると，

$$w_1(x) = -\frac{qb}{6EI}(x^3 - 3ax^2 + C_1x + C_0) \tag{c}$$

境界条件より，$x = 0$ においてたわみおよびたわみ角が 0 となることから，$C_1 = C_0 = 0$ となる．したがって，

$$w_1(x) = -\frac{qb}{6EI}(x^3 - 3ax^2) = -\frac{32qb}{3E\pi D^4}(x^3 - 3ax^2) \tag{d}$$

点 B におけるたわみは次のように求まる．

$$w_1(x)|_{x=a} = \frac{64qa^3b}{3E\pi D^4} \tag{e}$$

次に，AB 間のねじりについて考える．点 B に作用するねじりモーメントは $qb \times b/2 = qb^2/2$ であるから，点 B のねじれ角は以下のように求められる．

$$\theta = \frac{T}{GI_p} = \frac{qb^2}{2G} \times \frac{32}{\pi D^4} = \frac{16qb^2}{G\pi D^4} \tag{f}$$

$$\varphi = \theta a = \frac{16qab^2}{G\pi D^4} \tag{g}$$

次に，BC 間のたわみについて考える．BC 間の曲げモーメント分布は，

$$M_2(y) = -\frac{qy^2}{2} + qby - \frac{qb^2}{2} = -\frac{q}{2}(y^2 - 2by + b^2) \tag{h}$$

であるから，BC 間のたわみ w_2 の微分方程式は，

$$EI\frac{d^2w_2}{dy^2} = \frac{q}{2}(y^2 - 2by + b^2) \tag{i}$$

となる．上式を座標 y で 2 回積分し，$I = \pi D^4/64$ を代入して整理すると，

$$w_2(y) = \frac{8q}{3E\pi D^4}(y^4 - 4by^3 + 6b^2y^2 + D_1y + D_0) \tag{j}$$

AB 間のたわみ w_1 と BC 間のたわみ w_2 は点 B において等しいので，

$$w_2(y)|_{y=0} = \frac{8qD_0}{3E\pi D^4} = \frac{64qa^3b}{3E\pi D^4},\ D_0 = 8a^3b \tag{k}$$

また，BC 間のたわみ w_2 の点 B におけるたわみ角は，AB 間のはりの点 B におけるねじれ角と等しくなるから，

$$\left.\frac{dw_2}{dy}\right|_{y=0} = \frac{8qD_1}{3E\pi D^4} = \frac{16qab^2}{G\pi D^4},\ D_1 = \frac{6Eab^2}{G} \tag{l}$$

したがって，BC 間におけるたわみの分布は次式となる．

$$w_2(y) = \frac{8q}{3E\pi D^4}\left(y^4 - 4by^3 + 6b^2y^2 + 8a^3b\right) + \frac{16qab^2}{G\pi D^4}y \tag{m}$$

結果的に，点 C ($y = b$) におけるたわみは以下のようになる．

$$w_2(y)|_{y=b} = \frac{8qb(8a^3 + 3b^3)}{3E\pi D^4} + \frac{16qab^3}{G\pi D^4} \quad \cdots \text{(答)}$$

参考文献

本書の執筆にあたって参考にした材料力学関係の書籍を以下に示す．下記の主要文献以外にもさまざまな材料力学・固体力学関係の書籍を参考にした．ここに記して関係各位に敬意と謝意を表する．

1) 日本機械学会,「材料力学 (JSME テキストシリーズ)」, 丸善出版, 2007.

2) 日本機械学会,「演習材料力学 (JSME テキストシリーズ)」, 丸善出版, 2010.

3) 中原 一郎,「材料力学 (上巻)」, 養賢堂, 1965.

4) 中原 一郎,「材料力学 (下巻)」, 養賢堂, 1966.

5) 渋谷 寿一, 斎藤 憲司, 本間 寛臣,「現代材料力学」, 朝倉書店, 1985.

6) 笠野 英秋, 原 利昭, 水口 義久; 小泉 堯 (監修),「基礎材料力学」(改訂版), 養賢堂, 2014.

7) 渋谷 陽二, 中谷 彰宏,「材料力学 (機械系コアテキストシリーズ)」, コロナ社, 2017.

8) 邉 吾一, 藤井 透, 川田 宏之 (共編),「最新 材料の力学」, 培風館, 2010.

9) 竹園 茂男,「基礎材料力学」, 朝倉書店, 1984.

10) 荒井 政大,「図解はじめての材料力学」, 講談社, 2012.

11) 中原 一郎, 渋谷 寿一, 土田 栄一郎, 笠野 英秋, 辻 知章, 井上 裕嗣,「弾性学ハンドブック」, 朝倉書店, 2001.

12) S. Timoshenko, "Strength of Materials, Part I, Elementary Theory and Problems", D. Van Nostrand Company Inc., 1930.

13) S. Timoshenko, "Strength of Materials, Part II, Advanced Theory and Problems", D. Van Nostrand Company Inc., 1930.

索 引

著者紹介

荒井 政大

1990年　東京工業大学工学部機械工学科 卒業
1992年　東京工業大学大学院工学研究科機械工学専攻修士課程 修了
1992年　(株)三菱総合研究所
1993年　東京工業大学工学部機械科学科 助手
2000年　信州大学工学部機械システム工学科 助教授
2008年　信州大学工学部機械システム工学科 教授
2014年　名古屋大学大学院工学研究科航空宇宙工学専攻 教授

後藤 圭太

2010年　筑波大学第三学群工学システム学類 卒業
2012年　筑波大学大学院システム情報工学研究科構造エネルギー工学専攻
　　　　博士前期課程 修了
2015年　筑波大学大学院システム情報工学研究科構造エネルギー工学専攻
　　　　博士後期課程 修了
2015年　名古屋大学ナショナルコンポジットセンター 助教
　　　　(名古屋大学工学研究科航空宇宙工学専攻 併担)
2020年　名古屋大学ナショナルコンポジットセンター 准教授

JSMEやさしいテキストシリーズ
基礎からの材料力学
Basics for Mechanics of Materials

2021年8月20日　初版第1刷発行

著　者　荒井 政大，後藤 圭太
発行者　一般社団法人 日本機械学会
　　　　(代表理事会長 佐田 豊)
印刷者　馬場信幸
　　　　三美印刷株式会社
　　　　東京都荒川区西日暮里5-16-7

発行所　東京都新宿区新小川町4番1号
　　　　KDX飯田橋スクエア2階
　　　　郵便振替口座　00130-1-19018番
　　　　電話 (03) 4335-7610 (代)　FAX (03) 4335-7618
　　　　一般社団法人　日本機械学会
発売所　東京都千代田区富士見1-4-11
　　　　電話 (03) 3265-8342　FAX (03) 3264-8709
　　　　森北出版株式会社

ISBN 978-4-627-68111-8 C3053

本書の内容でお気づきの点は textseries@jsme.or.jp へお知らせください．